DK

STEM 新思維培養

數學圖解百科

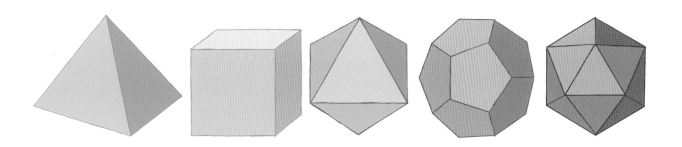

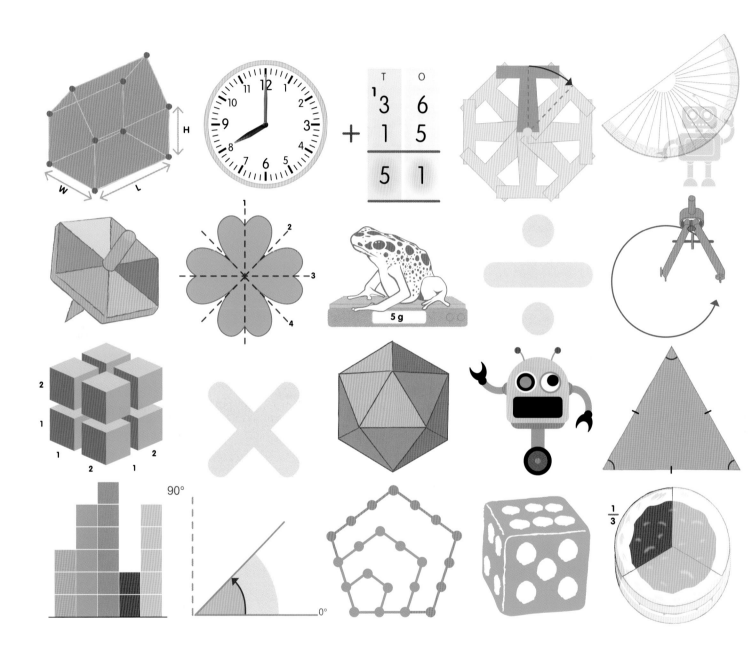

DK

STEM 新思維培養

數學圖解百科

彼德·克拉克（Peter Clarke）等　著　　　庫柏特科技　趙昊翔　譯

Original Title: *How to be good at Maths*
Copyright © Dorling Kindersley Limited, 2016
A Penguin Random House Company

本書中文繁體版由 DK 授權出版。
本書中文譯文由北京網智時代科技有限公司
授權使用。

數學圖解百科

作　　者：彼德·克拉克(Peter Clarke)
　　　　　嘉露蓮·嘉素(Caroline Clissold)
　　　　　雪莉·莫斯利(Cherri Moseley)
繪　　圖：Acute Graphics
譯　　者：庫柏特科技　趙昊翔
責任編輯：黃振威
出　　版：商務印書館(香港)有限公司
　　　　　香港筲箕灣耀興道 3 號東滙
　　　　　廣場 8 樓
　　　　　http://www.commercialpress.
　　　　　com.hk
發　　行：香港聯合書刊物流有限公司
　　　　　香港新界大埔汀麗路 36 號中
　　　　　華商務印刷大廈 3 字樓
印　　刷：RR Donnelley Asia Printing
　　　　　Solutions
版　　次：2020 年 12 月第 1 版第 1 次印刷
　　　　　© 2020 商務印書館(香港)
　　　　　有限公司
　　　　　ISBN 978 962 07 3451 9
　　　　　Published in Hong Kong.
　　　　　Printed in China.
　　　　　版權所有　不得翻印

目錄

前言 7

1 數字

數字符號 10
位值 12
數列與規律 14
數列與圖形 16
正數與負數 18
數字的比較 20
數字的排序 22
估算 24
四捨五入 26
因數 28
倍數 30
質數 32
質因數 34
平方數 36
平方根 38
立方數 39
分數 40
假分數與帶分數 42
等值分數 44
約分 46
求一個數量的一部分 47
同分母下的分數比較 48
單位分數的比較 49

非單位分數的比較 50
使用最小公分母 51
分數加法 52
分數減法 53
分數乘法 54
分數除法 56
小數 58
小數的比較和排序 60
小數的四捨五入 61
小數加法 62
小數減法 63
百分數(百分比) 64
百分比計算 66
百分比的換算 68
比值 70
比例 71
縮放 72
分數的不同表示 74

2 計算

加法 78
使用數軸做加法 80
使用數字網格做加法 81
加法口訣 82
分塊加法 83
擴展豎式加法 84

豎式加法.................86
減法.................88
減法口訣.................90
分塊減法.................91
使用數軸做減法.................92
店主的加法.................93
擴展豎式減法.................94
豎式減法.................96
乘法.................98
縮放乘法.................100
因數對.................101
倍數計算.................102
乘法表.................104
乘法網格.................106
乘法規律與技巧.................107
以10、100、1000為乘數的
乘法.................108
10的倍數的乘法.................109
分塊乘法.................110
網格方法.................112
擴展短乘法.................114
短乘法.................116
擴展長乘法.................118
長乘法.................120
更多位數的長乘法.................122
小數乘法.................124
格子法.................126

除法.................128
使用倍數的除法.................130
除法網格.................131
除法表.................132
使用因數對的除法.................134
整除性檢驗.................135
以10、100、1000為除數的
除法.................136
以10的倍數為除數的除法.................137
分塊除法.................138
擴展短除法.................140
短除法.................142
擴展長除法.................144
長除法.................146
餘數的轉化.................148
小數除法.................150
運算順序.................152
算術法則.................154
使用計算器.................156

3　測量

長度.................160
長度計算.................162
周長.................164
周長計算公式.................166
面積.................168

面積估算.................169
面積計算公式.................170
三角形的面積.................172
平行四邊形的面積.................173
複雜圖形的面積.................174
面積與周長的比較.................176
容積.................178
體積.................179
立方體的體積.................180
體積計算公式.................181
質量.................182
質量與重量.................183
質量的計算.................184
溫度.................186
溫度的計算.................187
英制單位.................188
長度、體積和質量的單位.................190
時間的描述.................192
日期.................194
時間的計算.................196
貨幣.................198
貨幣的使用.................199
貨幣的計算.................200

4　幾何

甚麼是線？.................204

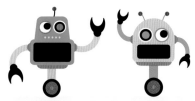

水平線和垂直線.............205

斜線.............206

平行線.............208

垂線.............210

平面圖形.............212

正多邊形和不規則多邊形....213

三角形.............214

四邊形.............216

多邊形的命名.............218

圓.............220

立體圖形.............222

立體圖形的種類.............224

棱柱.............226

展開圖.............228

角度.............230

度數.............231

直角.............232

角的種類.............233

直線上的角.............234

點上的角.............235

對頂角.............236

使用量角器.............238

三角形的內角.............240

三角形內角和的計算.............242

四邊形的內角.............244

四邊形內角和的計算.............245

多邊形的內角.............246

多邊形內角和的計算.............247

坐標.............248

坐標點的繪製.............249

正坐標和負坐標.............250

使用坐標繪製多邊形.............251

位置與方向.............252

指南針的方向.............254

軸對稱.............256

旋轉對稱.............258

鏡像變換.............260

旋轉.............262

平移.............264

5 統計

數據處理.............268

計數符.............270

頻數表.............271

卡羅爾圖.............272

韋恩圖.............274

平均.............276

平均值.............277

中位數.............278

眾數.............279

極差.............280

使用平均數.............281

象形圖.............282

方塊圖.............284

條形圖.............285

繪製條形圖.............286

折線圖.............288

繪製折線圖.............290

餅狀圖.............292

繪製餅狀圖.............294

概率.............296

計算概率.............298

6 代數

方程.............302

解方程.............304

通項公式與數列.............306

公式.............308

術語表.............310

索引.............314

答案.............319

致謝.............320

前言

　　沒有數學，我們的生活將與現在的樣子大不相同。事實上，沒有數學，一切都將停止運轉。沒有數字，我們將無法計算出物體的數量，也不會有貨幣、不會有用於測量的系統、不會有商店和道路、不會有醫院和各種建築……當然也不會有我們熟知的「不存在」這個概念。因為沒有數學，我們根本無法意識到存在。

　　如果沒有數學，我們就不能建造房子、不能預報明天的天氣，更不能讓飛機飛上天，我們也肯定無法將一名太空人送上太空。如果我們不懂數字，便不會有電視、互聯網和手機。事實上，如果沒有數字，我們甚至沒法讀懂手上的這本書，因為它就是用計算機製作的，而計算機為了儲存信息，需要使用以0和1為基礎的數字編碼，同時也是因為用了這個編碼，計算機才能在一秒內完成成千上萬次的計算。

　　理解數學也幫助我們理解周圍的世界。為甚麼蜜蜂要把蜂巢造成六邊形的呢？我們怎樣描述海螺形成的螺旋形狀？數學給出了這些問題和更多問題的答案。

　　我們寫這本書，是為了讓您更懂得數學，並學會喜歡上它。您可以在成人的幫助下學習它，也可以獨自閱讀它，書中用實例講解了解決各類問題的基本步驟，相信對您會有所啟發。書中也有一些您需要自己解決的問題，您將看到一些舉着提示牌的機器人，它們將教您實用的技巧並告訴您一些重要的數學思想。

　　數學不是一門學科，而是一種語言，並且是一種通用的語言。如果您學會了使用這種語言，它將帶給您巨大的力量和信心，還有一種妙不可言的感覺。

卡羅爾・沃德曼

數字

1

2

3
4
5
6

NUMBERS

數字是我們用來計算和測量事物的符號。
雖然數字僅僅由0~9組成，但卻可以對您
能想到的任何數量進行記錄和運算。數字
可以是正數也可以是負數，可以是整數也
可以是分數。

數字符號

自古以來，人們一直在日常生活中使用數字，用它來計數、測量、描述時間或者買賣東西。

我們用0~9這10個數字組成了所有數。

數字系統

數字系統是用來表示數目的一組符號。在古代，不同地區的人創造了不同的方法來記錄和使用數字。

1 這張圖將我們使用的數字系統（阿拉伯數字系統）和其他一些古代數字系統作了比較。

發明數字是為了計算東西的數量，比如蘋果的數量。

0	1	2	3

阿拉伯數字系統是現在全世界通用的數字系統

許多人認為古埃及表示數字1~9的符號代表了人的手指

2 在所有的數字系統中，只有我們使用的阿拉伯數字系統有表示零的符號。我們可以看到，古巴比倫和古埃及的數字系統是非常相似的。

古羅馬數字	I	II	III
古埃及數字	ı	ıı	ııı
古巴比倫數字	𒁹	𒐈	𒐉

羅馬數字

這張表展示的是羅馬數字系統，它將不同的字母放在一起從而組成了數字。

一個數字放在一個更大的數字後面共同組成一個新數字，表示這個數字由兩者相加而成。

個	I 1	II 2	III 3	IV 4	V 5	VI 6	VII 7	VIII 8	IX 9
十	X 10	XX 20	XXX 30	XL 40	L 50	LX 60	LXX 70	LXXX 80	XC 90
百	C 100	CC 200	CCC 300	CD 400	D 500	DC 600	DCC 700	DCCC 800	CM 900
千	M 1000	MM 2000	MMM 3000	$\overline{IV}$ 4000	$\overline{V}$ 5000	$\overline{VI}$ 6000	$\overline{VII}$ 7000	$\overline{VIII}$ 8000	$\overline{IX}$ 9000

1 我們來看表示「6」的羅馬數字「VI」。它用「V」表示「5」，並將一個表示「1」的「I」放在「V」的後面。這意味着羅馬數字「VI」等於5加上1，也就是6。

2 我們來看羅馬數字「IX」。這次，表示「1」的「I」在表示「10」的「X」的前面，這意味着羅馬數字「IX」等於10減去1，也就是9。

一個數字放在一個更大的數字前面共同組成一個新數字，表示這個數字等於大的那個數減去小的那個數。

現實世界的數學

零的作用

並非所有數字系統都像我們使用的阿拉伯數字系統一樣有表示零 (0) 的符號。就零本身來說，它代表「沒有」。但當零是更大數字的一部分時，它被稱為「佔位符」，這意味着當這個位置沒有其他數字時，零便「佔了位」。

「0」幫助我們在24小時制的時鐘上讀出準確的時間

| 4 | 5 | 6 | 7 | 8 | 9 |

古巴比倫數字系統有超過5000年的歷史

古羅馬人使用字母作為數字符號

| IV | V | VI | VII | VIII | IX |

羅馬數字轉化為阿拉伯數字

為了將長的羅馬數字轉化為阿拉伯數字，我們將長的羅馬數字分為更小的部分，然後再將這些部分相加。

1 讓我們來看看羅馬數字 CMLXXXII 是怎樣轉化為阿拉伯數字的。首先我們將它分為 4 個部分。

$$\boxed{CM} \ \boxed{L} \ \boxed{XXX} \ \boxed{II}$$

C在M前面表示比1000少100

2 然後，我們求出不同部分的值。當我們把這些值加起來的時候，就得出了答案：982。

CM	$= 1000 - 100 = 900 +$	
L	$= 50$	
XXX	$= 3 \times 10 = 30$	
II	$= 2 \times 1 = 2$	
		982

試一試

計算年份

我們有時候會看到用羅馬數字表示的日期。您能用已學到的知識求出這個用羅馬數字表示的年份嗎？

1 這是哪一年？

MCMXCVIII

2 現在試把下列這些年份用羅馬數字表示：

1666   2015

答案見第 319 頁

位值

在我們的數字系統中，數字的數值取決於
它在數字中的位置，這個位置上代表的值
叫作「位值」。

一個數字在數位上表現
出的值叫作「位值」。

位值是甚麼？

看看這幾個數字：1、10 和 100，它們都由 1 和 0 組成，但是這些 1
和 0 在這幾個數字不同的數位中有不同的值。

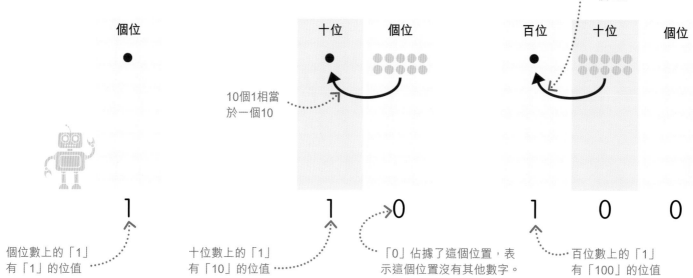

10個10相當於
一個100

個位 ● 十位 ● 個位 ⊙⊙⊙⊙⊙⊙⊙⊙⊙⊙

10個1相當
於一個10

百位 ● 十位 ⊙⊙⊙⊙⊙⊙⊙⊙⊙⊙ 個位

1   1   0   1   0   0

個位數上的「1」
有「1」的位值

十位數上的「1」
有「10」的位值

「0」佔據了這個位置，表
示這個位置沒有其他數字。

百位數上的「1」
有「100」的位值

1 讓我們從數字 1 開始，我們畫出一
列來表示個位，並在裏面放一個點
來表示 1。

2 我們在個位那一列中最多可以放
置 9 個點，當我們在其中放了 10
個點時，就把個位那一列中的 10 個點
替換成十位那一列中的 1 個點。

3 我們用兩列可以表示。最大的
數是 99，當達到 100 時，就把
10 個 10 替換為一個 100。

千位	百位	十位	個位
	5	7	6

千位	百位	十位	個位
5	0	7	6

4 現在我們將上面各列中的點用數字來代替。我們可以看
到。數字 576 是這樣組成的：5 個 100，或者 5×100，
也就是 500；7 個 10，或者 7×10，也就是 70；6 個 1，或者
6×1，也就是 6。

5 當數字 5076 被放在各列中，我們發現，在第四步裏相
同的數字，因為處於不同的數位上，就有了不同的位
值。比如，數字 5 現在位於千位那一列，因此它的值就從之
前的 500 變成了 5000。

位值如何起作用？

下面，我們通過數字 2576 來更深入理解位值的概念。

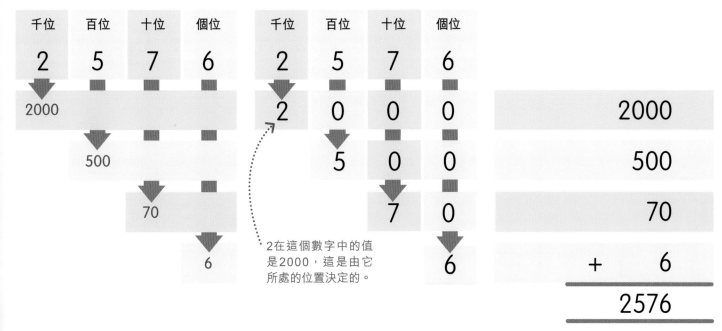

2在這個數字中的值
是2000，這是由它
所處的位置決定的。

1 當把數字中的每個數放到各列中時，我們就可以看出它由多少個千、多少個百、多少個十和多少個一組成。

2 當我們使用 0 作為佔位符把這個數重新寫出來時，就得到了四個獨立的數字。

3 現在，如果我們把這四個數字加起來，就得到了最初的 2576。這就是位值記數法的操作方式。

10 倍大或者 10 倍小

十進制記數法是位值記數法的一種，十進制記數法中每一列的值，都在以 10 的倍數增加或者減小。當我們在運算中乘以或者除以 10、 100、1000 等 10 的倍數的時候，很快就能得出結果。

1 讓我們看看把 437 除以或乘以 10 的時候，分別會發生甚麼。

2 如果我們把 437 除以 10，437 中的每一個數字都向右移動一位，得到的新數字就是 43.7。一個叫作小數點的點把個位與十分位分開。

3 把 437 乘以 10 的時候，437 中的每一個數字都向左移動一位，得到的新數字就是 4370，也就是 437×10。

當我們除以10的時候，437中的每個數字都向右移動一位

小數點

當我們乘以10的時候，437中的每個數字都向左移動一位

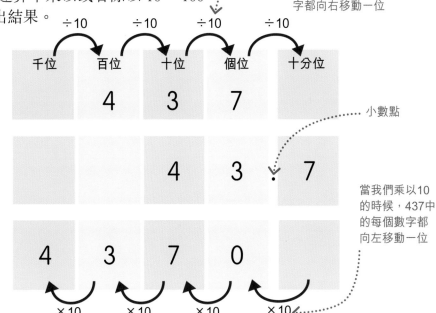

數列與規律

數列是一列有序的數。一個數列通常會遵循一定的排列規律，這意味着我們可以根據數列中的幾項計出其他項。

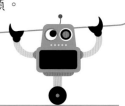

> 數列是遵循一定規律排列而成的一列數構成的集合，數列中的每一個數字都叫作這個數列的項。

1 下面的一排房子，門上面的數字是 1、3、5、7。我們能在這一排數字中找出一個規律嗎？

2 我們發現，每一個數字都比前面那個數字大 2。因此，這個數列的規律就是「後一個數字等於前一個數字加 2」。

3 如果我們使用這個規律，那麼就可以解出來後面兩項是 9 和 11。因此，我們的數列就是 1、3、5、7、9、11……省略號表示這個數列還可以繼續寫下去。

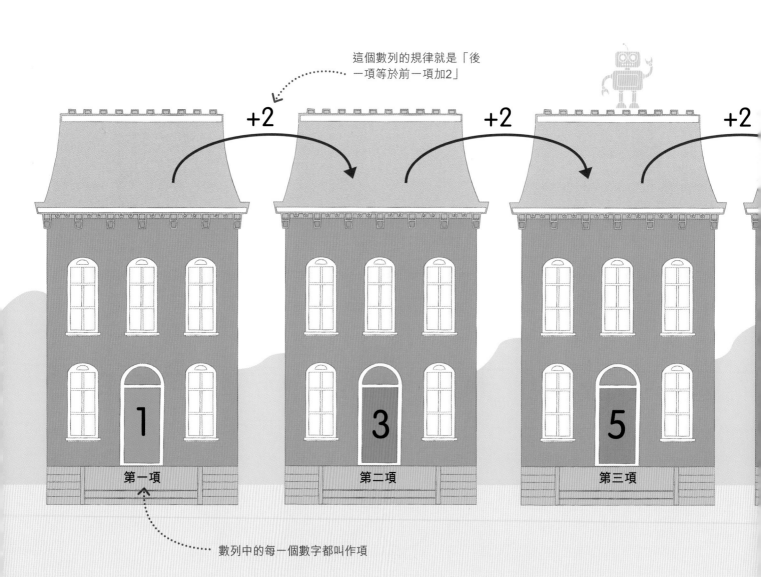

這個數列的規律就是「後一項等於前一項加2」

+2　　+2　　+2

1　第一項

3　第二項

5　第三項

數列中的每一個數字都叫作項

簡單數列

構造數列的方法有很多。比如，數列可以用加、減、乘、除四種方法來構造。

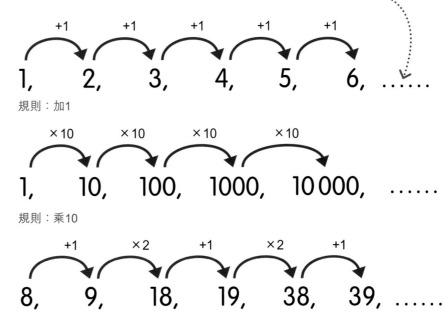

1 在這個數列中，我們把每一項加 1，就得到了這一項後面的一項。

省略號表示數列可以繼續寫下去

規則：加1

2 在這個數列中，把每一項乘 10，就得到了這一項後面的一項。

規則：乘10

3 有時候，一個規律可以由多個部分構成。在這個序列中，我們先加 1，再乘 2，再回到加 1 的規律，以此類推。

規則：先加1，再乘2

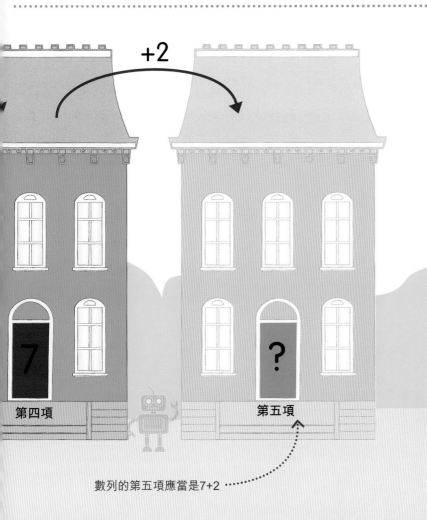

數列的第五項應當是7+2

試一試

數列測試

您能解出下面這些數列中接下來的兩項嗎？您首先需要找出每一個數列的規律，在這個過程中，數軸可能會對您有幫助。

1 22, 31, 40, 49, 58, ...

2 4, 8, 12, 16, 20, ...

3 100, 98, 96, 94, ...

4 90, 75, 60, 45, 30, ...

答案見第 319 頁

數列與圖形

一些數列可以通過使用其中的項來表示圖形的各個部分（例如邊長），從而用圖形來表示數列。

三角形數列

三角形數列是一類可以用圖形來表示的序列。如果我們取一個正整數並把它與小於這個數的所有正整數相加，由此得到以下數列：1、3、6、10、15…… 數列中的每個數字都可以用一個三角形表示出來。

我們可以用圖形來表示三角形數列

1 數列以 1 開始，顯示為單個圖形。

2 當我們加上 2，就可以把圖形排列成三角形。
1 + 2 = 3。

每增加一個新的數字就添加一個新的行到三角形的底部

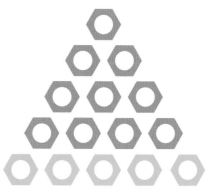

3 加上 3 後形成一個新的三角形。
1 + 2 + 3 = 6。

4 現在我們加上 4，得到第四個三角形。
1 + 2 + 3 + 4 = 10。

5 加上 5 後得到第五個三角形，如此類推。
1 + 2 + 3 + 4 + 5 = 15。

正方形數列

如果我們把每一個數字 1、2、3、4、5……和自身相乘，可以得到一個這樣的數列：1、4、9、16、25……這個數列可以用正方形表示。

第四個正方形數為16

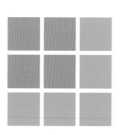

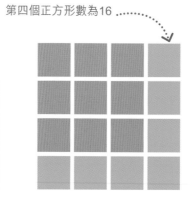

$1 \times 1 = 1$　　　$2 \times 2 = 4$　　　　　$3 \times 3 = 9$　　　　　$4 \times 4 = 16$　　　　　$5 \times 5 = 25$

五邊形數列

由五條邊構成並且五條邊相等的圖形叫「正五邊形」。如果我們從一個點開始，然後計算每個正五邊形的點，我們會看到這樣一個數列：1、5、12、22、35……這些數字叫作五邊形數。

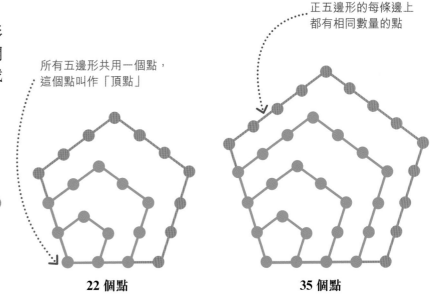

所有五邊形共用一個點，這個點叫作「頂點」

正五邊形的每條邊上都有相同數量的點

1 個點

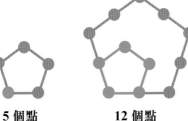
5 個點　　　12 個點

22 個點

35 個點

現實世界的數學

斐波那契數列

斐波那契數列是數學中最有趣的數列之一，它是以 13 世紀意大利數學家斐波那契命名的。數列的前兩項都為 1。當我們把前面的兩項加在一起，便得到了下一項。

將前兩項相加得到下一項

數列以1開始

$$1 \quad 1 \quad 2 \quad 3 \quad 5 \quad 8 \quad 13 \quad 21 \quad 34 \ldots$$

$1+1 \quad 1+2 \quad 2+3 \quad 3+5 \quad 5+8 \quad 8+13 \quad 13+21$

我們可以用這個數列繪製出這樣的方框：

當連接方框裏的對角點時，便得到了一個螺旋線。

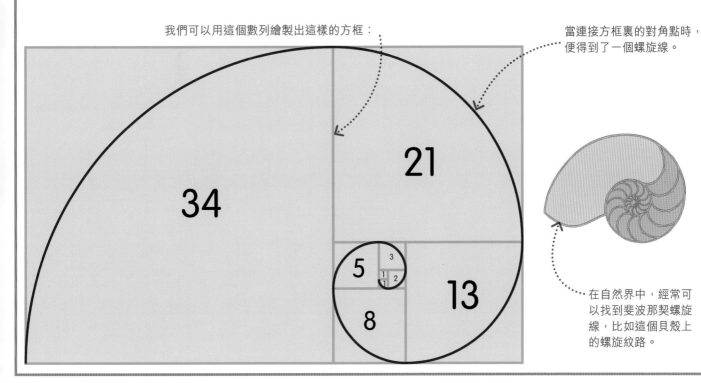

在自然界中，經常可以找到斐波那契螺旋線，比如這個貝殼上的螺旋紋路。

正數與負數

所有比零大的數是正數，比零小的數是負數，
負數前面有一個負號（－）。

負數前面會有一個負號（－），而正數前面通常是沒有符號的。

甚麼是正數和負數？

從零開始往左數 ······

−10　−9　−8　−7　−6　−5　−4　−3　−2

負數

1 如果把數字放在一條被稱作數軸的線上，就像這個路標上的線一樣，我們可以看到從零開始往左數是負數，而正數是從零開始，往右逐漸變大。

2 負數是比零小的數。在運算中，我們把負數寫在括號裏，例如 (−2)，使它們更容易閱讀。

正數與負數的加減運算

在正數與負數的加減運算中，有一些簡單的規則需要我們記住。
我們可以在簡單的數字工具—數軸上進行運算。

1 **加一個正數**
當我們加一個正數時，沿着數軸向右移動。
$2 + 3 = 5$。

要加一個正數，沿着數軸向右移動 ······

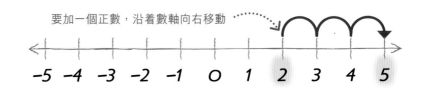

−5　−4　−3　−2　−1　0　1　2　3　4　5

2 **減一個負數**
要減去一個負數，我們也要沿着數軸向右移動。所以，2-(−3) 與 2+3 是相等的。
$2 - (−3) = 5$。

要減一個負數，沿着數軸向右移動 ······

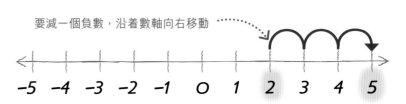

−5　−4　−3　−2　−1　0　1　2　3　4　5

現實世界的數學

高低

我們有時會用正數和負數來描述建築物裏的樓層，通常地平面以下的樓層編號為負數。

-2 -1 0 1 2 3 4 5 6 7 8 9

試一試

巧解難題

借用數軸計出下列算式的結果。

1 7 − (−3) = ?   **3** 7 + (−9) = ?

2 −4 + (−1) = ?   **4** −2 − (−7) = ?

答案見第 319 頁

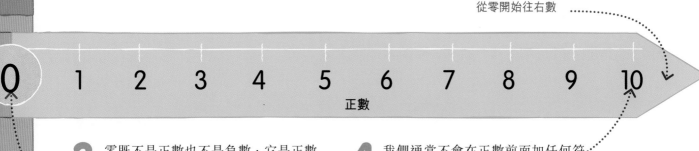

從零開始往右數

正數

3 零既不是正數也不是負數，它是正數和負數之間的分界點。

4 我們通常不會在正數前面加任何符號。當您看到一個不帶符號的數字，它往往就是正數。

3 減一個正數
現在讓我們試一試減一個正數。計算 2−3，我們從 2 開始沿着數軸向左移動來找到答案。
2 - 3 = −1。

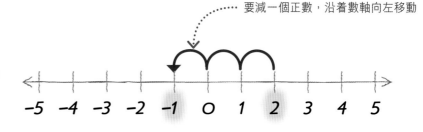

要減一個正數，沿着數軸向左移動

4 加一個負數
要加上一個負數，結果就相當於減去一個正數。計算 2+ (−3)，我們也是從 2 開始沿着數軸向左移動。
2 + (−3) = −1。

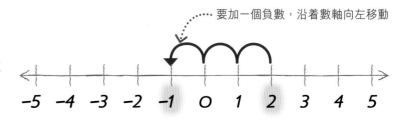

要加一個負數，沿着數軸向左移動

數字的比較

我們經常需要知道一個數是等於、小於還是大於
另一個數，這被稱作「數字的比較」。

我們用比較符號來表示兩個
數字之間的大小關係。

大於、小於還是等於？

在日常生活中比較數量的時候，我們會用「更多」、「更少」、「更大」、
「更小」或者「相同」這樣的詞語。在數學裏，我們是說一個數字或數
量「大於」、「小於」或「等於」另一個數字或數量。

1 等於
看到這盤紙杯蛋糕，每一行
有 5 個蛋糕，所以，上面一行蛋
糕的數量等於下面一行蛋糕的
數量。

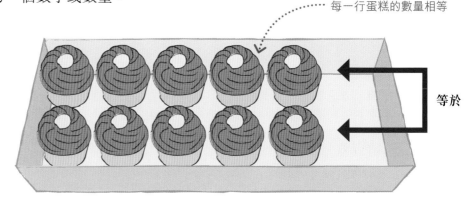

每一行蛋糕的數量相等

等於

2 大於
現在，上面一行有 5 個蛋
糕，下面一行只有 3 個蛋糕，所
以上面一行蛋糕的數量大於下面
一行蛋糕的數量。

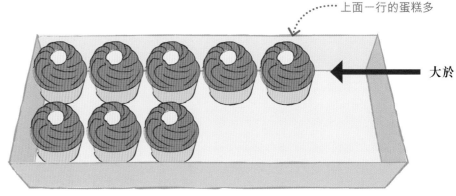

上面一行的蛋糕多

大於

3 小於
這一次，上面一行放了 5
個蛋糕，下面一行放了 6 個蛋
糕，所以上面一行蛋糕的數量小
於下面一行蛋糕的數量。

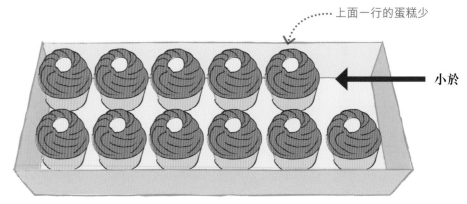

上面一行的蛋糕少

小於

用符號來比較數字大小

比較數字或數量大小時所用的符號叫作「比較符號」。

這個符號尖而窄的部分指向比較中更小的數字

1 等於號
這個符號表示「與……相等」。例如，90+40=130，意思是「90 與 40 的和與 130 相等」。

2 大於號
這個符號表示「比……大」。例如，24 > 14，意思是「24 比 14 大」。

3 小於號
這個符號表示「比……小」。例如，11 < 32，意思是「11 比 32 小」。

有效數字

數字中能影響數值的數字是有效數字。有效數字有助於我們比較數字的大小。

1 這是一個四位數。最大的有效數字擁有最大位值，如此類推，一直到擁有最小位值的有效數字。

最大有效數字　第三有效數字

$$1404$$

第二有效數字　最小有效數字

2 讓我們比較 1404 和 1133 的大小。它們最大有效數字的位值相同，所以我們比較第二有效數字。

千	百	十	個
1	4	0	4
1	1	3	3

最大有效數字相同

3 1404 的第二有效數字比 1133 的第二有效數字大，所以 1404 比 1133 大。

$$1404 > 1133$$

1404的第二有效數字更大

試一試

哪一個符號？

從您所學的三個比較符號中，選擇適當的符號填入「?」處完成例題。

以下是您所需要用到的三個符號：

▬ 等於號

❭ 大於號

❬ 小於號

❶ 5123 ? 10 221

❷ −2 ? 3

❸ 71 399 ? 71 100

❹ 20 − 5 ? 11 + 4

答案見第 319 頁

數字的排序

有時候我們需要通過比較一系列的數字來將這些數字按順序排列，這時用到了前面學過的位值和有效數字的知識。

1 賽博鎮進行了鎮長選舉，我們需要把這些候選人按照他們所得的票數進行排序。

	萬	千	百	十	個
孔恩			9	1	2
澤特				4	5
莫普		5	2	3	4
弗洛格			4	4	4
克羅格	1	0	4	2	3
傑克		5	1	2	1

2 我們把候選人的票數寫在一個表格中，這樣就能更直接地比較他們的最大有效數字。

	萬	千	百	十	個
克羅格	1	0	4	2	3

第一個有效數字是最左邊的這個數字

3 我們來看最大有效數字，只有克羅格的總票數達到了萬位，所以他的總票數最高，我們把他放在一個新的表格裏。

	萬	千	百	十	個
克羅格	1	0	4	2	3
莫普		5	2	3	4
傑克		5	1	2	1

克羅格當選

4 再比較第二有效數字，我們發現莫普和傑克在千位上的數字相同。所以，我們接着比較第三有效數字，莫普的第三有效數字比傑克的大。

	萬	千	百	十	個
克羅格	1	0	4	2	3
莫普		5	2	3	4
傑克		5	1	2	1
孔恩			9	1	2
弗洛格			4	4	4
澤特				4	5

5 我們繼續比較位值列中的數字，直到將它們按從大到小的順序排列在表格中。克羅格是新的鎮長！

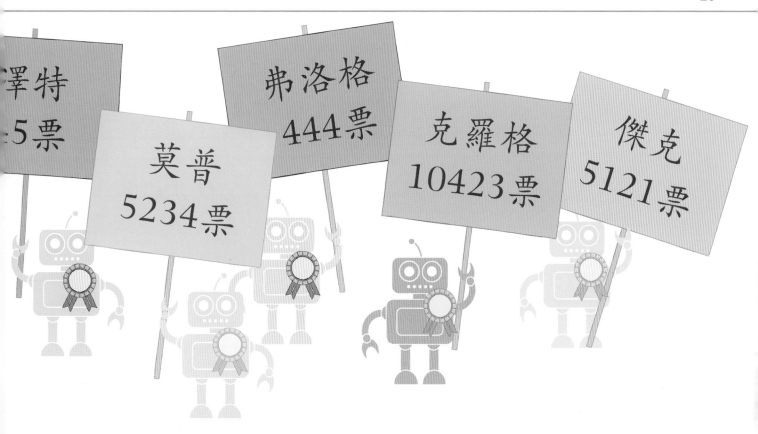

升序和降序

我們把事物按順序排列的時候，有時候想要先寫最大的數字，有時候想要先寫最小的數字。

1 在一次數學測試中，一共有 100 條題目。阿米拉答對了 94 條，貝拉答對了 45 條，克勞迪婭答對了 61 條，丹尼答對了 35 條，伊桑答對了 98 條，菲奧娜答對了 31 條，葛麗泰答對了 70 條，哈利答對了 81 條。

2 把答對題數從高到低排列，我們稱為「降序排列」。

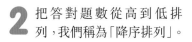

3 把答對題數從低到高排列，我們稱為「升序排列」。圖中箭頭表示成績排名高低，而不是數字排序方向。

	降序排列		升序排列
98		31	
94		35	
81		45	
70		61	
61		70	
45		81	
35		94	
31		98	

試一試

全部按順序排列

將列表中的年齡按升序排列，鍛練您的排序能力。能不能為您的家人或者朋友製作一個排序列表呢？可以根據年齡、身高或者生日的月份給他們排序。

答案見第 319 頁

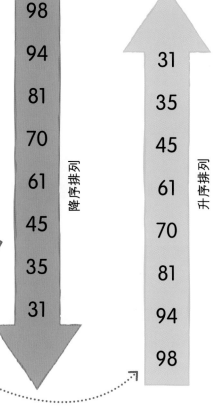

姓名	年齡
傑克（我）	9
媽媽	37
沙鼠特里沃	1
爸爸	40
祖父	67
狗狗巴斯特	7
祖母	68
丹叔叔	35
安娜（我姐姐）	13
小貓貝拉	3

估算

有時候，當我們進行測量或計算時，不需要一個準確的答案，只需要一個合理的猜測就夠了，這個合理的猜測便叫作「估算」。

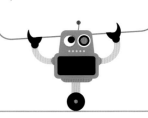

估算是為了找到接近正確答案的結果。

約等於

1 等於號
我們已經學習過表示相等的符號。

2 約等號
這個符號用來表示幾乎相同的事物間的關係。在數學上，我們稱之為「約等於」。

快速計算

在日常生活中，我們經常不需很精確計算某些事物，只要大概知道這些事物有多少或者有多大便夠了。

比較這幾個籃子裏的士多啤梨，估算一下哪個籃子裏的士多啤梨最多。

1 這三個士多啤梨籃子價格相同，但卻裝有不同數量的士多啤梨。

2 我們不需要數就能發現第三個籃子裏的士多啤梨比另外兩個籃子裏的士多啤梨多。所以，買第三籃士多啤梨是最划算的。

每籃8.8元

估算總數

有時候，我們選擇估算是因為數算或者計算出精確的答案需要花費太長時間。

1 讓我們觀察這個鬱金香花壇。不要一個一個數，我們想知道這裏大概有多少株鬱金香。

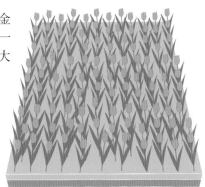

3 估算鬱金香總數的另一種方法就是將花壇粗略分成幾格，如果我們能數出一個格中鬱金香的數量，就可以估算出整個花壇中鬱金香的數量。

花壇大致被分成九格 ⋯⋯

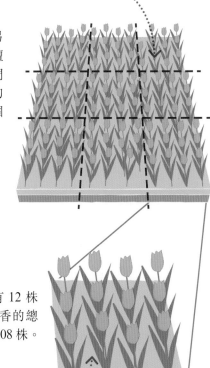

2 鬱金香的排列並不整齊，但是我們可以看到前面這行有 11 株，一共有 9 行，所以可以認為大約有 9×11，也就是 99 株鬱金香。

一共有9行 ⋯⋯

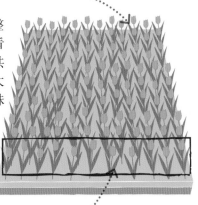

最前面一行有11株鬱金香 ⋯⋯

4 右下角的一格中有 12 株鬱金香。所以鬱金香的總數大約為 12×9，也就是 108 株。

右下角的一格中有12株鬱金香 ⋯⋯

5 我們用兩種估算方法得出的結果分別是 99 和 108，事實上，一共有 105 株鬱金香，所以兩個估算值都非常接近實際值。

檢查計算結果

有時，我們通過四捨五入或簡化數字來計算出想要的答案。

我們估算結果大約等於7000 ⋯⋯

$$2847 + 4102 = \boxed{?}$$

$$3000 + 4000 = \boxed{7000}$$

$$2847 + 4102 = \boxed{6949}$$

1 讓我們來計算 2847+4102，先進行估算，如果算出的答案與估算結果相差很大，那麼有可能是計算錯誤。

2 第一個數字略小於 3000，第二個數字略大於 4000，我們可以快速計算出 3000+4000=7000。

3 實際運算時，得到的答案與我們的估算值非常接近，於是我們有理由相信這道加法計算是做對了。

四捨五入

四捨五入是將一個數字轉換成另外一個數值與之相近的數字，轉換後的數字更便於計算或記憶。

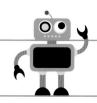

> 四捨五入的規則是，小於5的數字捨掉，大於或等於5的數字向前入位。

四捨五入

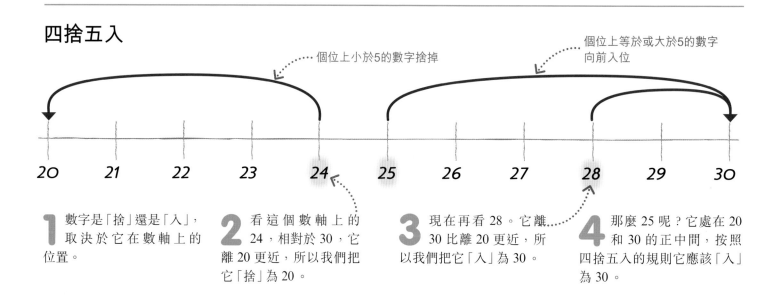

個位上小於5的數字捨掉

個位上等於或大於5的數字向前入位

1 數字是「捨」還是「入」，取決於它在數軸上的位置。

2 看這個數軸上的 24，相對於 30，它離 20 更近，所以我們把它「捨」為 20。

3 現在再看 28。它離 30 比離 20 更近，所以我們把它「入」為 30。

4 那麼 25 呢？它處在 20 和 30 的正中間，按照四捨五入的規則它應該「入」為 30。

用位值進行四捨五入

對數字進行四捨五入時，我們是對數字的位值進行四捨五入。

1 **四捨五入到最近的整十數**
我們看個位數字來決定是「捨」還是「入」到最近的整十數。下面讓我們對 83 和 89 進行四捨五入。

個位上的數字是3，所以我們「捨」為80。

個位上的數字是9，所以我們「入」為90。

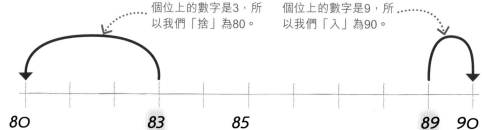

2 **四捨五入到最近的整百數**
要四捨五入到最近的整百數，我們要對十位上的數字運用四捨五入的規則。下面讓我們對 337 和 572 進行四捨五入。

十位上的數字是3，所以「捨」為300。

十位上的數字是7，所以「入」為600。

四捨五入到不同的位值

四捨五入到不同的位值會得到不同的答案。我們下面來看一看，將 7641 四捨五入到不同的位值會得到怎樣的答案。

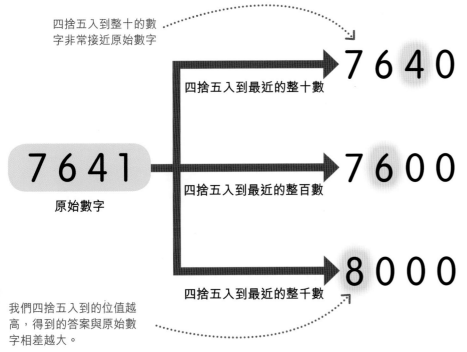

四捨五入到整十的數字非常接近原始數字

四捨五入到最近的整十數

7640

7641

原始數字

四捨五入到最近的整百數

7600

四捨五入到最近的整千數

8000

我們四捨五入到的位值越高，得到的答案與原始數字相差越大。

試一試

估計身高

下圖機器人身高為 165cm。

1 將他的身高四捨五入到最近的整十數是多少？

2 將他的身高四捨五入到保留一位有效數字是多少？

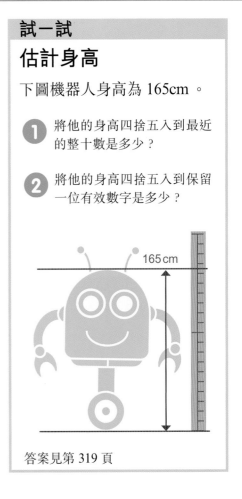

165 cm

答案見第 319 頁

四捨五入保留有效數字

我們也可以將數字四捨五入到保留一個或幾個有效數字。

1 我們看到數字 6346。最大的有效數字就是最高位值，所以 6 是最大的有效數字，它後面的數字小於 5，我們將它「捨」為 6000。

對於四位數來說，四捨五入到最大有效數字就相當於四捨五入到千位。

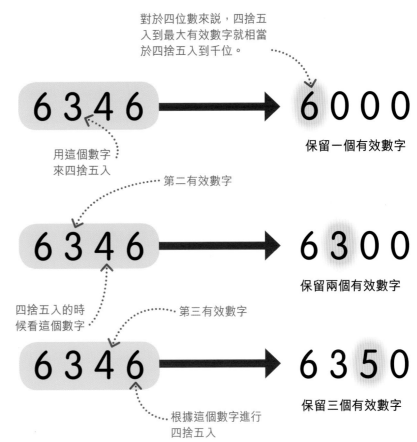

6346 → 6000

用這個數字來四捨五入

保留一個有效數字

2 第二有效數字在百位上，它後面的數字小於 5，所以當四捨五入保留兩位有效數字時，6346 就四捨五入成了 6300。

第二有效數字

6346 → 6300

保留兩個有效數字

四捨五入的時候看這個數字

3 第三有效數字在十位上。如果我們將它四捨五入保留三個有效數字，就變成了 6350。

第三有效數字

6346 → 6350

保留三個有效數字

根據這個數字進行四捨五入

因數

一個整數可以由兩個或多個其他數相乘得來，這些數就是這個整數的因數。
每個數至少有兩個因數，因為它可以由它本身與 1 相乘得來。

因數是甚麼？

這塊朱古力由 12 個正方形朱古力組成。通過將它分成若干個相等的部分，
我們可以找到 12 的因數。

$$12 \div 1 = 12$$

1 如果我們把這塊由 12 個正方形組成的朱古力分成 1 份，它就是一整塊，所以 1 和 12 都是 12 的因數。

$$12 \div 2 = 6$$

2 將這塊朱古力分成 2 份，每份 6 個，那麼 2 和 6 也是 12 的因數。

$$12 \div 3 = 4$$

3 我們可以把這塊朱古力分成 3 份，每份 4 個，所以 3 和 4 是 12 的因數。

$$12 \div 4 = 3$$

4 把這塊朱古力分成 4 份，每份 3 個，我們已經得出了 4 和 3 是 12 的因數。

$$12 \div 6 = 2$$

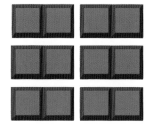

5 將這塊朱古力分成 6 份，每份 2 個，我們已經找到了 6 和 2 是 12 的因數。

$$12 \div 12 = 1$$

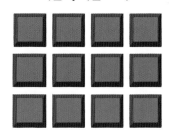

6 最後，我們可以把這塊朱古力分成 12 份，每份 1 個，我們現在就找到了 12 的所有因數。

因數對

因數往往是成對出現的。兩個數相乘得到一個新的數，這兩個數便叫作「因數對」。

$$1 \times 12 = 12 \quad \text{或} \quad 12 \times 1 = 12$$

$$2 \times 6 = 12 \quad \text{或} \quad 6 \times 2 = 12$$

$$3 \times 4 = 12 \quad \text{或} \quad 4 \times 3 = 12$$

1 我們再來看一看剛剛找出的 12 的因數。每一對可以用兩種不同的方式寫出來。

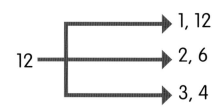

2 所以，12 的因數對是：1 和 12、2 和 6、3 和 4，也可以將它們的順序調換過來。

找到所有的因數

如果您要找到一個數字的所有因數，按照下面這種方法寫
下您所找到的因數，可以確保不會漏掉任何一個。

1 要找到 30 的所有因數，首先在一行中的最前面寫
上 1，在另一端寫上 30，因為我們知道每個數字
的因數都包括 1 和它本身。

$$1 \times 30 = 30$$

| 1 | | | | | | | | 30 |

2 接下來，我們測試 2 是否是一個因數，發現
2×15=30，所以，2 和 15 是 30 的因數。我們把
2 寫在 1 的後面，把 15 寫在另一端 30 的前面。

$$2 \times 15 = 30$$

| 1 | 2 | | | | | | 15 | 30 |

3 然後，我們測試 3 是否是一個因數，發現
3×10=30，所以，我們把 3 和 10 添加到這行因數
中，將 3 寫在 2 後面，10 寫在 15 前面。

$$3 \times 10 = 30$$

| 1 | 2 | 3 | | | 10 | 15 | 30 |

4 我們再測試 4，發現它不能與另一個整數相乘得
到 30，所以 4 不是 30 的因數，不能寫入其中。

$$4 \times ? = 30$$

| 1 | 2 | 3 | | | 10 | 15 | 30 |

5 我們測試 5 並發現 5×6=30，所以我們把 5 寫在
3 的後面，把 6 寫在 10 的前面。我們不需要再測
試 6，因為它已經在裏面了。這樣，我們就找到了 30
的所有因數。

$$5 \times 6 = 30$$

| 1 | 2 | 3 | 5 | 6 | 10 | 15 | 30 |

公因數

當兩個或多個數字有相同的因數時，我們把這些相同的因數稱為公因數。

1 這裏是 24 和 32 的因數，它們都有因數 1、2、4
和 8，這些黃色圈裏的數字就是它們的公因數。

2 最大的公因數是 8，我們把它稱為「最大公因
數」，或者「最大公約數」。

最大公因數是8

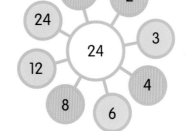

24 的因數　　　　32 的因數

倍數

當兩個整數相乘時，我們把它們的乘積稱作這
兩個數的倍數。

> 一個數的倍數就是這個數
> 與其他整數的乘積。

找到倍數

12既是3的倍數又是4的倍數

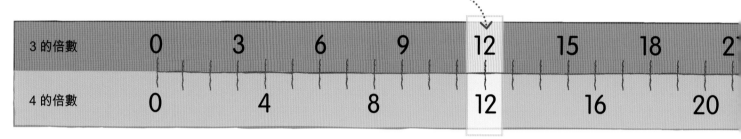

| 3 的倍數 | 0 | 3 | 6 | 9 | 12 | 15 | 18 | 21 |
| 4 的倍數 | 0 | | 4 | 8 | 12 | | 16 | 20 |

1 我們可以像這樣用數軸來找到一個
數的倍數。如果您知道乘法表，您會
發現很容易找到一個數的倍數。

2 在數軸的上方我們標出了前 16 個 3
的倍數。為了找到 3 的倍數，我們
將 3 與 1、2、3 等相乘：
$3×1=3$，$3×2=6$，$3×3=9$。

公倍數

我們發現有些數字不只是一個數的倍數，我們把這些數字
叫作公倍數。

我們把這個重疊部分中最小
的數字叫作最小公倍數。

1 這是維恩圖，它是用另一種方式表達
上面數軸上的信息。藍色的圓內是
1~50 中所有 3 的倍數，綠色的圓內是
1~50 中所有 4 的倍數。

2 在圓重疊的部分有四個數
字：12，24、36 和 48。
這四個數字是 3 和 4 的公倍數。

3 3 和 4 的最小公倍數是 12。我們
無法知道 3 和 4 的最大公倍數，
因為數字是可以無窮大的。

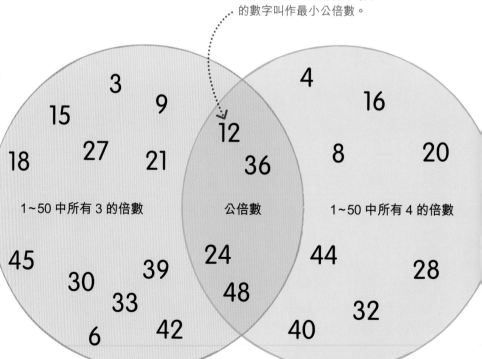

3　9　15　27　21　18

12　36

4　16　8　20

1~50 中所有 3 的倍數　　公倍數　　1~50 中所有 4 的倍數

45　30　39　24
33　48
6　42

44　28　32　40

試一試

混亂的倍數

右邊的數字哪一個是 8 的倍數？哪一個是 9 的倍數？您能找到 8 和 9 的公倍數嗎？

答案見第 319 頁

64 **32** 36 **48**
16 **81** 108 56 90
72 **144** 27 18

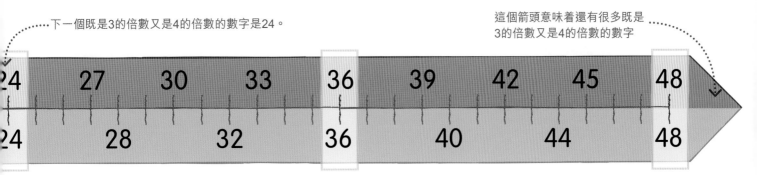

下一個既是3的倍數又是4的倍數的數字是24。

這個箭頭意味着還有很多既是3的倍數又是4的倍數的數字

3 在數軸下方標出了 4 的倍數。看到數字 12，在數軸的上下兩邊它都出現了，所以它既是 3 的倍數，又是 4 的倍數。

4 倍數和因數在同一個運算中——兩個因數相乘得到倍數。所以 3 和 4 都是 12 的因數，12 是 3 和 4 的倍數。

找到最小公倍數

以下是找到三個數的最小公倍數的方法。

1 讓我們來找一找 2、4 和 6 的最小公倍數。首先，我們畫一條數軸，並標上前十個 2 的倍數。

2 現在我們再畫一條數軸，並標上 4 的倍數。我們發現，4、8、12、16 和 20 都是 2 和 4 的公倍數。

3 當我們畫下一條數軸並標上 6 的倍數，發現這 3 個數字的第一個公倍數是 12，那麼 12 就是 2、4 和 6 的最小公倍數。

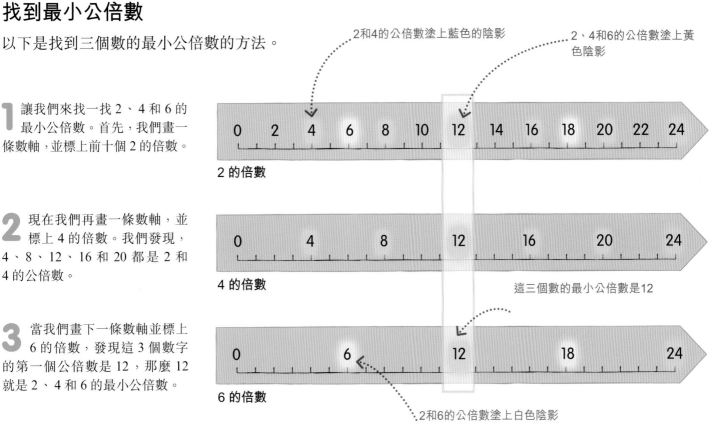

2和4的公倍數塗上藍色的陰影

2、4和6的公倍數塗上黃色陰影

2 的倍數

4 的倍數

這三個數的最小公倍數是12

6 的倍數

2和6的公倍數塗上白色陰影

質數

質數是大於 1 的整數，除了 1 和它本身，不能被其他的數整除。

質數只有兩個因數—1和它本身。

找質數

為了判斷一個數是否是質數，我們可以試一試它能不能完全除盡其他的整數。讓我們來試一試幾個數字。

1　2 是質數嗎？
　我們可以用 2 除盡 1 和它本身，但是無法用 2 除盡其他整數，所以，我們可以得知 2 是一個質數。

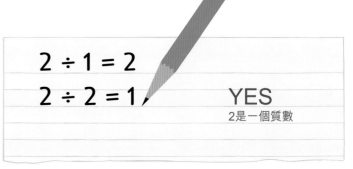

$2 \div 1 = 2$
$2 \div 2 = 1$　　　YES
　　　　　　2是一個質數

2　4 是質數嗎？
　我們可以用 4 除盡 1 和它本身，我們還可以用 4 整除其他數嗎？讓我們試試用 4 除以 2：$4 \div 2 = 2$，4 可以整除 2，所以 4 不是一個質數。

$4 \div 1 = 4$
$4 \div 4 = 1$　　　NO
$4 \div 2 = 2$　　　4是一個質數

3　7 是質數嗎？
　我們可以用 7 除盡 1 和它本身。下面讓我們試一試用 7 除以其他整數。我們不能用 7 完全除盡 2、3 和 4。一旦測試的數字超過了這個數的一半，我們就可以不用再測試了—在這個例子中，試到 4 就可以停止了，所以 7 是一個質數。

$7 \div 1 = 7$
$7 \div 7 = 1$　　　YES
　　　　　　7不是一個質數

4　9 是質數嗎？
　我們可以用 9 除盡 1 和它本身，無法用 9 完全除盡 2，但是可以將它除盡 3：$9 \div 3 = 3$，這就意味着 9 不是一個質數。

$9 \div 1 = 9$
$9 \div 9 = 1$　　　NO
$9 \div 3 = 3$　　　9不是一個質數

100 以內的質數

這個表標出了 1~100 中的所有質數。

1	2	3	4	5	6	7	8	9	10
11	12	13	14	15	16	17	18	19	20
21	22	23	24	25	26	27	28	29	30
31	32	33	34	35	36	37	38	39	40
41	42	43	44	45	46	47	48	49	50
51	52	53	54	55	56	57	58	59	60
61	62	63	64	65	66	67	68	69	70
71	72	73	74	75	76	77	78	79	80
81	82	83	84	85	86	87	88	89	90
91	92	93	94	95	96	97	98	99	100

1不是一個質數，因為它沒有兩個不同的因數—1和它本身是同一個數字。

2是偶數中唯一的質數，其他所有偶數都可以被2整除，所以它們不是質數。

質數都標上了深紫色

非質數都標上了淺紫色

判斷是不是質數

有一個簡單的技巧來判斷一個數是不是質數 —— 只要按照下圖所示的步驟：

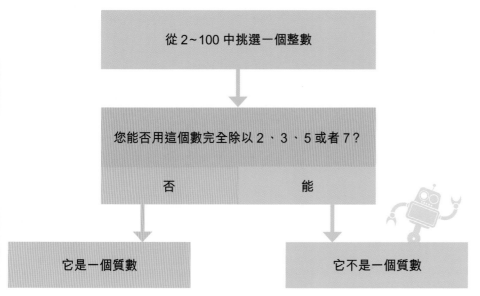

從 2~100 中挑選一個整數

您能否用這個數完全除以 2、3、5 或者 7？

否　　能

它是一個質數　　它不是一個質數

現實世界的數學

最大的質數

古希臘數學家歐幾里得指出，我們永遠不可能知道最大的質數是多少。我們目前所知道的最大質數是 2016 年發現的，它超過了 2200 萬位，可以寫成這樣：

$$2^{74\,207\,281}-1$$

這表示「用2乘它本身74207280次，然後減去1」。

質因數

一個整數的因數如果是質數，那麼這個因數就叫作「質因數」。
質數有一個特點，任何一個整數要麼是質數，要麼可以由兩個或
兩個以上的質數相乘得到。

找質因數

質數就像是數字積木，因為每一個不是質數的數字都可以分解出
質因數。下面讓我們找一找 30 的質因數。

用一個綠色的圓圈出質因數

2和15都是30的因數

2不是15的因數

1 我們先看 30 能否除以最小的質數 2，可以用 30 完全除以 2，並且 2 是一個質數，所以我們說 2 是 30 的一個質因數。

2 現在來看 15，在上一步中它與 2 是一個因數對，並且它不是一個質數，所以我們要將它繼續分解。15 不能整除 2，所以我們要試試其他數字。

$$15 \div ③ = ⑤$$

3和5是15的因數

$$30 = ② \times ③ \times ⑤$$

2、3和5是30的質因數

3 我們可以用 15 完全除以 3 得到 5。3 和 5 都是質數，所以它們也一定是 30 的質因數。

4 我們可以說 30 是 2、3 和 5 這三個質因數的乘積。

現實世界的數學

質因數在互聯網安全中的應用

當我們通過互聯網發送信息時，它會變成代碼以保證信息安全，這些代碼就是基於很大數字的質因數，詐騙犯很難找到這些代碼，要破解這些代碼也是很費時的。

所有整數都可以分解出兩個或兩個以上的質因數。

因數樹

找出一個數的質因數的簡便方法就是畫圖,這個圖叫作「因數樹」。

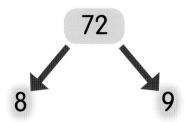

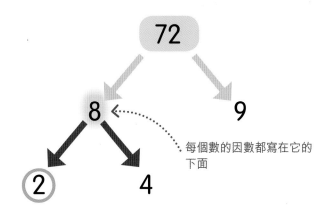

每個數的因數都寫在它的下面

1 讓我們來找一找 72 的質因數。從乘法表我們可以得知 8 和 9 是 72 的因數,所以我們可以像這樣寫下這些信息。

2 8 和 9 都不是質數,所以我們需要將它們繼續分解成其他數。分解 8 的因數時,可以得到 2 和 4,我們用一個圓圈出 2,因為它是一個質數。

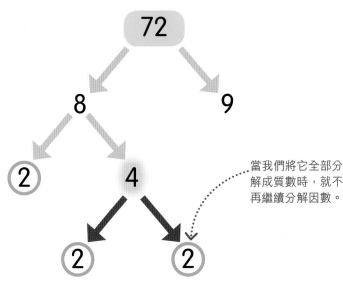

當我們將它全部分解成質數時,就不再繼續分解因數。

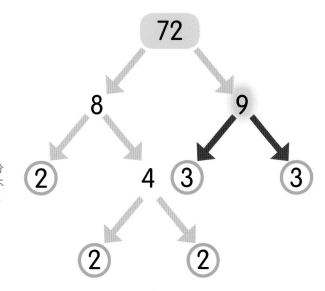

3 現在我們再分解 4 的因數,可以分解成 2 和 2,都是質數,所以我們也將這兩個 2 圈出來。

4 接下來我們再回到 9,它不能整除 2,但可以整除 3,得到的兩個因數都是 3,都是質數。現在可以像這樣寫下 72 的所有質因數:72=2×2×2×3×3。

試一試

不同的樹,相同的答案

畫因數樹的方法有很多種,右圖是 72 的因數樹的另外一種畫法,首先除以 2。您能將它畫完嗎?因數樹不只有一種畫法,只要您能得出與上面第 4 步中相同的質因數,您便做對了!

答案見第 319 頁

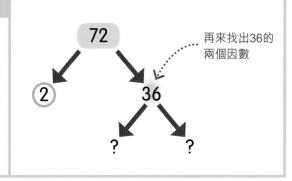

再來找出36的兩個因數

平方數

當我們把一個整數與它自己相乘，得到的結果就是
一個平方數。平方數有一個特殊的符號，在數字的
右上角寫上一個小小的「2」，例如 3^2。

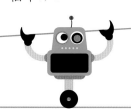

這個大正方形就可以
用 2×2 個小方塊表示

$2 \times 2 = 4$ 或 $2^2 = 4$

1	2
3	4

1 我們可以用實際的方塊來表示數字的平方。例如
要表示 2^2，我們可以用 4 個小方塊拼成一個大正
方形，所以 4 就是一個平方數。

$3 \times 3 = 9$ 或 $3^2 = 9$

1	2	3
4	5	6
7	8	9

2 要表示 3^2，可以用 9 個小方塊拼成長為 3、寬
也為 3 的新的正方形，這意味着 9 也是平方數。

$4 \times 4 = 16$ 或 $4^2 = 16$

1	2	3	4
5	6	7	8
9	10	11	12
13	14	15	16

3 當我們用正方形來表示 4^2 的時候，它可以由
4×4 個小方塊拼成，一共 16 個小方塊。

$5 \times 5 = 25$ 或 $5^2 = 25$

1	2	3	4	5
6	7	8	9	10
11	12	13	14	15
16	17	18	19	20
21	22	23	24	25

4 這是用 5×5 個小方塊表示的 5^2，這裏有 25 個
小方塊，所以，緊跟着 1 後面的平方數是 4、
9、16 和 25。

平方表

1 這個表展示了 12×12 以內的平方數。我們來看一看如何用它來找到 7 的平方數。首先，在上面一行找到 7。

平方數在這個網格中形成了一條對角線

×	1	2	3	4	5	6	7	8	9	10	11	12
1	1	2	3	4	5	6	7	8	9	10	11	12
2	2	4	6	8	10	12	14	16	18	20	22	24
3	3	6	9	12	15	18	21	24	27	30	33	36
4	4	8	12	16	20	24	28	32	36	40	44	48
5	5	10	15	20	25	30	35	40	45	50	55	60
6	6	12	18	24	30	36	42	48	54	60	66	72
7	7	14	21	28	35	42	49	56	63	70	77	84
8	8	16	24	32	40	48	56	64	72	80	88	96
9	9	18	27	36	45	54	63	72	81	90	99	108
10	10	20	30	40	50	60	70	80	90	100	110	120
11	11	22	33	44	55	66	77	88	99	110	121	132
12	12	24	36	48	60	72	84	96	108	120	132	144

2 然後在左邊這一列中找到 7。沿着行和列走，直到它們相交，相交的這個格子就寫着這個數字的平方數。

3 行和列相交的格子裏寫的是 49，所以 7 的平方數是 49。

奇數的平方數總是奇數

偶數的平方數總是偶數

平方根

平方根是一個與它自己相乘可以得到一個特定的平方數的數字。用來表示平方根的符號是 √ 。

平方數和平方根是相對立的兩個數。

1 我們看到 36，它的平方根是 6，我們把這個平方根與它自己相乘或者進行平方就可以得到 36。

$$\sqrt{36} = 6$$

因為

$$6 \times 6 = 36 \text{ 或 } 6^2 = 36$$

2 平方數和平方根是相對立的兩個數—所以如果 5 的平方是 25，那麼 5 就是 25 的平方根。在數學上我們用「逆運算」來表示求平方數和求平方根兩者之間的關係。

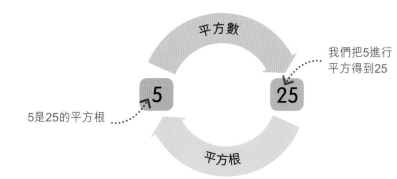

平方數

我們把5進行平方得到25

5

25

5是25的平方根

平方根

3 我們可以用這個平方表找到對應的平方根。看看表中的數字 64，要找到它的平方根，沿着它所在的行和列回到最上面一行和最左邊一列，我們發現它所在的行和列都是從 8 開始的，所以可以得知 8 是 64 的平方根。

×	1	2	3	4	5	6	7	8	9	10	11	12
1	1	2	3	4	5	6	7	8	9	10	11	12
2	2	4	6	8	10	12	14	16	18	20	22	24
3	3	6	9	12	15	18	21	24	27	30	33	36
4	4	8	12	16	20	24	28	32	36	40	44	48
5	5	10	15	20	25	30	35	40	45	50	55	60
6	6	12	18	24	30	36	42	48	54	60	66	72
7	7	14	21	28	35	42	49	56	63	70	77	84
8	8	16	24	32	40	48	56	64	72	80	88	96
9	9	18	27	36	45	54	63	72	81	90	99	108
10	10	20	30	40	50	60	70	80	90	100	110	120
11	11	22	33	44	55	66	77	88	99	110	121	132
12	12	24	36	48	60	72	84	96	108	120	132	144

沿着平方數所在行和列，往回找到它的平方根。

深紫色格子裏的是平方數

試一試

找出平方根

查看右邊的平方表，解答下列問題。

1 10 是哪個數字的平方根？

2 4 是哪個數字的平方根？

3 81 的平方根是多少？

答案見第 319 頁

立方數

一個數與它本身相乘，然後再乘上它本身，所得的結果就是立方數。

如何算出立方數？

$$2 \times 2 \times 2 = ?$$

$$2 \times 2 = 4$$
$$4 \times 2 = 8$$

1 讓我們來算一算 2 的立方是多少。首先，我們通過 2×2 得到 4，然後用算出的 4 再與 2 相乘，得到 8。

$$2^3 = 8$$

因為

$$2 \times 2 \times 2 = 8$$

2 那麼現在我們就知道 2 的立方是 8。要表示一個數的立方，我們用一個特殊的符號——一個小小的「3」寫在數字右上方，例如：2^3。

立方數列

立方數可以用若干個立方體拼成的大立方體來表示。

1 我們從 1 開始：$1^3=1$。像這樣，我們可以用單個立方體來表示 1 的立方。

所有小立方體的棱長都是 1 個單位長度

$$1 \times 1 \times 1 = 1$$

2 下面我們用同樣的方法來表示 2 的立方：$2^3=8$。我們也可以用棱長為 2 個單位長度的立方體來表示 8。

這個立方體由 8 個小立方體拼成

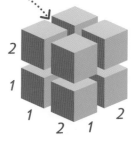

$$2 \times 2 \times 2 = 8$$

3 然後我們看 3 的立方：$3^3=27$。這個立方體的棱長是 3 個單位長度。

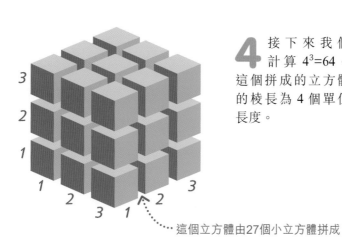

這個立方體由 27 個小立方體拼成

$$3 \times 3 \times 3 = 27$$

4 接下來我們計算 $4^3=64$。這個拼成的立方體的棱長為 4 個單位長度。

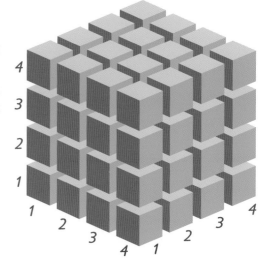

$$4 \times 4 \times 4 = 64$$

分數

分數是整體的一部分。分數是把一個數字寫在另一個數字的上方。下面的數字告訴我們整體被分成了幾份，上面的數字表示我們取其中的幾份。

分數是甚麼？

當我們要把一個東西分成相等的幾個部分時，分數是很有用的。下面以分蛋糕為例來演示如何把某個東西進行四等份。

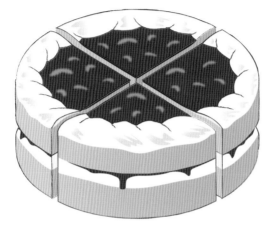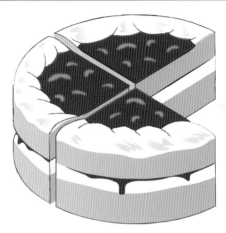

1　這個蛋糕被分成相等的四塊，也就是四等份。

2　每一塊蛋糕是整個蛋糕的四分之一。這意味着甚麼呢？

單位分數

單位分數是以 1 為分子的分數，它是被分成相等的幾部分的整體中的一份。下面讓我們把蛋糕分成不同的單位分數，一直分到十分之一。您有沒有發現分母越大，每份蛋糕就越小？

二分之一表示「兩個等份中的一份」

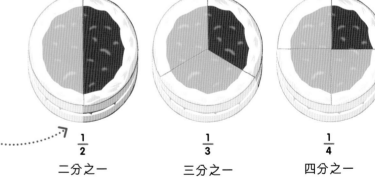

$\frac{1}{2}$
二分之一

$\frac{1}{3}$
三分之一

$\frac{1}{4}$
四分之一

非單位分數

非單位分數的分子大於 1。分數可以像上面的蛋糕一樣描述一個整體的部分，也可以像右邊這些蛋糕一樣，描述一組事物的部分。

$\frac{2}{5}$ 的蛋糕是粉色的，$\frac{3}{5}$ 的蛋糕是藍色的。

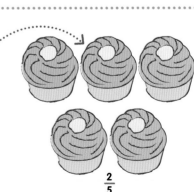

1　這裏有五個蛋糕，其中有兩個是粉色的，那麼我們可以說這裏有五分之二的蛋糕是粉色的。

$\frac{2}{5}$
五分之二的蛋糕是粉色的

分數可以是某個事物的部分，比如薄餅的一半；也可以是某組事物的部分，比如班上一半的學生。

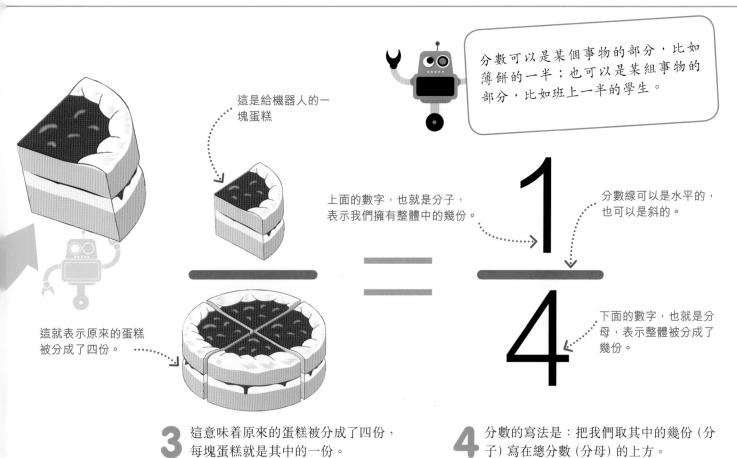

這是給機器人的一塊蛋糕

上面的數字，也就是分子，表示我們擁有整體中的幾份。

分數線可以是水平的，也可以是斜的。

$$\frac{1}{4}$$

下面的數字，也就是分母，表示整體被分成了幾份。

這就表示原來的蛋糕被分成了四份。

3 這意味着原來的蛋糕被分成了四份，每塊蛋糕就是其中的一份。

4 分數的寫法是：把我們取其中的幾份（分子）寫在總分數（分母）的上方。

$\frac{1}{5}$	$\frac{1}{6}$	$\frac{1}{7}$	$\frac{1}{8}$	$\frac{1}{9}$	$\frac{1}{10}$
五分之一	六分之一	七分之一	八分之一	九分之一	十分之一

$\frac{5}{7}$ 的蛋糕是粉色的，$\frac{2}{7}$ 的蛋糕是藍色的。

2 這一次，一共有七個蛋糕，其中五個蛋糕是粉色，所以，有七分之五的蛋糕是粉色的。

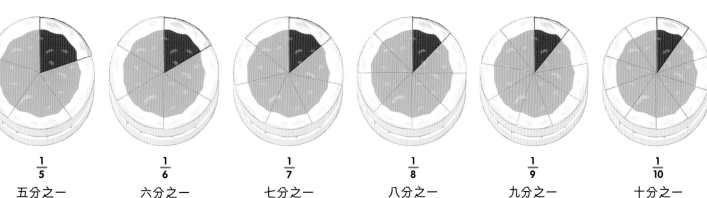

$$\frac{5}{7}$$

七分之五的蛋糕是粉色的

這個紙杯蛋糕被分成了三份

3 非單位分數也可以表示整體的部分。三分之二表示被分成三份的蛋糕中的兩份。

$$\frac{2}{3}$$

三分之二個蛋糕

假分數與帶分數

分數不一定總是小於整數。當由部分組成的數量大於一個整體時，我們可以把結果寫成一個假分數或者一個帶分數。

> 假分數和帶分數是表示同一個數量的兩種不同方式。

假分數

在一個假分數中，分子大於或者等於分母，這也就告訴我們，這些部分可以組成不止一個整體。

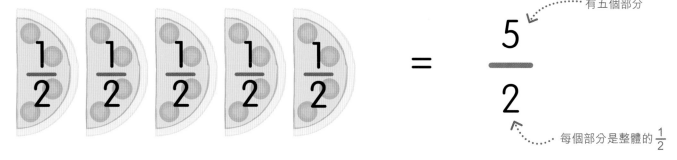

有五個部分

$$\frac{5}{2}$$

每個部分是整體的 $\frac{1}{2}$

1 看到這五塊薄餅，每塊薄餅都是整個薄餅的一半，所以可以說這裏有五塊 $\frac{1}{2}$ 的薄餅。

2 我們把這寫成分數 $\frac{5}{2}$。這就表示我們一共有五塊薄餅，每塊薄餅是整個薄餅的一半（$\frac{1}{2}$）。

....

帶分數

帶分數由一個整數和一個真分數（分子比分母小的分數）組成，它是假分數的另一種寫法。

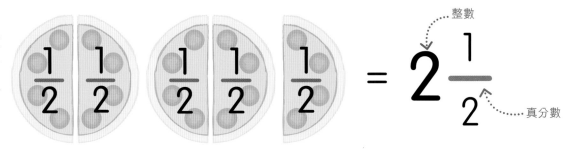

整數

$$2\frac{1}{2}$$

真分數

1 如果我們把這些一半的薄餅放在一起，可以拼成兩個完整的薄餅，還多半塊薄餅，所以我們也可以把薄餅的數量表示成「兩個整的和一個半塊」或者「兩個半」。

2 我們可以像這樣寫：$2\frac{1}{2}$ 這個帶分數就等於假分數 $\frac{5}{2}$：

$$2\frac{1}{2} = \frac{5}{2}$$

把帶分數化為假分數

1 把假分數 $\frac{10}{3}$ 化成帶分數會是甚麼樣子？這個分數表示有 10 塊三分之一（$\frac{1}{3}$）的薄餅。

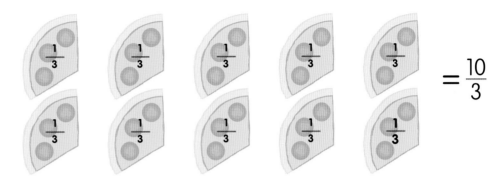

$= \frac{10}{3}$

2 如果我們把這些三分之一的薄餅拼在一起，就可以拼成三個完整的薄餅，並且還有一塊三分之一的薄餅剩餘。我們可以把這寫成一個帶分數：$3\frac{1}{3}$。

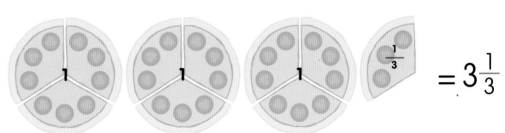

$= 3\frac{1}{3}$

3 要把假分數化成帶分數，就用分子除以分母。寫下答案的整數部分，然後在整數部分後面寫出一個分數——把餘數作為分子，寫在原來的分母上方。

假分數的分子 · · · 假分數的分母

$$\frac{10}{3} = 10 \div 3 = 3\frac{1}{3}$$

把假分數化為帶分數

1 讓我們把 1$\frac{3}{8}$ 化為假分數。首先，我們把整數分成 8 份，因為帶分數中整數後面的那個分數的分母是 8。

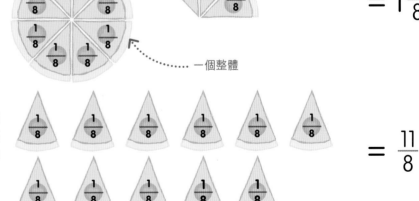

3個八分之一

一個整體

$= 1\frac{3}{8}$

2 如果我們把整體中的 8 個八分之一加上後面那個分數中的 3 個八分之一，可以得出一共是 11 個八分之一，可以把它寫成假分數的形式 $\frac{11}{8}$。

$= \frac{11}{8}$

3 把帶分數化為假分數，我們把整數與分母相乘，然後加上分子，作為新的分子。

分母 · · · 分子
整數

$$1\frac{3}{8} = \frac{1 \times 8 + 3}{8} = \frac{11}{8}$$

等值分數

相等的分數可以有不同的寫法，例如，二分之一個薄餅與兩塊四分之一個薄餅在數量上是相同的，我們把它們叫作「等值分數」。

1 下面的這個表格叫作「分數牆」。它展示了用不同的方法將一個整體分成若干個不同的單位分數。

2 第二行表示的是二分之一，與第四行或者四分之一相比，我們可以看到 $\frac{1}{2}$ 與兩個 $\frac{1}{4}$，也就是 $\frac{2}{4}$ 所代表的數量是相同的。

3 現在我們就知道 $\frac{1}{2}$ 和 $\frac{2}{4}$ 是相等的，並且表示的是一個整體裏相同的部分，所以我們說 $\frac{1}{2}$ 和 $\frac{2}{4}$ 是等值分數。

這條線有助於我們看出整體的一半（$\frac{1}{2}$）是多少

四分之二與二分之一佔據相等的空間

沿着這條線往下找，看哪些分數與二分之一相等。

我們將一個分數的分子和分母同時乘以或除以相同的數，可以得到等值分數。

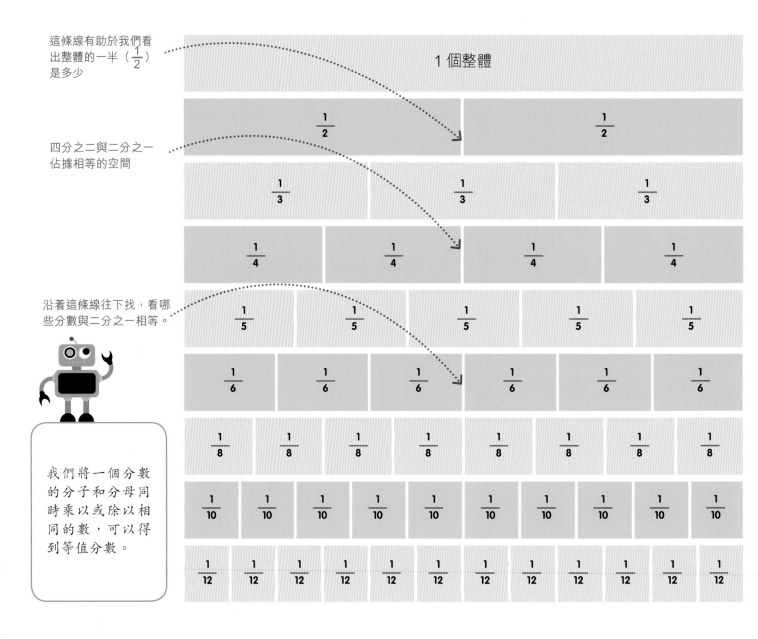

計算等值分數

要把一個分數變成它的等值分數，我們可以將其分子和分母同時乘以或除以一個相同的整數，一定要確保是相同的整數。

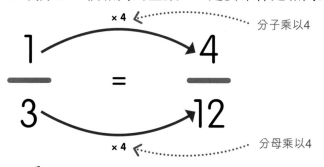

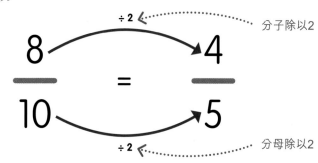

1 乘

我們可以通過把 $\frac{1}{3}$ 的分子和分母同時乘以 4，轉化成它的等值分數 $\frac{4}{12}$。您可以在上一頁的分數牆上，查看這兩個分數是否相等。

2 除

我們可以把 $\frac{8}{10}$ 的分子和分母同時除以 2，得到它的等值分數 $\frac{4}{5}$。利用上一頁的分數牆，檢查 $\frac{8}{10}$ 和 $\frac{4}{5}$ 是否相等。

用乘法網格求等值分數

我們經常用乘法網格來計算乘法，更多乘法網格的相關知識可以參見第 106 頁。它也是一種簡單快速求等值分數的方法。

1 從 1 和 2 開始，看到上面兩行數字，假設這兩行數字之間有一條分數線，使這兩行數字組成一個分數，像這樣：

$$\frac{1}{2} \quad \frac{2}{4} \quad \frac{3}{6} \quad \frac{4}{8} \quad \frac{5}{10} \quad \cdots\cdots$$

2 組成的第一個分數是 $\frac{1}{2}$。如果我們沿着這行往右看，一直到 $\frac{12}{24}$，可以發現所有組成的分數都與 $\frac{1}{2}$ 相等。

3 這種方法也適用於不相鄰的兩行數字。因此，如果我們把 7 所在的那一行和 11 所在的那一行數字放在一起，就可以得到一行與 $\frac{7}{11}$ 相等的分數：

$$\frac{7}{11} \quad \frac{14}{22} \quad \frac{21}{33} \quad \frac{28}{44} \quad \frac{35}{55} \quad \cdots\cdots$$

×	1	2	3	4	5	6	7	8	9	10	11	12
1	1	2	3	4	5	6	7	8	9	10	11	12
2	2	4	6	8	10	12	14	16	18	20	22	24
3	3	6	9	12	15	18	21	24	27	30	33	36
4	4	8	12	16	20	24	28	32	36	40	44	48
5	5	10	15	20	25	30	35	40	45	50	55	60
6	6	12	18	24	30	36	42	48	54	60	66	72
7	7	14	21	28	35	42	49	56	63	70	77	84
8	8	16	24	32	40	48	56	64	72	80	88	96
9	9	18	27	36	45	54	63	72	81	90	99	108
10	10	20	30	40	50	60	70	80	90	100	110	120
11	11	22	33	44	55	66	77	88	99	110	121	132
12	12	24	36	48	60	72	84	96	108	120	132	144

約分

約分就是縮小一個分數的分子和分母，得到它的等值分數，約分是為了使分數更容易運算。

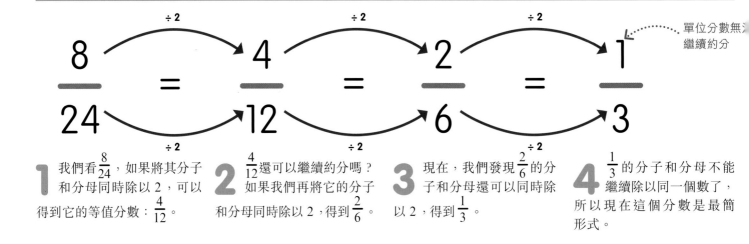

單位分數無法繼續約分

1 我們看 $\frac{8}{24}$，如果將其分子和分母同時除以 2，可以得到它的等值分數：$\frac{4}{12}$。

2 $\frac{4}{12}$ 還可以繼續約分嗎？如果我們再將它的分子和分母同時除以 2，得到 $\frac{2}{6}$。

3 現在，我們發現 $\frac{2}{6}$ 的分子和分母還可以同時除以 2，得到 $\frac{1}{3}$。

4 $\frac{1}{3}$ 的分子和分母不能繼續除以同一個數了，所以現在這個分數是最簡形式。

用最大公因數約分

不需要經過多個步驟，我們只需要把分子和分母同時除以它們的最大公因數就能對分數進行約分。還記得嗎？我們在第 29 頁已經學過公因數的概念。

1 下面讓我們對 $\frac{15}{21}$ 進行約分。運用在第 29 頁學過的方法，我們首先將分子的所有因數列出來：1、3、5 和 15。

2 然後我們列出分母的因數：1、3、7 和 21。分子和分母的公因數是 1 和 3，3 就是它們的最大公因數。

3 所以，如果我們把分子和分母同時除以 3，得出的 $\frac{5}{7}$ 就是 $\frac{15}{21}$ 的最簡分數形式。

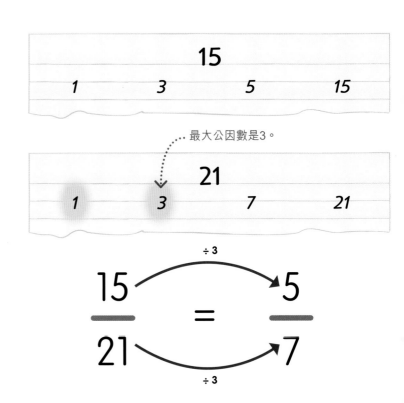

求一個數量的一部分

有時候，我們需要確切地求出一個數量的一部分是多少。現在，就讓我們一起來看看怎麼做吧！

要求一個數量的一部分是多少，可以將這個數量除以分母，然後用所得結果與分子相乘。

1 這一羣乳牛一共有 12 頭。這羣乳牛的三分之二是多少頭呢？

12 的 $\frac{2}{3}$ = ?

2 把 12 除以分數的分母 3，求出它的 $\frac{1}{3}$ 是多少，得到 12÷3=4，所以這一羣乳牛的三分之一是 4 頭。

12 的 $\frac{1}{3}$ = 4

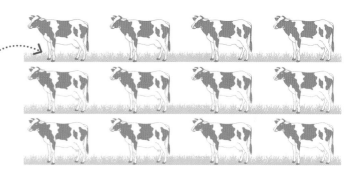

3 我們知道 12 的三分之一是 4，要求 12 的三分之二，就將 4 乘以 2。4×2=8，那麼我們就可以得知 12 的三分之二是 8，所以這羣乳牛的三分之二是 8 頭。

12 的 $\frac{2}{3}$ = 8

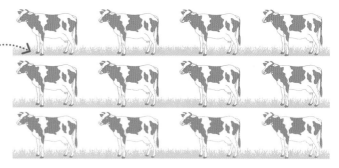

試一試

算一算有多少隻雞

一個農民養了 24 隻雞，如果他決定賣掉這羣雞的 $\frac{3}{4}$，那麼他需要帶多少隻雞到市集上去呢？

答案見第 319 頁

同分母的分數比較

當我們需要比較分數大小或將分數排序時，首先要做的就是看這些分數的分母，如果分數的分母相同，只需將分數按分子大小順序排列即可。

1 看到這些分數，我們如何將它們按照從小到大的順序排列呢？

2 所有分數的分母都是 8。記住，分母是分數下面的那個數字，它表示一個整體被分成了多少個相等的部分。

$$\frac{5}{8} \quad \frac{3}{8} \quad \frac{1}{8} \quad \frac{6}{8}$$

分子 ↗

分母 ↘

3 由於這些分數的分母都相同，要比較這些分數的大小，我們所要做的就是比較分子的大小。

最小的 ⋯⋯⋯⋯⋯⋯⋯⋯⋯⋯⋯ 最大的

4 分子表示我們擁有這個整體的幾個部分，分子越大，我們所擁有的部分就越多。

$$\frac{1}{8} \quad \frac{3}{8} \quad \frac{5}{8} \quad \frac{6}{8}$$

5 如果我們把這些分數用豆莢中的豌豆來表示，就能很容易地看出哪一個是最小的，哪一個是最大的。

分母相同，分子越大，分數就越大。

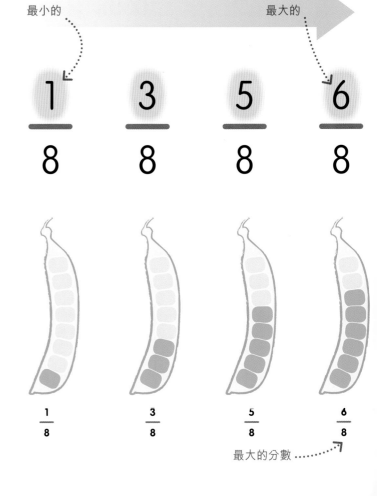

$$\frac{1}{8} \quad \frac{3}{8} \quad \frac{5}{8} \quad \frac{6}{8}$$

最大的分數 ⋯⋯⋯↗

單位分數的比較

單位分數就是分子為 1 的分數。要比較單位分數的大小，就需要比較它們的分母大小，然後進行排序。

1 看到這些雜亂的分數，我們試一試將它們按從小到大的順序進行排列，也就是升序排列。

2 這些分數的分子都是 1，每一個分數都只是整體中的一部分。

3 我們可以通過比較分母的大小來比較分數的大小。分母越大，意味着整體被分成越多個相等的部分。

4 我們將整體分出的部分越多，每一部分就越小，所以分母越大，分數越小。下面我們就根據分母的大小將分數從小到大排序。

5 如果我們用紅蘿蔔的一部分代表這些分數，我們可以發現，隨着分數的分母變大，那一部分紅蘿蔔就變得越來越小。

> 分子相同，分母越小，
> 分數就越大。

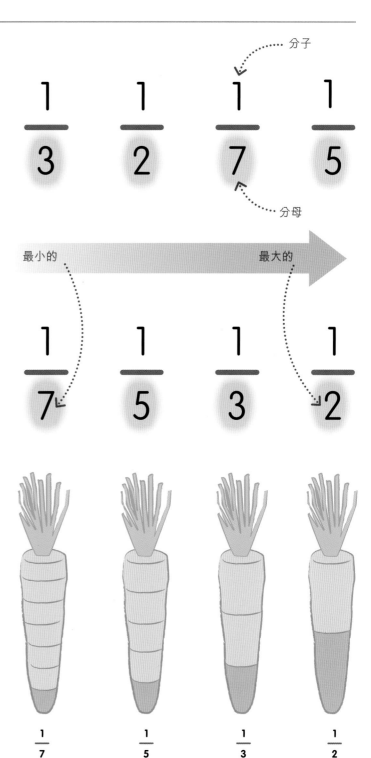

分子

分母

最小的   最大的

$\dfrac{1}{7}$ $\dfrac{1}{5}$ $\dfrac{1}{3}$ $\dfrac{1}{2}$

最大的分數

非單位分數的比較

比較非單位分數的大小，我們經常要將它們化為分母相同的
分數再進行比較。非單位分數是分子大於 1 的分數。

1 這兩個分數哪一個更大？如果我們把它們化成分母
相同的分數，就只需比較哪一個分數的分子更大。

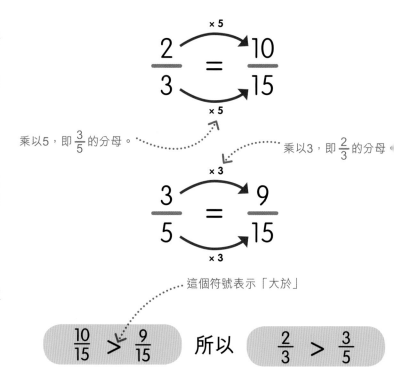

$$\frac{2}{3} \quad ? \quad \frac{3}{5}$$

2 要把兩個分數化為分母相同的分數，我們可以將每
個分數的分子和分母同時乘以另一個分數的分母。
首先，把 $\frac{2}{3}$ 的分子和分母同時乘以 5，因為 5 是 $\frac{3}{5}$ 的
分母。

乘以5，即 $\frac{3}{5}$ 的分母。

乘以3，即 $\frac{2}{3}$ 的分母

3 接下來，由於 $\frac{2}{3}$ 的分母是 3，所以我們通過把 $\frac{3}{5}$ 的
分子和分母同時乘以 3，將它化成以 15 為分母的
分數。

這個符號表示「大於」

4 現在這兩個分數就很容易比較大小了。我們知道
$\frac{10}{15}$ 大於 $\frac{9}{15}$，它們的等值分數間的關係也是如此。
因此，我們可以得知 $\frac{2}{3} > \frac{3}{5}$。

$$\frac{10}{15} > \frac{9}{15} \quad 所以 \quad \frac{2}{3} > \frac{3}{5}$$

用數軸比較分數的大小

就像整數一樣，您同樣也可以用數
軸比較分數的大小。這條數軸上標
出了 0 和 1 之間的一些分數，數軸
上方每一個單位是四分之一，數軸
下方每一個單位是五分之一。

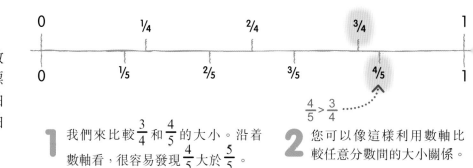

1 我們來比較 $\frac{3}{4}$ 和 $\frac{4}{5}$ 的大小。沿着
數軸看，很容易發現 $\frac{4}{5}$ 大於 $\frac{5}{5}$。

2 您可以像這樣利用數軸比
較任意分數間的大小關係。

$\frac{4}{5} > \frac{3}{4}$

使用最小公分母

當我們需要將幾個分數化為同分母分數時，最簡單的方法就是利用幾個分母的最小公倍數，也就是最小公分母。

1 我們來比較 $\frac{3}{4}$ 和 $\frac{7}{10}$ 的大小，首先要將它們化成同分母的分數。

$$\frac{3}{4} \quad ? \quad \frac{7}{10}$$

2 讓我們一起來找出這兩個分母的最小公倍數——我們在第 23 頁已經學習過最小公倍數的概念。利用數軸，我們找到 4 和 10 的最小公倍數是 20。現在我們把這兩個分數改寫成以 20 為分母的分數。

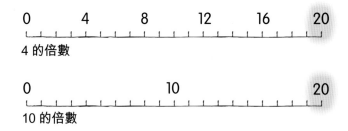

4 的倍數

10 的倍數

3 為了做到這一點，我們要求出這個分數的原分母乘以多少可以得到 20，然後將分子和分母同時乘以這個數。

$\frac{3}{4}$ 的分母乘以5等於20，所以我們把分子和分母都乘以5。

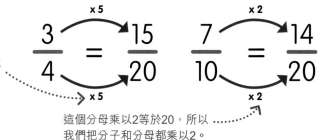

$$\frac{3}{4} = \frac{15}{20} \qquad \frac{7}{10} = \frac{14}{20}$$

這個分母乘以2等於20，所以我們把分子和分母都乘以2。

4 現在分母都是相同的，就很容易比較分數的大小了。我們可以看出來，$\frac{15}{20}$ 大於 $\frac{14}{20}$，所以 $\frac{3}{4}$ 大於 $\frac{7}{10}$。

$$\frac{15}{20} > \frac{14}{20} \qquad 所以 \qquad \frac{3}{4} > \frac{7}{10}$$

試一試

誰的考試成績更好？

在一次數學測試中，齊克答對了所有題目的 $\frac{4}{5}$，沃克答對了所有題目的 $\frac{5}{6}$，您能求出誰答對的題目更多嗎？一個小小的提示——用最小公分母幫助您解題！

答案見第 319 頁

分數加法

我們可以通過把分子相加來計算分數的加法,但是首先要確保分數的分母相同。

分數的加法,就是將分子相加,然後把得到的結果寫在它們相同的分母上。

同分母分數相加

分母相同的分數相加,只需要把分子相加。因此,如果把 $\frac{2}{5}$ 加上 $\frac{1}{5}$,就等於 $\frac{3}{5}$。

五分之一加上五分之二等於五分之三

 +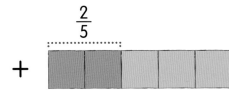

異分母分數相加

1 讓我們試試計算 $2\frac{1}{4} + \frac{1}{6}$。首先,我們需要將帶分數化為假分數。

$$2\frac{1}{4} + \frac{1}{6} = ?$$

2 把 $2\frac{1}{4}$ 整數部分的 2 乘以分數的分母 4,然後將計算結果加上原來的分子 1,所得的數作為新的分子,得到 $\frac{9}{4}$,這就將其化為了假分數。現在我們可以把算式寫成 $\frac{9}{4} + \frac{1}{6}$。

$$2\frac{1}{4} = \frac{2 \times 4 + 1}{4} = \frac{9}{4}$$

3 接下來,把兩個分數化為同分母的分數。它們的最小公分母是 12,所以正如我們在上一頁學到的,利用最小公分母就可以把分數化為以 12 為分母的分數。

分子和分母都乘以相同的數字

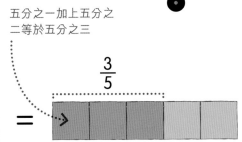

$$\frac{9}{4} \overset{\times 3}{\underset{\times 3}{=}} \frac{27}{12} \qquad \frac{1}{6} \overset{\times 2}{\underset{\times 2}{=}} \frac{2}{12}$$

4乘以3才得到12,所以乘以3。

6乘以2才得到12,所以乘以2。

4 現在我們把分子相加得到 $\frac{29}{12}$。最後,把所得的結果化成帶分數。

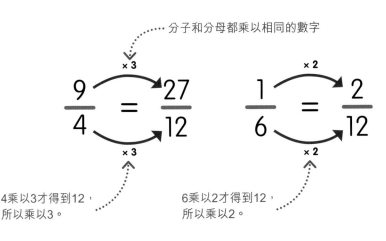

$$\frac{27}{12} + \frac{2}{12} = \frac{29}{12} \qquad 所以 \quad 2\frac{1}{4} + \frac{1}{6} = 2\frac{5}{12}$$

將假分數 $\frac{29}{12}$ 化成帶分數

分數減法

首先我們查看分數的分母是否相同，如果相同，只需要把分數的分子相減。如果分母不相同，先將它們化成同分母的分數，再進行減法運算。

同分母分數相減

同分母分數相減，我們只需將分子相減，所以，如果是 $\frac{3}{4}$ 減去 $\frac{1}{4}$，可以得到 $\frac{2}{4}$，也就是 $\frac{1}{2}$。

原來的三個四分之一就只剩下兩個

$$\frac{3}{4} \qquad - \qquad \frac{1}{4} \qquad = \qquad \frac{2}{4} \text{ 或 } \frac{1}{2}$$

異分母分數相減

1 讓我們試一試計算 $3\frac{1}{2} - \frac{2}{5}$。就像分數的加法一樣，首先我們需要將帶分數化成假分數，然後將異分母分數化成同分母分數。

$$3\frac{1}{2} - \frac{2}{5} = ?$$

2 我們把 $3\frac{1}{2}$ 的整數部分乘以分母 2，然後加上分子中的 1，得到 $\frac{7}{2}$，這樣就化成了假分數。

$$3\frac{1}{2} = \frac{3 \times 2 + 1}{2} = \frac{7}{2}$$

3 現在我們把這兩個分數化成同分母的分數。$\frac{7}{2}$ 和 $\frac{2}{5}$ 的最小公分母是 10，所以我們把這兩個分數化成以 10 為分母的分數。

$$\frac{7}{2} \overset{\times 5}{=} \frac{35}{10} \qquad \frac{2}{5} \overset{\times 2}{=} \frac{4}{10}$$

2乘以5等於10，所以分子和分母同時乘以5。

5乘以2等於10，所以分子和分母同時乘以2。

4 現在我們就可以像這樣將分子相減：$\frac{35}{10} - \frac{4}{10} = \frac{31}{10}$。最後將 $\frac{31}{10}$ 化成帶分數，這個題目就完成了。

$$\frac{35}{10} - \frac{4}{10} = \frac{31}{10} \qquad \text{或} \qquad 3\frac{1}{2} - \frac{2}{5} = 3\frac{1}{10}$$

分數乘法

我們來看一看如何把一個分數乘以一個整數，或是乘以另一個分數。

乘以整數和乘以分數

一個數乘以一個分數會怎樣呢？我們分別用 4 乘以一個整數和一個分數。記着，這個分數是小於 1 的。

結果大於原來的數 ⋯⋯
$$4 \times 2 = 8$$

結果小於原來的數 ⋯⋯
$$4 \times \frac{1}{2} = 2$$

1 與整數相乘
我們將 4 與 2 相乘，得到 8。這是我們所期望得到的 —— 乘積比原來的數大。

2 與分數相乘
將 4 乘以 $\frac{1}{4}$，得到 2。一個正數乘以一個真分數，得到的結果總是小於原來的數。

分數乘以整數

我們再來看幾道不同的題目，看一看一個數與分數相乘到底會怎麼樣。

1 試一試計算 $\frac{1}{2} \times 3$，這也就等同於求三個二分之一是多少，因此我們在數軸上把三個二分之一加在一起，得到 $1\frac{1}{2}$。

三個二分之一相加得到 $1\frac{1}{2}$

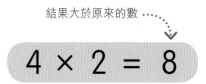

2 接下來我們在數軸上計算 $\frac{3}{4} \times 3$。如果我們把這三個四分之三加在一起，就可以得到 $2\frac{1}{4}$。

三個四分之三等於 $2\frac{1}{4}$

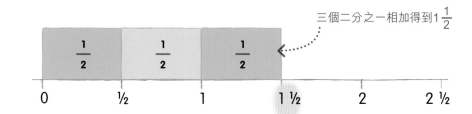

3 不借用數軸，我們再來做一做以上的乘法算式。像這樣，我們可以把整數與分子相乘。

$$\frac{1}{2} \times 3 = \frac{1 \times 3}{2} = \frac{3}{2} \text{ 或 } 1\frac{1}{2}$$

$$\frac{3}{4} \times 3 = \frac{3 \times 3}{4} = \frac{9}{4} \text{ 或 } 2\frac{1}{4}$$

用分數牆計算分數乘法

兩個分數相乘，把它説成「一個數的幾分之幾」比「一個數乘以幾分之幾」更好。下面我們來看一看，如何利用分數牆計算分數乘法。

這是原來 $\frac{1}{4}$ 的一半。

一個整體
$\frac{1}{4}$ $\frac{1}{4}$ $\frac{1}{4}$ $\frac{1}{4}$

一個整體

一個整體
$\frac{1}{8}$ $\frac{1}{8}$ $\frac{1}{8}$ $\frac{1}{8}$
$\frac{1}{8}$ $\frac{1}{8}$ $\frac{1}{8}$ $\frac{1}{8}$

1 對於計算 $\frac{1}{2} \times \frac{1}{4}$，我們説這表示「二分之一的四分之一」。首先，我們把一個整體分成四個四分之一，並把一個四分之一標上陰影。

2 現在我們來找到四分之一的二分之一，我們在這四份的中間畫一條線。這樣每個四分之一就被分成了兩份，一共有 8 個相等的部分。

3 然後我們把原來的四分之一的上面這一半再加上陰影，這一部分就是四分之一的二分之一，也是這個整體的八分之一。因此我們可以説 $\frac{1}{2} \times \frac{1}{4} = \frac{1}{8}$。

$$\frac{1}{2} \times \frac{1}{4} = ?$$

$\frac{1}{2} \times \frac{1}{4}$ 這樣的運算就可以表達為「四分之一的二分之一」。

$$\frac{1}{2} \times \frac{1}{4} = \frac{1}{8}$$

如何計算分數乘以分數？

不再借用分數牆，我們接下來學習另一種計算分數乘法的方法。

計算分數乘以分數，可以將分子乘以分子作為新的分子，分母乘以分母作為新的分母。

1 看到這個算式，您有沒有發現，將分子與分子相乘，分母與分母相乘，就能得出答案？

$$\frac{1}{2} \times \frac{1}{6} = ?$$

將分子與分子相乘

$$\frac{1}{2} \times \frac{1}{6} = \frac{1 \times 1}{2 \times 6} = \frac{1}{12}$$

將分母與分母相乘

2 現在我們來試一試計算兩個非單位分數相乘的乘法。方法基本上是一致的——只要將分子乘以分子，分母乘以分母，就能得到答案。

$$\frac{2}{5} \times \frac{2}{3} = ?$$

將分子與分子相乘

$$\frac{2}{5} \times \frac{2}{3} = \frac{2 \times 2}{5 \times 3} = \frac{4}{15}$$

將分母與分母相乘

分數除法

一個整數除以一個真分數後會變大。我們可以用分數牆來計算分數除法，但是也有一種不需要利用分數牆的方法，可以直接得出分數除法的答案。

除以整數和除以分數

真分數就是小於 1 的分數。一個整數除以一個真分數與一個整數除以另一個整數相比會有甚麼不同呢？

除以一個真分數後，所得的數比原來的數大 ⋯⋯

$$8 \div 2 = 4$$

1 **除以一個整數**
當計算 8 除以 2 時，答案是 4，這是我們所期待看到的 —— 除以一個數之後會變小。

$$8 \div \frac{1}{2} = 16$$

2 **除以一個真分數**
當計算 8 除以 $\frac{1}{2}$ 時，我們可以算出 8 裏面有多少個 $\frac{1}{2}$，答案是 16，比 8 還大。

分數除以整數

為甚麼一個分數除以一個整數，所得的數比原來的數還小？我們可以利用分數牆來找到答案。

$$\frac{1}{2} \div 2 = ?$$

$$\frac{1}{4} \div 3 = ?$$

一個整體			
$\frac{1}{2}$		$\frac{1}{2}$	
$\frac{1}{4}$	$\frac{1}{4}$	$\frac{1}{4}$	$\frac{1}{4}$

當二分之一被分成兩個相等的部分，每一部分就是整體的四分之一。

一個整體											
$\frac{1}{4}$			$\frac{1}{4}$			$\frac{1}{4}$			$\frac{1}{4}$		
$\frac{1}{12}$	$\frac{1}{12}$	$\frac{1}{12}$	$\frac{1}{12}$	$\frac{1}{12}$	$\frac{1}{12}$	$\frac{1}{12}$	$\frac{1}{12}$	$\frac{1}{12}$	$\frac{1}{12}$	$\frac{1}{12}$	$\frac{1}{12}$

四分之一可以分成三份，那麼四分之一就是十二分之三。

1 我們可以把 $\frac{1}{2}$ ÷2 認為是「把二分之一平均分成兩份」。分數牆顯示，如果把二分之一分成兩個相等的部分，每個新的部分就是整體的四分之一。

2 現在我們來試一試計算 $\frac{1}{4}$ ÷3。在分數牆中，我們可以看到當四分之一被分成三個相等的部分時，每個新的部分就是整體的十二分之一。

$$\frac{1}{2} \div 2 = \frac{1}{4}$$

$$\frac{1}{4} \div 3 = \frac{1}{12}$$

如何計算分數除以整數？

計算分數除以整數有一個簡單的方法 —— 把計算倒過來想。

1 看到這個計算。您發現甚麼規律了嗎？我們發現答案的分母是整數與分數分母的乘積。我們可以運用這個規律來計算分數除法，而不再需要利用分數牆了。

$$\frac{1}{2} \div 8 = \frac{1}{16}$$

$$\frac{1}{3} \div 2 = \frac{1}{6}$$

$$\frac{1}{4} \div 3 = \frac{1}{12}$$

如果我們把原來的分母與整數相乘，就得到了這個答案中的分母。

將4與3相乘就得到了12

2 計算 $\frac{1}{2} \div 3$。首先，我們應該把整數寫成分數形式。

$$\frac{1}{2} \div 3 = ?$$

3 把 3 寫成分數形式，我們可以像這樣把 3 作為分子寫在上面，而分母是 1，寫在下面。

$$3 = \frac{3}{1}$$

整數就變成了分子

當我們把一個整數化為分數時，分母總會是1。

4 接下來，我們把新的分數的分子和分母調換位置，並把除號改為乘號。因此，現在這個算式就變成了 $\frac{1}{2} \times \frac{1}{3}$。

$$\frac{1}{2} \div \frac{3}{1} = \frac{1}{2} \times \frac{1}{3}$$

將除號改為乘號

分母就變成了分子

分子就變成了分母

5 現在就只需將分子乘以分子，分母乘以分母，便得到 $\frac{1}{6}$。

$$\frac{1}{2} \div 3 = \frac{1}{2} \times \frac{1}{3} = \frac{1}{6}$$

試一試

除法練習

現在輪到您來做啦！用您所學的分數除法知識來解決這些複雜的除法題吧！

答案見第 319 頁

❶ $\frac{1}{6} \div 2 = ?$　　❷ $\frac{1}{2} \div 5 = ?$

❸ $\frac{1}{7} \div 3 = ?$　　❹ $\frac{2}{3} \div 4 = ?$

小數

小數由整數部分和小數部分組成，中間有一個小數點將兩個部分隔開。

---

1 當我們需要進行精準測量時，比如記錄運動員在比賽中所用的時間，小數就很有用。

2 在記分板上，小數點左邊的數字表示整秒，小數點右邊的數字表示一秒鐘的一部分，或者一秒鐘的幾分之幾。

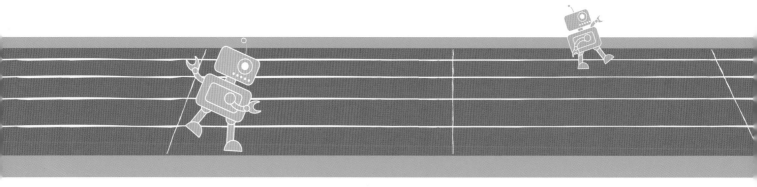

小數也是分數

在小數中，小數點後面的數是分數的另外一種表示方法，也表示小於 1 的數字。我們來探究一下它們究竟代表甚麼。

1 **十分位**
如果我們把 $2\frac{7}{10}$ 放到位值列中，整數部分的 2 寫在個位上，7 寫在十分位上表示 $\frac{7}{10}$。所以，我們可將 $2\frac{7}{10}$ 寫成 2.7。

$$2\frac{7}{10} = \begin{array}{c} \text{個位} \\ 2 \end{array} . \begin{array}{c} \text{十分位} \\ 7 \end{array}$$

十分位上的7代表$\frac{1}{10}$

2 **百分位**
現在我們把 $2\frac{72}{100}$ 寫在位值列中，我們發現 $2\frac{72}{100}$ 就是 2.72。

$$2\frac{72}{100} = \begin{array}{c} \text{個位} \\ 2 \end{array} . \begin{array}{c} \text{十分位} \\ 7 \end{array} \begin{array}{c} \text{百分位} \\ 2 \end{array}$$

這個2代表$\frac{1}{100}$

3 **千分位**
最後，我們把 $2\frac{721}{1000}$ 放在位值列中，我們可以看到 $2\frac{721}{1000}$ 就是 2.721。

這個1代表$\frac{1}{1000}$

$$2\frac{721}{1000} = \begin{array}{c} \text{個位} \\ 2 \end{array} . \begin{array}{c} \text{十分位} \\ 7 \end{array} \begin{array}{c} \text{百分位} \\ 2 \end{array} \begin{array}{c} \text{千分位} \\ 1 \end{array}$$

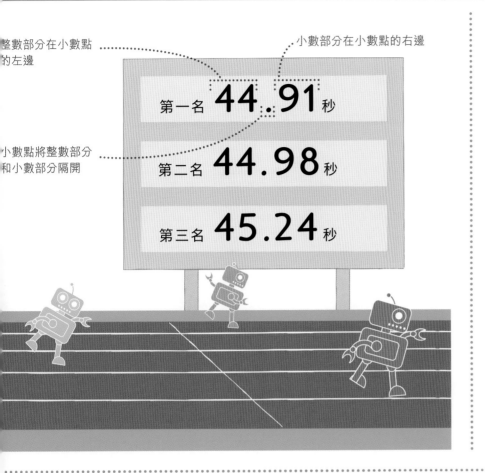

整數部分在小數點的左邊

小數部分在小數點的右邊

小數點將整數部分和小數部分隔開

第一名 **44.91** 秒

第二名 **44.98** 秒

第三名 **45.24** 秒

分數轉換器

下表中是一些最常用的分數和與它們相等的小數。

分數	小數
$\frac{1}{1000}$	0.001
$\frac{1}{100}$	0.01
$\frac{1}{10}$	0.1
$\frac{1}{5}$	0.2
$\frac{1}{4}$	0.25
$\frac{1}{3}$	0.33
$\frac{1}{2}$	0.5
$\frac{3}{4}$	0.75

將分數化為小數

我們首先要找到一個與分子相乘可以等於 10、100 或者 1000 的數，然後將分數轉化成十分之幾、百分之幾或者千分之幾。

1 $\frac{1}{2}$ 等同於 0.5

我們可以通過把 $\frac{1}{2}$ 的分子和分母同時乘以 5，將它轉化成 $\frac{5}{10}$。當我們把 $\frac{5}{10}$ 放到位值列中時，就得到了小數 0.5。

分子乘以5

$$\frac{1}{2} = \frac{5}{10} = \boxed{0} . \boxed{5}$$

分母乘以5

在十分位上的5表示「十分之五」

個位　十分位

2 $\frac{1}{4}$ 等同於 0.25

將分子分母同時乘以25，我們可以把 $\frac{1}{4}$ 改寫成 $\frac{25}{100}$。把 $\frac{25}{100}$ 放到位值列中，我們可以發現 $\frac{25}{1000}$ 就是0.25。

$$\frac{1}{4} = \frac{25}{100} = \boxed{0} . \boxed{2} \boxed{5}$$

個位　十分位　百分位

$\frac{25}{100}$ 也就是0.25

小數的比較和排序

像比較整數大小一樣，當我們對小數進行大小比較和排序時，會用到前面學過的位值概念。

在比較小數時，我們首先比較位值最高的數字。

小數的比較

在比較小數大小的時候，我們首先比較位值最高的數字，來判斷哪一個數更大。

個位	十分位	百分位
0 .	1	
0 .	0	1

這個佔位符是0，表示十分位上是0。

1 **0.1 > 0.01**
個位上的數字相同，那麼我們來比較十分位上的數字，發現 0.1 是較大的那個數字。

個位	十分位	百分位
2 .	6	1
2 .	6	5

5比1大，所以 2.65更大。

2 **2.65 > 2.61**
十分位上的數字相同，這一次我們不得不比較百分位上的數字，然後發現 2.65 是這兩個數字中較大的那一個。

小數的排序

在第 22 頁，我們已經學過如何給整數排序，給小數排序也是同樣的方法。

七月氣溫	
城市	溫度/℃
紐約	25.01
悉尼	15.67
雅典	29.31
開普敦	14.61
開羅	29.13

從最大有效數字開始，比較每個數字的大小。

	十位	個位	十分位	百分位
雅典	2	9 .	3	1
開羅	2	9 .	1	3
紐約	2	5 .	0	1
悉尼	1	5 .	6	7
開普敦	1	4 .	6	1

1 讓我們把表中的城市按照溫度從高到低排序，幫助喜歡陽光的機器人克魯格選擇一個度假勝地。和整數一樣，我們通過比較它們的有效數字來給小數排序。

2 要找到最大的數字，我們需要比較每個數字的最大有效數字，如果它們是相同的，那麼我們再比較第二有效數字，如果有必要，再比較第三有效數字，以此類推，直到將這些數字排好序。

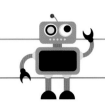

小數的四捨五入

小數的四捨五入與整數四捨五入（參見第 26～27 頁）的方法相同。最簡單的方法就是在數軸上對小數進行四捨五入。

> 小數四捨五入的規則和整數是一樣的。小於5的數就捨掉，大於或等於5的數就入位。

1 精確到個位
這就意味着我們要把小數四捨五入到與它最相近的一個整數，所以 1.3 四捨五入到 1，1.7 四捨五入到 2。

在1和2兩個數字中，1.3離1更近，所以我們將它四捨五入到1。

在1和2兩個數字中，1.7離2更近，所以我們將它四捨五入到2。

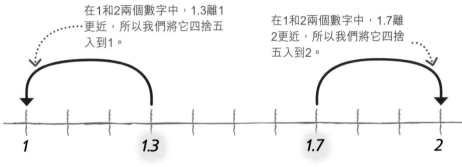

2 精確到十分位
這就意味着要保留小數點後一位數字，所以 1.12 四捨五入到 1.1，1.15 四捨五入到 1.2。

小於或等於4就捨

大於或等於5就入

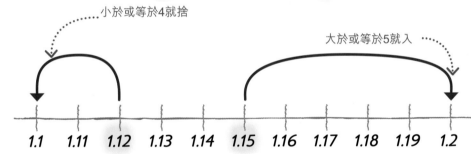

3 精確到百分位
精確到百分位就是保留小數點後兩位小數。所以 1.114 四捨五入到 1.11，1.116 四捨五入到 1.12。

1.114四捨五入到1.11

1.116四捨五入到1.12

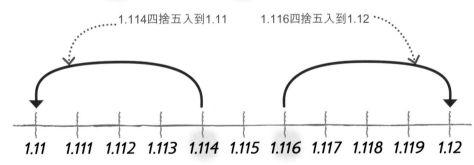

試一試

小數計算

這是一份滑雪比賽參賽者所用時間的列表，您能把這些時間都精確到百分位嗎？也就是在小數點後保留兩位小數。看看誰滑得最快？

終點

特威格	17.239	秒
布洛普	16.560	秒
格洛克	17.211	秒
庫克	16.129	秒
扎格	16.011	秒

答案見第 319 頁

小數加法

小數的加法和整數的加法相同 —— 翻到第 78 頁，可以更深入地了解小數的加法運算。

1 計算 4.5+7.7，為了更清楚地看出小數加法是如何進行的，我們將用計數立方體來展示運算過程。

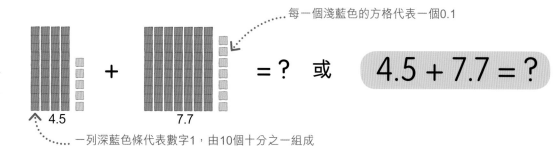

每一個淺藍色的方格代表一個0.1

一列深藍色條代表數字1，由10個十分之一組成

$$4.5 + 7.7 = ?$$

2 我們先把這兩個數字的十分位上的數字相加：0.5+0.7，等於 $\frac{12}{10}$，或者寫成 1.2。

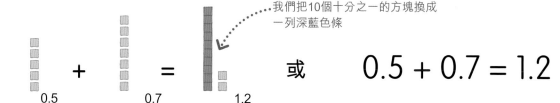

我們把10個十分之一的方塊換成一列深藍色條

$$0.5 + 0.7 = 1.2$$

3 下面我們把整數部分相加，即 4+7=11。

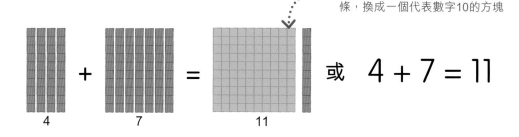

我們把10列代表數字1的深藍色條，換成一個代表數字10的方塊

$$4 + 7 = 11$$

4 接下來把得出的兩個答案相加，1.2 加 11 得到最終的答案 12.2。

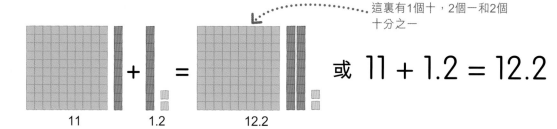

這裏有1個十，2個一和2個十分之一

$$11 + 1.2 = 12.2$$

5 我們發現 4.5+7.7=12.2。我們就把這個計算寫成右邊這樣 —— 翻到 80 頁，可以看到更多用這種方法進行的小數加法計算。

十位	個位	十分位
	1	
	4 .	5
+	7 .	7
1	2 .	2

所以

$$4.5 + 7.7 = 12.2$$

小數減法

我們用與計算整數減法相同的方法計算小數減法。

1 試一試計算 8.2-4.7。我們將利用計數立方體來看看小數減法是如何計算的。

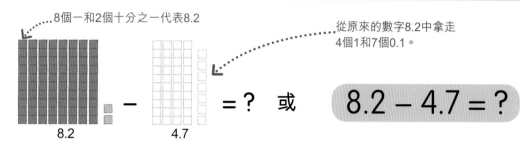

8個一和2個十分之一代表8.2

從原來的數字8.2中拿走4個1和7個0.1。

8.2 − 4.7 = ？

$$8.2 - 4.7 = ?$$

2 我們先用 8.2 減去 4.7 中的 0.7。將 8.2 中 1 個代表 1 的深藍色條換成 10 個代表 0.1 的方塊，我們拿走 7 個 0.1 後得到 7.5。

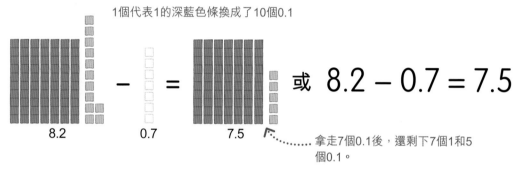

1個代表1的深藍色條換成了10個0.1

8.2   0.7   7.5

或 $8.2 - 0.7 = 7.5$

拿走7個0.1後，還剩下7個1和5個0.1。

3 現在我們從 7.5 中減去整數部分的 4。將代表 1 的深藍色條中拿走 4 條之後，還剩 3.5。

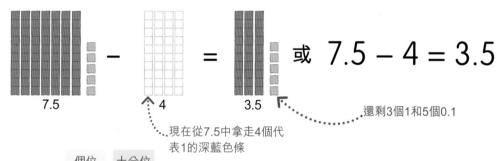

7.5   4   3.5

或 $7.5 - 4 = 3.5$

還剩3個1和5個0.1

現在從7.5中拿走4個代表1的深藍色條

4 所以 8.2-4.7=3.5。我們可以像這樣把算式寫成豎式。在第 86~87 頁我們還可以看到更多豎式減法。

個位		十分位
7		1
8	.	2
− 4	.	7
3	.	5

所以 $8.2 - 4.7 = 3.5$

試一試

輪到您啦！

做一做這些計算題，看看您是不是掌握了小數的加減法運算。

答案見第 319 頁

1 $0.2 + 3.9 = ?$　　**2** $45.6 - 21.2 = ?$

3 $10.2 + 21.6 = ?$　　**4** $96.7 - 75.8 = ?$

百分數（百分比）

「百分之……」的意思是「每一百中的……」，它表示的是 100 的一部分。所以百分之二十五表示 100 中的 25。我們用符號「%」表示百分數。

百分數是一種特殊的分數。

100 的部分

百分數有助於比較某個事物的數量。例如，在這 100 個機器人中，根據它們所代表的百分數的不同，機器人被分成不同顏色的組。

1　1%
在這 100 個機器人中，只有 1 個是綠色的，我們可以把它寫成 1%，也就是 $\frac{1}{100}$ 或 0.01。

2　10%
在這 100 個機器人中，有 10 個在黃色組，我們可以將它寫成 10%，也就是 $\frac{10}{100}$ 或 0.1。

3　50%
在這 100 個機器人中，有 50 個機器人在紅色組。我們可以將它寫成 50%，也就是 $\frac{1}{2}$ 或 0.5。

4　100%
所有的機器人相加在一起——綠色、灰色、黃色和紅色——代表 100%，也就是 $\frac{100}{100}$ 或 1。

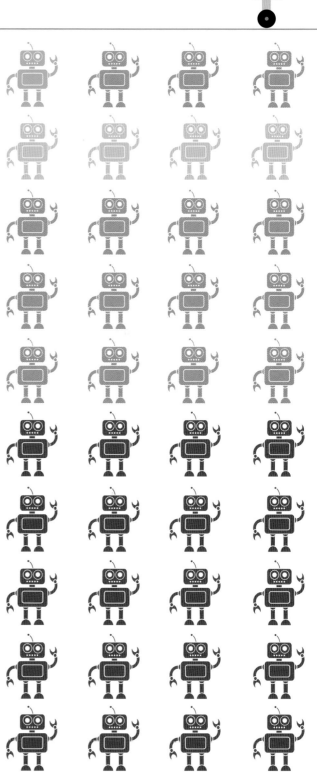

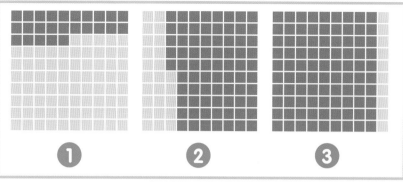

百分數、小數和分數

我們可以用百分數、小數和分數來表示同一個數字。下表中是一些最常見的百分數，以及與之相等的小數和分數。您可以在第 66~67 頁找到更多這樣的數。

百分數	小數	分數
1%	0.01	$\frac{1}{100}$
5%	0.05	$\frac{5}{100}$
10%	0.1	$\frac{1}{10}$
20%	0.2	$\frac{1}{5}$
25%	0.25	$\frac{1}{4}$
50%	0.5	$\frac{1}{2}$
75%	0.75	$\frac{3}{4}$
100%	1	$\frac{100}{100}$

百分比計算

我們可以求出任意一個總數的百分比，這個總數可以是一個數字或者一個數量，比如圖形的面積。有時候我們也會想要把一個數字寫成是另一個數字的百分之幾。

求圖形的百分比

在第 64~65 頁，我們通過把方形網格分成 100 個部分來觀察百分比，但是如果一個圖形只有 10 個部分或者 20 個部分呢？

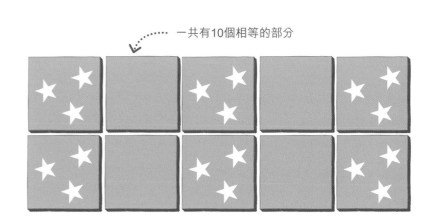

一共有10個相等的部分

1 看一看這個例題。一共有 10 塊瓷磚，有圖案的瓷磚究竟佔百分之多少呢？

2 整個圖形的總數量為 100%。要求出一個部分所佔的百分比，這裏一共有 10 塊瓷磚，我們就用 100 除以總份數 (10)，所以每塊瓷磚佔總瓷磚的 10%。

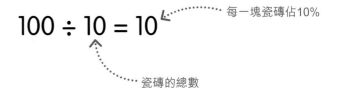

$$100 \div 10 = 10$$

每一塊瓷磚佔10%

瓷磚的總數

3 我們把除得的結果 (10) 與有圖案的瓷磚的數量 (6) 相乘，得到的答案是 60，所以有 60% 的瓷磚是有圖案的。

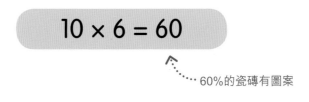

$$10 \times 6 = 60$$

60%的瓷磚有圖案

試一試

算一算

右邊有幾個圖形，每一個圖形中深色部分佔百分之多少？

答案見第 319 頁

1　　　**2**　　　**3**

求一個數字的百分比

我們也可以用百分比把一個數字分成幾個部分。求一個數的百分比的方法不止一種，但是有一種方法是先求它的 1% 是多少。

百分比就是分數的另一種寫法。

1 我們來算一算 300 的 30% 是多少。

$$300 的 30\% = ?$$

2 我們需要先求出 300 的 1% 是多少，所以我們把 300 除以 100。

$$300 \div 100 = 3$$

用總數除以100

3 接下來，我們把求得的數乘以百分比中的分子。

$$3 \times 30 = 90$$

4 這樣就可以得到答案：300 的 30% 是 90。

$$300 的 30\% = 90$$

10% 方法

在上述例題中，我們是先算出總數的 1%，有時候先算出總數的 10% 可以更快得出答案，這就叫作 10% 方法。

1 在這道題目中，我們需要求出 350 元的 65% 是多少。

$$350 元的 65\% = ?$$

2 我們需要先求出 350 元的 10% 是多少，所以把 350 除以 10，得到 35。

$$350 \div 10 = 35$$

3 我們得出 10% 是 35，那麼 60% 就是 6 個 35。

$$6 \times 35 = 210$$

4 我們求出 60% 是 210。現在我們只需要再算出 5% 是多少，就能求出 65% 是多少了。要求出 5% 是多少，我們只要簡單地把 10% 的數量減半。

$$35 \div 2 = 17.50$$

5 現在把 60% 和 5% 的數量加起來就是 65% 的數量，因此，350 元的 65% 是 227.50 元。

$$210 + 17.50 = 227.50 元$$

試一試

10% 的挑戰

自己計時，看看您算出下列百分比需要多長時間：

1 200 的 10%

2 550 的 10%

3 800 的 10%

答案見第 319 頁

百分比的換算

我們可以用百分比來描述一個數字或測量值變化的大小。
當已經知道百分比的變化情況時，我們也可能會想要算出
實際值到底增加或減少了多少。

計算增加的百分比

1 這塊零食本來重 60g，但是現在加重了 12g，那麼這塊零食的重量增加了百分之多少呢？

$$12g = 60g的 ? \%$$

2 我們先將增加的重量除以原來的重量，那就是 12÷60，答案是 0.2。

改變的數量 ⋯⋯⋯⋯⋯⋯⋯⋯⋯ 原來的數量

$$12 \div 60 = 0.2$$

3 然後把結果乘以 100。現在，我們需要計算 0.2×100。答案是 20。

$$0.2 \times 100 = 20$$

4 這就意味着這塊零食比之前增加了 20% 的重量。

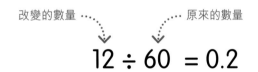

$$12g = 60g的20\%$$

計算減少的百分比

1 這是另外一種零食。它本來含糖量為 8g。為了使它更加健康，現在減少了 2g 的糖。我們來算一算這塊零食的含糖量減少了百分之多少。

$$2g = 8g的 ? \%$$

2 我們先將減少的糖的量除以原來含糖的量。那就是 2÷8，結果是 0.25。

改變的數量除以原來的數量。

$$2 \div 8 = 0.25$$

3 把這個結果轉化成百分數，我們只要把 0.25 乘以 100，得到答案是 25。

$$0.25 \times 100 = 25$$

4 這就意味着現在這塊零食減少了 25% 的糖。

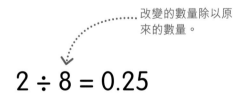

$$2g = 8g的25\%$$

將增長的百分比轉化為數量

1 一年前，這輛單車的價格是 200 元，現在，它的價格上漲了 5%，現在的價格貴了多少？

> ## 200元的5% = ？

2 我們需要先求出 200 的 1% 是多少，我們要做的就是把 200 除以 100。記住，我們在第 136 頁將會學習以 100 為除數的除法。這裏的計算結果是 2。

$$200 \div 100 = 2$$

原來的價格 ⤵

3 想要求出價格的 5%，那麼我們把 1% 的價格乘以 5，也就是 2×5，結果是 10。

原來價格的1% ⤵ $2 \times 5 = 10$

4 這便意味着這輛單車比一年前貴了 10 元。

> ## 200元的5% = 10元

將減少的百分比轉化為數量

減價 30%

1 現在我們看一看這輛單車，它之前的價格是 250 元，但現在減價 30% 出售。如果我們現在購買這輛單車，相比之前便宜了多少錢呢？

> ## 250元的30% = ？

2 正如左邊例題中的另外一輛單車，第一步是算出原來價格的 1% 是多少。這裏是 250÷100，計算結果是 2.5。

$$250 \div 100 = 2.5$$

250的1% ⤴

3 知道了原來價格的 1% 是多少，我們可以像這樣算出減價 30% 對應的價格：2.5×30 = 75。

$$2.5 \times 30 = 75$$

4 這就意味着這輛單車便宜了 75 元。

> ## 250元的30% = 75元

試一試

百分比值

在一次銷售中，這些商品都減價了。您能算出新的價格嗎？要算出新的價格，就要算出價格減少了多少，再用原來的價格減去它。

答案見第 319 頁

1 原來價格為 200 元的外套減價 50% 出售。

2 這雙運動鞋原來的價格為 50 元，現在減價 30% 出售。

3 這件 T 恤減價 10%，它原來的價格是 15 元。

比值

比值是比較兩個數字或數量大小時所用的術語，用來表示一個數是另一個數的多少。

> 比值告訴我們一個數是另一個數的多少。

1 我們看到右圖中有七個雪糕，其中三個是士多啤梨的，四個是朱古力的，那麼可以說士多啤梨雪糕數量與朱古力雪糕數量的比值是 3 比 4。

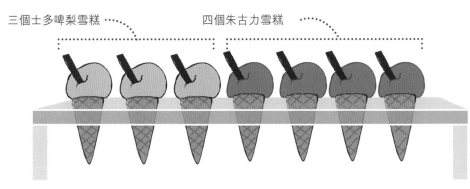

三個士多啤梨雪糕　　　　四個朱古力雪糕

2 兩個數量間的比值符號是一上一下兩個點，所以我們可以把士多啤梨雪糕的數量與朱古力雪糕的數量的比值寫成 3:4。

士多啤梨雪糕數量與朱古力雪糕數量的比值是　**3 : 4**

比值的化簡

與分數一樣，我們總想盡可能把比值化為最簡形式。我們可以通過把比值中的兩個數除以一個相同的數來進行化簡。

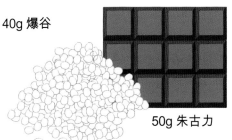

40g 爆谷

50g 朱古力

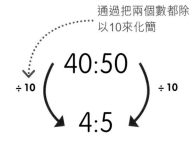

通過把兩個數都除以10來化簡

÷10　40:50　÷10

4:5

40 : 50 ＝ **4 : 5**

1 在這個食譜中，40g 爆谷加上 50g 融化了的朱古力，做成了 6 個蛋糕。

2 我們每用 40g 爆谷，就需要 50g 朱古力，所以在這個食譜中，爆谷與朱古力的比值為 40:50。

3 要簡化這個比值，我們把兩個數字都除以 10，得到爆谷和朱古力的比值為 4:5。

比例

比例是另一種比較的方式。比例與比值不同,不是將一個數與另一個數進行比較,而是將整體的一部分與整體的總量進行比較。

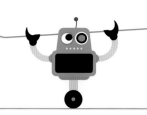

比例告訴我們某些東西相對於整體的數量有多少。

比例的百分數表示

我們經常把比例寫成分數形式。這兒有 10 隻貓,薑黃色的貓所佔比例是多少?

1 我們可以看到 10 隻貓中有 4 隻是薑黃色的,所以薑黃色的貓佔所有貓的 $\frac{4}{10}$。

2 盡可能將分數化簡,把 $\frac{4}{10}$ 的分子和分母同時除以 2,得到 $\frac{2}{5}$。

3 所以,薑黃色的貓在整體中所佔的比例,寫成分數形式就是 $\frac{2}{5}$。

通過把分子和分母同時除以2來化簡分數

$$\frac{4}{10} = \frac{2}{5}$$

10隻貓中有4隻是薑黃色的

薑黃色的貓所佔比例 = $\frac{2}{5}$

比例的分數表示

百分數是分數的另一種寫法,所以比例也可以用百分數表示。右圖中百分之多少的貓是灰色的呢?

1 我們可以看到 10 隻貓中有 1 隻是灰色的,所以灰色的貓所佔比例寫成分數形式就是 $\frac{1}{10}$。

2 要把 $\frac{1}{10}$ 寫成百分數的形式,我們將它改寫成相等的以 100 為分母的分數,所以 $\frac{1}{10}$ 就變成了 $\frac{10}{100}$。

3 我們知道「百分之十」也就是 10%,所以在這羣貓中,灰色的貓所佔比例為 10%。

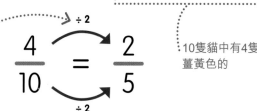

10隻貓中有1隻是灰色的

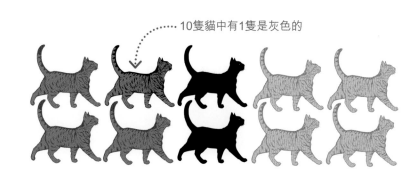

分子和分母同時乘以10轉換成等值分數

$$\frac{1}{10} = \frac{10}{100}$$

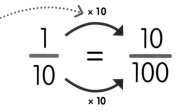

灰色的貓所佔比例 = **10%**

縮放

縮放是在保持所有部分所佔比例不變的情況下,對某物進行縮小或者放大,這就意味着所有部分以相同的比例縮小或放大。

我們可以利用縮放改變數字或數量的大小,或者改變物體或形狀的大小。

縮小

照片就像這個機器人的自拍一樣,是縮小最完美的實例。

1 在這張照片中,機器人是一樣的,但照片中的機器人更小。它身體的每一部分都是以相同的比例縮小的。

2 這個機器人的實際身高為 75cm,而在照片中,它的身高是 15cm,所以他在照片中被縮小為原來的五分之一。

3 機器人身體的實際寬度為 40cm,而在照片中,它的身體寬度為 8cm,也是縮小為原來的五分之一。

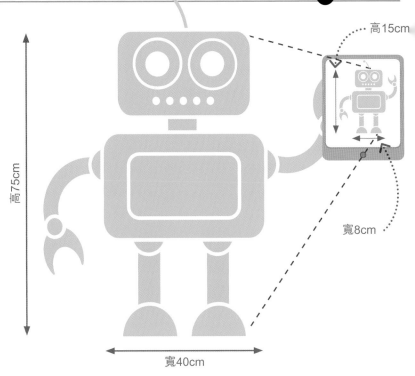

高75cm

寬40cm

高15cm

寬8cm

放大

放大是使事物的每一個部分更大,我們可以放大數字,也可以放大物體的尺寸和測量值。

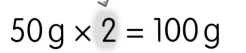

朱古力

50g

?g

爆谷

40g

?g

做成 6 個蛋糕　　做成 12 個蛋糕

兩個數字都乘以2

$$50\,g \times 2 = 100\,g$$

$$40\,g \times 2 = 80\,g$$

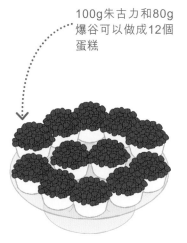

100g朱古力和80g爆谷可以做成12個蛋糕

1 在第 70 頁,我們看到了做 6 個朱古力蛋糕的食譜,要做 12 個蛋糕就需要更多的食材,但是每一份需要增加多少呢?

2 我們知道 12 是 6 的兩倍。所以,我們把兩種原料的量乘以 2,就可以做出兩倍數量的蛋糕。

3 所以,放大一種食物的製作量,我們需要把所有原料的量乘以相同的數。

地圖上的比例尺

縮放對於繪製地圖是很有用的。我們無法使用一個實際尺寸的地圖,因為那樣會導致地圖太大而不能隨身攜帶。我們把地圖的比例尺寫成一個比值,它能告訴我們地圖上的一個單位等於實際的多少個單位。

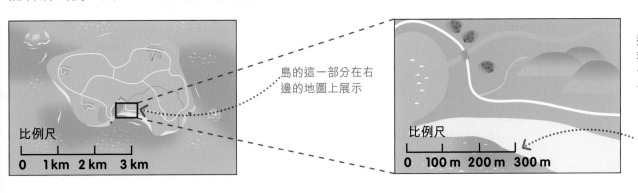

島的這一部分在右邊的地圖上展示

這個比例尺告訴我們地圖上的1cm等於實際的100m

1 **1 cm : 1 km**
在這個地圖上,1cm 代表實際中的 1km。我們可以看到整個島嶼,但是很多細節都看不到。

2 **1 cm : 100 m**
這一次,地圖上的 1cm 代表實際中的 100m。我們可以看到更多的細節,但是只能看到島嶼的一小部分。

比例因子

當我們把一個事物放大或縮小時,乘以或除以的那個數就叫作「比例因子」。

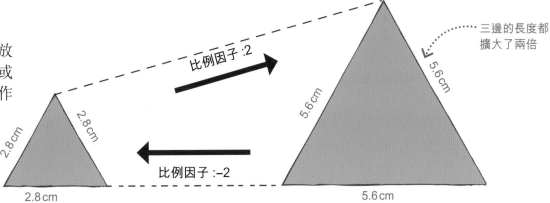

比例因子 : 2

三邊的長度都擴大了兩倍

比例因子 : -2

2.8cm

5.6 cm

1 如果某個事物放大的比例因子是 2,就使它放大了兩倍。所以,邊長為 2.8cm 的三角形就變成了邊長為 5.6cm 的三角形。

2 如果我們把這個三角形縮小成原來的大小,我們認為它是以比例因子 -2 來縮小的。

試一試

霸王龍有多高?

這個霸王龍模型的比例因子是 40。如果這個霸王龍模型的身高為 14cm 並且體長為 30cm,您能算出真實恐龍的身高和體長嗎?

答案見第 319 頁

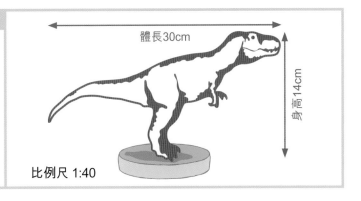

體長30cm

身高14cm

比例尺 1:40

分數的不同表示

小數和百分數都是分數的不同表示。比值和
比例也可以寫成分數形式。

分數、小數和百分數都是相互聯繫的，我們可以用三者中任意一個來表示一個數。

分數、小數或百分數形式的比例

看到右邊這 20 支玫瑰花，有 12 支粉玫瑰
和 8 支紅玫瑰，請分別用分數、小數和百
分數來描述粉玫瑰所佔的比例。

20支玫瑰中有
12支粉玫瑰

1 用分數表示
　　總的 20 支玫瑰花中有 12 支粉玫
瑰，所以，粉玫瑰所佔比例為$\frac{12}{20}$，或者
可以將它化簡為$\frac{3}{5}$。

2 用小數表示
　　如果把$\frac{3}{5}$化成以 10 為分母的分
數，可以得到$\frac{6}{10}$，也就是 0.6，所以，
這束花的 0.6 部分是由粉玫瑰組成的。

3 用百分數表示
　　如果把$\frac{6}{10}$化成以 100 為分母的分
數，可以得到$\frac{60}{100}$，也可以寫成 60%，
所以，60% 的玫瑰是粉色的。

粉玫瑰所佔比例

$$\frac{3}{5} \quad = \quad 0.6 \quad = \quad 60\%$$

比值和分數

在第 70 頁，我們已經學過了在兩個數字間打兩點來表示比值，
我們也可以把比值寫成分數形式。

1 現在，這裏有 3 朵玫瑰花和 12 朵小
雛菊，我們把玫瑰花和小雛菊的比
值寫作 3:12，然後化簡得 1:4。

2 我們也可以把這個比值寫成$\frac{3}{12}$或
$\frac{1}{4}$，這表示玫瑰花的數量是小雛菊
數量的四分之一。

玫瑰與小雛菊的比值

比值中的第一個數作分數的分子。

$$3:12 \text{ 或 } 1:4 \quad = \quad \frac{3}{12} \text{ 或 } \frac{1}{4}$$

比值中的第二個數作分數的分母。

相等的分數、小數和百分數

這個表中用不同的方法表示同一個分數。

整體中的部分	一組中的部分	分數的文字表述	分數的數字表述	小數	百分數
		十分之一	$\frac{1}{10}$	0.1	10%
		八分之一	$\frac{1}{8}$	0.125	12.5%
		五分之一	$\frac{1}{5}$	0.2	20%
		四分之一	$\frac{1}{4}$	0.25	25%
		十分之三	$\frac{3}{10}$	0.3	30%
		三分之一	$\frac{1}{3}$	0.33	33%
		五分之二	$\frac{2}{5}$	0.4	40%
		二分之一	$\frac{1}{2}$	0.5	50%
		五分之三	$\frac{3}{5}$	0.6	60%
		四分之三	$\frac{3}{4}$	0.75	75%

試一試

您知道多少？

試一試這些難解的智力題，看看您是否能達到 100% 的正確率？

答案見第 319 頁

1 把 0.35 寫成一個分數形式。不要忘了將它化簡啊！

2 把 $\frac{3}{100}$ 寫成百分數形式，然後再寫成小數形式。

3 把比值 4:6 寫成分數形式，然後化簡。

計算

2

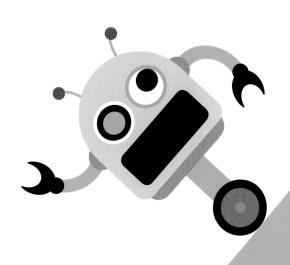

計算是為了解決問題。我們可以在腦海裏進行加減乘除運算，或者把數字寫在紙上進行計算。通過學習一些有用的技巧，我們可以解決有關任何數字的計算問題。記住一些簡單的規則，我們還可以分幾個階段解決複雜的計算問題。

加法

我們把兩個或兩個以上的數、量合起來，得到一個更大的數、量，這就叫作「加法」。我們可以用兩種方法來進行加法運算。

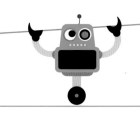

您用甚麼方法把數字相加在一起並不重要，結果都是一樣的。

甚麼是加法？

看看這些橙子，把 6 個橙子和 3 個橙子放在一起，一共就有 9 個橙子。可以說 6 個橙子加 3 個橙子等於 9 個橙子。

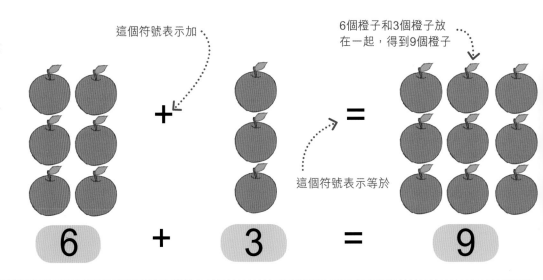

這個符號表示加

6個橙子和3個橙子放在一起，得到9個橙子

這個符號表示等於

$$6 + 3 = 9$$

按任何順序都可以進行加法運算

我們用哪一種方法進行加法運算並不重要，所得的和都是一樣的。所以加法中的加數是可以交換位置的。

1 看看這個計算，它表示 5 加上 2 等於 7。

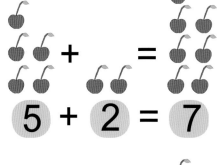

$$5 + 2 = 7$$

2 現在我們把等號左邊的數字交換位置，可以發現無論我們以甚麼順序進行加法運算，所得的和都是一樣。

$$2 + 5 = 7$$

現實世界的數學
古老的計算器

最早的計算器是算盤，它在古埃及、古希臘等地廣泛使用。算盤幫助人們計算數量，不同行上的珠子代表不同數位上的數字，比如個位數、十位數和百位數。

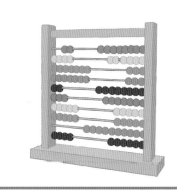

整體計數

我們可以把加法看成是把兩個或兩個以上的數字合併成一個新數字，然後再算出這個新數字是多少，這種加法運算方法叫作「整體計數」。

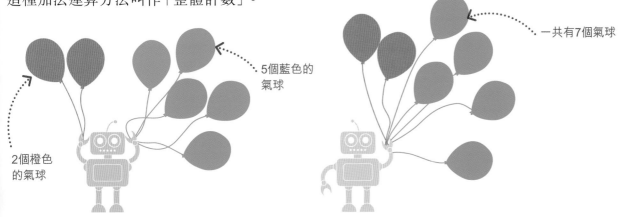

2個橙色的氣球

5個藍色的氣球

一共有7個氣球

1 我們可以看到這個機器人一隻手拿着 2 個氣球，另一隻手拿着 5 個氣球。

2 現在機器人把這些氣球都拿在同一隻手上，我們可以通過簡單的整體計數，求出一共有 7 個氣球。

3 所以，2+5=7。

$$2+5=?$$

$$2+5=7$$

計數加法

還有另外一種加法運算方法。要把一個數加上另一個數，我們可以簡單地從較大的數字開始計數，然後按照計數的步驟，數上較小的那個數字，這就叫作「計數加法」。

從5開始，再數上1個就是6。

2 他先數上第一個紅色箱子，這時一共有 6 個箱子。

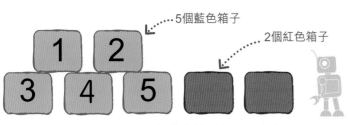

5個藍色箱子

2個紅色箱子

1 這一次，機器人是把 5 個藍色箱子加上 2 個紅色箱子，他就可以從 5 開始計數。

從6開始，再數上1個，得到7。

3 然後他再數上第 2 個紅色箱子，一共便有 7 個箱子。

$$5+2=?$$

$$5+2=7$$

使用數軸做加法

心算是比較難的，而數軸有利於我們更直接地進行運算，包括加法運算。數軸對於 20 以內數字的運算是非常有用的。

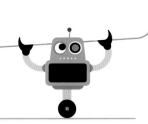

您可以使用數軸做加法，也可以使用數軸做減法。

1 讓我們使用數軸來計算 4 加 3 等於多少。

$$4 + 3 = ?$$

這條線不需要很整齊，它僅僅是用來幫助您計算。

2 先畫一條數軸，並從 0～10 依次標上數字。

從4開始數

3 這個運算是從 4 開始，所以先要在數軸上找到 4 的位置。

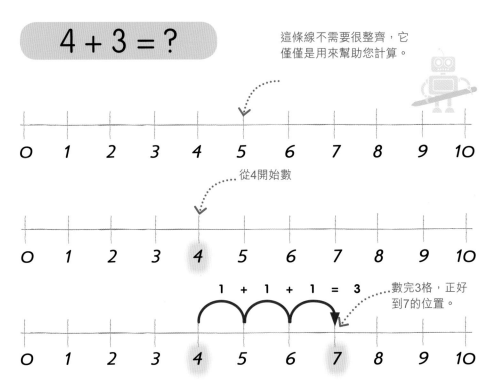

$$1 + 1 + 1 = 3$$

數完3格，正好到7的位置。

4 我們需要計算 4 加 3，所以接下來往右移動 3 格，這樣就到了 7 的位置。

5 所以，4+3=7。

$$4 + 3 = 7$$

刻度更大的數軸

有一些運算涉及更大的數字，我們仍然可以使用數軸計算，只需要每一格表示更大的數字，同樣可以找到答案。

跳2個單位為10的格子。

$$10 + 10 = 20$$

答案就是70

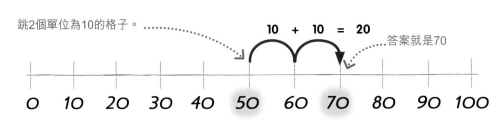

1 我們用刻度更大的數軸來計算 20+50。

2 從較大的數字開始，每一格代表 10，只需沿着數軸跳 2 格，答案就是 70。

3 所以，20+50=70

使用數字網格做加法

要計算 100 以內數字的加法，您也可以使用數字網格來計算。數字網格一共 10 行，包括 1~100 所有的數字，可以從一個方格跳到另一個方格來進行運算。

數字網格對於兩位數的加法運算是很有用的，因為這些數字比較大，在數軸上計算會比較麻煩。

1 用下面這個數字網格做加法時，可以分成兩個階段來看。若要加上 10，就可以直接跳到下一行，因為每一行正好有 10 個數字。

2 若要加 1，只需往右跳一格。當到達一行的末尾時，繼續移動需跳到下一行，並從左往右開始數。

56 + 26 = ?

1	2	3	4	5	6	7	8	9	10
11	12	13	14	15	16	17	18	19	20
21	22	23	24	25	26	27	28	29	30
31	32	33	34	35	36	37	38	39	40
41	42	43	44	45	46	47	48	49	50
51	52	53	54	55	56	57	58	59	60
61	62	63	64	65	66	67	68	69	70
71	72	73	74	75	76	77	78	79	80
81	82	83	84	85	86	87	88	89	90
91	92	93	94	95	96	97	98	99	100

3 我們使用數字網格來計算 56+26。

4 這個加法是從 56 開始，那麼在網格中 56 的位置做上標記。

5 26 裏有 2 個 10，所以需要往下跳兩行，跳到了 76。

6 現在我們需要加上 26 裏的 6 個 1，那麼再往右跳 6 個格子，到達 .82。

7 所以，56+26=82。

56 + 26 = 82

加法口訣

加法口訣中是一些簡單的運算，這些運算不需要算就可以背出答案。您的老師也可能把它叫作「加法對」。記住簡單的加法口訣將幫助您進行更難的計算。

0 + 10 = **10**

1 + 9 = **10**

2 + 8 = **10**

3 + 7 = **10**

4 + 6 = **10**

5 + 5 = **10**

6 + 4 = **10**

7 + 3 = **10**

8 + 2 = **10**

9 + 1 = **10**

10 + 0 = **10**

將這個加法算式與最後一個相比較。

這和第一個加法算式很相像——只是數字的順序不同

1 + 1 = **2**

2 + 2 = **4**

3 + 3 = **6**

4 + 4 = **8**

5 + 5 = **10**

6 + 6 = **12**

7 + 7 = **14**

8 + 8 = **16**

9 + 9 = **18**

10 + 10 = **20**

如果學曉第104頁中2的乘法表，那麼這些加法將會很容易。

1 以上這就是 10 的加法口訣，這些算式的答案都是 10。

2 這些是雙倍加法口訣，我們稱為 10+10 以內的雙倍加法口訣。這一次，答案就都是不同的。

試一試

加法口訣的運用

您能用 10 的加法口訣以及 10+10 以內的雙倍加法口訣求出這些運算結果嗎？

答案見第 319 頁

❶ 60 + 40 = ?

❷ 700 + 700 = ?

❸ 20 + 80 = ?

❹ 0.1 + 0.9 = ?

❺ 70 + 30 = ?

❻ 4000 + 4000 = ?

分塊加法

如果將數字拆分成更容易計算的數字，然後把這些數字加在一起，那麼加法運算通常會變得更簡便，這就叫作「分塊加法」。分塊加法有幾種不同的方法。

> 分塊加法就是先拆分數字，然後再把它們加在一起。

1 算一算 47+35。

$$47 + 35 = ?$$

2 對於這些複雜的數字，可以把它們放在網格中，並標上位值列。

十位	個位		十位	個位		十位	個位
4	7	+	3	5	=	?	?

3 我們先把十位上的數字相加，將答案寫在等號的右邊：40+30=70。

十位	個位		十位	個位		十位	個位
4	0	+	3	0	=	7	0

4 然後，把個位上的數字相加 :7+5=12。

十位	個位		十位	個位		十位	個位
	7	+		5	=	1	2

5 現在很容易把兩個答案重新結合，得到總數：70+12=82。

將十位上的數字和個位上的數字放在一起，便得出了答案。

十位	個位
8	2

6 通過拆分數字，我們得知 47+35=82。

$$47 + 35 = 82$$

拆分出 10 的倍數

另一種拆分方法是只拆分一個數字，這樣更容易與另一個數字相加。通常是把一個數字拆分成一個 10 的倍數和另外一個數字。

1 計算 80+54。

80 + 54

2 80 已經是 10 的倍數，現在我們要把 54 像這樣拆分成兩個部分 :50+4。

= 80 + 50 + 4

3 現在我們可以把 80 加上 50 得到 130。

= 130 + 4

4 現在只需要把 130 加上 4，就可得到答案 134。

= 134

擴展豎式加法

超過兩位數的加法，我們可以用豎式來計算。豎式計算的方法有兩種，這裏所講的方法叫作「擴展豎式加法」。另一種方法叫作「豎式加法」，我們將在第 86~87 頁對它進行學習。

1 用擴展豎式加法計算 385+157。

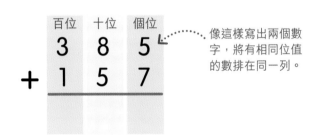

385 + 157 = ?

2 像這樣寫出兩個數字，將有相同位值的數字排在同一列。

百位	十位	個位
3	8	5
+ 1	5	7

像這樣寫出兩個數字，將有相同位值的數排在同一列。

3 現在，從個位的數字開始，將每一列上面的數字與它下面的數字相加。

百位	十位	個位
3	8	5
+ 1	5	7

從個位的數字加起。

4 個位上的 5 加 7 等於 12，也就是 12 個 1，另起一行，把 1 寫在十位上，把 2 寫在個位上。

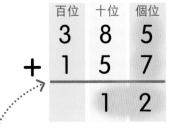

百位	十位	個位
3	8	5
+ 1	5	7
	1	2

把答案寫在答案線下。

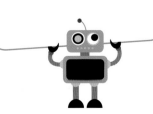

做擴展豎式加法時，將數字按位值排列很重要。

5 當計算 8 加 5 時，實際上是 80 加 50 等於 130。另起一行，把 1 寫在百位上，把 3 寫在十位上，把 0 寫在個位上。

百位	十位	個位
3	8	5
+ 1	5	7
	1	2
1	3	0

把十位上的數字相加

擴展豎式加法就像是分塊加法，我們把複雜的數字拆分成幾個一、幾個十和幾個百。

6 接下來，把百位上的數字相加。將 300 加上 100 得到 400。在新的一行，將 4 寫在百位上，兩個 0 分別寫在十位和個位上。

百位	十位	個位
3	8	5
+ 1	5	7
	1	2
1	3	0
4	0	0

把百位上的數字相加

試一試

加一加

現在您已經學會了這種有用的方法，我們可以進行較難的加法運算了。試一試這種方法的運用吧！

7 現在我們已經把兩行數字加在一起了，再把得出的三行數字相加：12+130+400=542。

百位	十位	個位
3	8	5
+ 1	5	7
	1	2
1	3	0
+ 4	0	0
5	4	2

把得出的三行數字相加

1 547 + 276 = ?

2 948 + 642 = ?

3 7256 + 4715 = ?

答案見第 319 頁

8 所以，385+157=542。

385 + 157 = 542

豎式加法

現在我們學習另外一種豎式加法。相比擴展豎式加法，豎式加法可以更加快速地算出答案，因為不需要按個位、十位和百位分別排列，我們就把它們放在一列中。

> 只要學會了豎式加法，您就可以用它做任何加法運算，包括較大數字的運算。

1 用豎式加法計算 4368+2795。

$$4368 + 2795 = ?$$

2 先把兩個數字寫在一個位值列中，較大的數字寫在較小數字的上方。如果有必要，標上位值列。

千位	百位	十位	個位
4	3	6	8
+2	7	9	5

將較大的數字寫在較小的數字的上面

3 現在從個位開始，將下面一行的數字與它對應的上面一行的數字相加。

千位	百位	十位	個位
4	3	6	8
+2	7	9	5

從個位開始加起

4 先把 5 加上 8，答案是 13。把 3 寫在個位上，13 中的 1 代表 1 個十，所以我們把它寫到十位列中，稍後再與十位上的數字相加。

千位	百位	十位	個位
4	3	¹6	8
+2	7	9	5
			3

把13中的1放到十位列中，在下一步十位的加法中加上這個1。

5 接下來，把十位上的 9 加上 6，所得答案是 15 個十，再加上從個位進位的 1 個十，得到 16 個十。把 6 寫在十位上，並把這個 1 寫在百位所在的列中。

千位	百位	十位	個位
4	¹3	¹6	8
+2	7	9	5
		6	3

把進位的1個十加上15個十，得到16個十。

6 現在把百位上的 7 和 3 相加，得到 10 個百，再加上進位的 1 個百，一共有 11 個百。將一個 1 寫在百位上，另一個 1 進位到千位所在列中。

千位	百位	十位	個位
1	1	1	
4	3	6	8
2	7	9	5
	1	6	3

將10個百加上進位的1個百，一共11個百。

7 最後，我們把千位上的數字相加。2 個千加上 4 個千，答案是 6 個千，再加上進位的 1 個千，一共 7 個千，把 7 寫在千位上。

千位	百位	十位	個位
1	1	1	
4	3	6	8
2	7	9	5
7	1	6	3

千位上的數字小於10，所以我們不需要再進位。

8 所以，4368 + 2795 = 7163。

$$4368 + 2795 = 7163$$

小數加法

小數加法和整數加法一樣 —— 我們只需要確保相同位值的數字排在同一列，試試計算 38.92+5.89。

1 先把較大的數字寫在較小的數字的上方，確保小數點對齊。在底下那行也要加上一個小數點。如果需要，也可以標出每一列的位值。

十位	個位	十分位	百分位
3	8 .	9	2
	5 .	8	9
	.		

2 現在可以像整數一樣求出和。

十位	個位	十分位	百分位
1	1	1	
3	8 .	9	2
	5 .	8	9
4	4 .	8	1

3 所以，38.92+5.89=44.81。

試一試
您會做嗎？

現在您已經看到了豎式加法是怎麼做的，您能用它來求出下列算式的和嗎？

① 1639 + 6517 = ?

② 7413 + 1781 = ?

③ 45.36 + 26.48 = ?

答案見第 319 頁

減法

減法是加法的逆運算。有兩種理解減法的方式，一種理解是從一個數中取走另一個數（也稱為往「回計數」）；另一種理解是求出兩個數之間的差值。

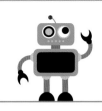

我們可以使用數軸來進行減法運算，沿着數軸向前計數或者向後計數。

甚麼是減法？

有時候我們用一個數減去另一個數，這就叫作「減法」。看這些橘子，當我們在這 6 個橘子中減去 2 個後，還剩 4 個橘子。

這個符號表示減去

當我們從6個橘子中減去2個橘子後，還剩4個橘子。

這個符號表示等於

$$6 - 2 = 4$$

減法是加法的逆運算

如果您掌握了加法，就很容易學會如何做減法，因為它是加法的逆運算。對於加法，我們是加上數字，那麼對於減法來說，就是減去數字。

減去是從右往左移

加上是從左往右移

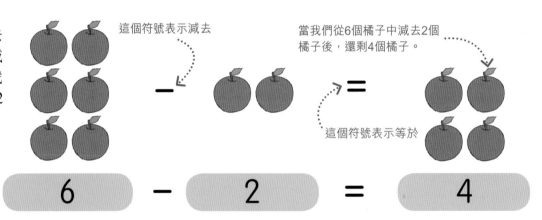

1 減法
用這個數軸來計算 5 減去 4，這就要沿着數軸往左移動 4 格，到達數字 1。

2 加法
現在，把 5 加上 4，得出的答案是 9。像減法一樣，我們也是從 5 開始移動相同的距離，只是往右移動。

$$5 - 4 = 1$$

$$5 + 4 = 9$$

往回計數

減法運算的一種方法叫作往回計數。當我們從一個數字中減去另一個數字，只需從第一個數字開始，往回數與第二個數字相同的格數。

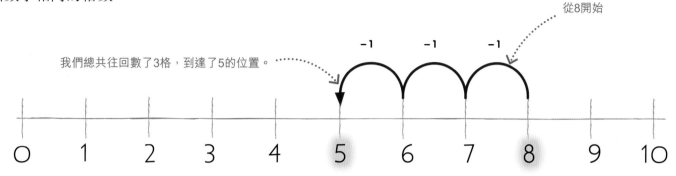

從8開始

我們總共往回數了3格，到達了5的位置。

1 我們可以在數軸上計算 8-3。

$$8 - 3 = ?$$

2 我們先要找到 8 的位置，然後往回數 3 格，就到了數字 5 所在的位置。

3 所以，8-3=5。

$$8 - 3 = 5$$

求出差值

我們也可以把減法看做是求出兩個數之間的差值。當我們需要求出差值時，實際上是要求出從一個數到另一個數需要移動多少格。

然後我們數出到達第一個數字需要移動多少格

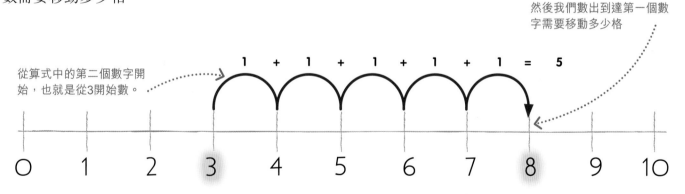

從算式中的第二個數字開始，也就是從3開始數。

1 我們可以在數軸上找到兩個數字間的差值，下面來看看 8-3 是怎麼計算的。

$$8 - 3 = ?$$

2 我們需要做的就是在數軸上找到 3 並且看它需要跳幾格才能跳到 8。很容易看出一共跳了 5 格。

3 所以，8-3=5。

$$8 - 3 = 5$$

減法口訣

有一些簡單的口訣可以使複雜的減法運算變得簡單。您學會了這些減法口訣，就可以將它們應用於其他運算。

減法口訣與我們在第74頁學習的加法口訣互為逆運算。

10 – 0 = **10**
10 – 1 = **9**
10 – 2 = **8**
10 – 3 = **7**
10 – 4 = **6**
10 – 5 = **5**
10 – 6 = **4**
10 – 7 = **3**
10 – 8 = **2**
10 – 9 = **1**
10 – 10 = **0**

將這個減法算式與最後一個減法算式相比較

這與第一個減法算式很相似—只是有兩個數字調換了位置

2 – 1 = **1**
4 – 2 = **2**
6 – 3 = **3**
8 – 4 = **4**
10 – 5 = **5**
12 – 6 = **6**
14 – 7 = **7**
16 – 8 = **8**
18 – 9 = **9**
20 – 10 = **10**

這些減法口訣與我們在第82頁所學的雙倍加法口訣互為逆運算。

1 這些是 10 的減法口訣，兩個數之間的差值隨着減數的增大而減小。

2 這是另外一種減法口訣。這一次，每個算式中的第二個數字是第一個數字的一半。

試一試
減法口訣的應用

您能用上述減法口訣計算出這些算式的答案嗎？

答案見第 319 頁

❶ 1000 – 200 = ?

❷ 120 – 60 = ?

❸ 140 – 70 = ?

❹ 100 – 30 = ?

❺ 0.1 – 0.08 = ?

❻ 0.4 – 0.2 = ?

分塊減法

如果將數字拆分成更容易計算的數字，然後把這些數字相減，那麼減法運算通常會變得更簡便，這就叫作「分塊減法」。我們通常只對減數進行拆分。

1 讓我們通過拆分 25 來計算 81-25。

$$81 - 25 = ?$$

2 對於這些複雜的數字，可以把它們放在網格中，並標上位值列。

十位	個位		十位	個位		十位	個位
8	1	−	2	5	=	?	?

3 先用 81 減去十位上的數值：81-20=61。

十位	個位		十位	個位		十位	個位
8	1	−	2	0	=	6	1

4 接下來，用得出的 61 減去個位上的數字：61-5=56。

十位	個位		十位	個位		十位	個位
6	1	−		5	=	5	6

5 通過把計算過程分解成兩個簡單的步驟，我們可以得出：81-25=56。

$$81 - 25 = 56$$

試一試

拆分練習

花田裏有 463 朵花，機器人特薩摘走了 86 朵，花田裏還剩多少朵花？

1 要計算出結果，我們可以進行分塊減法。

2 原本有 463 朵花，摘走了 86 朵，那麼您需要計算的是：463-86。

3 試一試把 86 拆分為幾個十和幾個一，然後按步驟進行計算。

答案見第 319 頁

使用數軸做減法

我們已經知道數軸可以幫助我們進行簡單的減法運算。如果用我們所學過的分塊減法,也可以利用數軸來進行一些更難的減法運算。

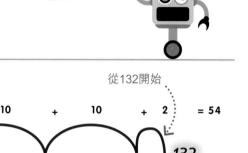

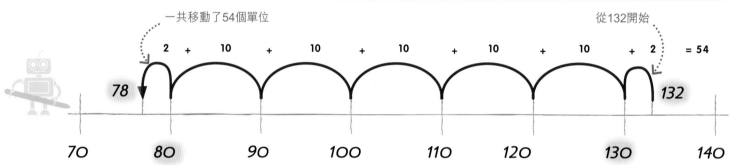

一共移動了54個單位　　　　　　　　　　　　　　　　　　　　　　　從132開始

2 + 10 + 10 + 10 + 10 + 10 + 2 = 54

1 往左數
我們用數軸計算 132−54。為了沿着數軸數更方便,我們把 54 拆分成三個部分。

2 從 132 開始,往左數 2 個小格到 130。接下來,每一大格代表 10,移動 5 格,也就是往左數了 50,到達數字 80 所在的位置。最後,我們再移動 2 個小格。

3 我們總共移動了 54 個單位到達了 78 所在的位置。所以132−54=78。

132 − 54 = ?

132 − 54 = 78

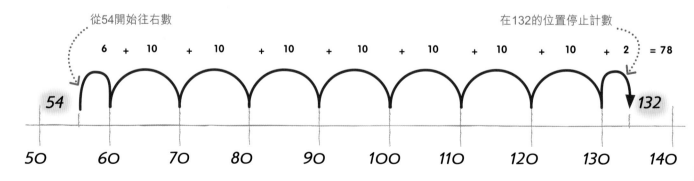

從54開始往右數　　　　　　　　　　　　　　　　　　　在132的位置停止計數

6 + 10 + 10 + 10 + 10 + 10 + 10 + 10 + 2 = 78

1 順着數
請記住,我們也可以順着數來進行減法運算,這叫作求出兩個數之間的差值。我們再來計算一下 132−54。

2 這一次將從算式中的第二個數字開始,也就是從 54 開始順着數軸數到第一個數字 132。

3 首先,順着數 6 個小格到 60,然後,每一大格代表 10,一共移動 7 格,最後再移動 2 個小格。一共移動了 78 個單位。所以,132−54=78。

店主的加法

在商店工作的人常常需要快速計算出要找給顧客多少零錢，他們經常在腦海裏計算要找多少零錢，這種方法稱為「店主的加法」。

---

1 彼得買的東西要花 7.35 元，他支付了一張 10 元的紙幣，應該找給他多少零錢？我們可以把這寫成算式：10–7.35。

$$10.00元 - 7.35元 = ?$$

2 先將 7.35 元加上 5 分錢，得到 7.4 元。

$$7.35元 + 0.05元 = 7.40元$$

3 接下來，再加 6 角錢就是 8 元。

$$7.40元 + 0.60元 = 8.00元$$

4 現在，我們可以加 2 元達到 10 元。

$$8.00元 + 2.00元 = 10.00元$$

5 最後，把我們所加的錢都加起來，求出總的差值：0.05+0.60+2.00=2.65。

$$7.35元 + 2.65元 = 10.00元$$

6 所以，應該找給彼得 2.65 元。

$$10.00元 - 7.35元 = 2.65元$$

試一試

當一次店主

您可以用我們剛剛所學的方法，求出右邊的這些商品分別需要找給顧客多少零錢嗎？

答案見第 319 頁

1 商品價格：3.24 元
顧客給了一張 10 元的紙幣。

2 商品價格：17.12 元
顧客給了一張 20 元的紙幣。

3 商品價格：59.98 元
顧客給了兩張 50 元的紙幣。

擴展豎式減法

要求出大於兩位數的數字之間的差值，我們可以用減法來計算。這裏所講的方法叫作「擴展豎式減法」。當普通的豎式減法（參見第 96~97 頁）難以求出結果時，擴展豎式減法是很有用的。

1 我們把減法運算 324−178 看做是求 324 和 178 之間的差值。

$$324 - 178 = ?$$

2 像這樣寫出兩個數字，將有相同位值的數字放在同一列。如果有必要，也可以標出每一列的位值。

像這樣寫出兩個數字，將有相同位值的數排在同一列。

3 現在我們將 178 加上一些便於計算的數字，直至達到 324。

我們將178加上某個數字，直到達到324。

4 我們先將 178 加到最接近的 10 的倍數，把 178 加上 2 得到 180，把 2 寫在個位那一列中。在右邊寫上 180 來記下與 178 相加所得的整數。

在這裏記下目前的總數

180

5 接下來，加整十的數。180 加上 20 等於 200，這是最接近的 100 的倍數。把 2 寫在十位那一列，0 寫在個位那一列。把新的總數寫在右邊。

180加上20後總數達到200。

180

200

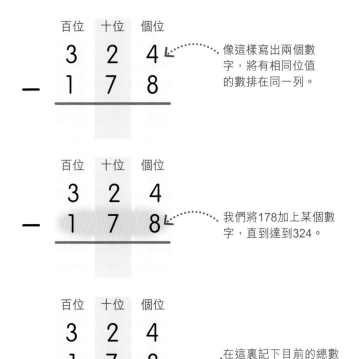

6 現在，我們加上整百的數。200 加上 100 達到 300。把 1 寫在百位的那一列，把兩個 0 分別寫在十位和個位的那一列上。把新的總數寫在右邊。

百位	十位	個位	
3	2	4	
1	7	8	−
		2	180
	2	0	200
1	0	0	300

200加上100，總數達到300。

7 下面我們只需把 300 加上 24 就可以達到總數 324。把 2 寫在十位那一列中，把 4 寫在個位那一列中。

百位	十位	個位	
3	2	4	
1	7	8	−
		2	180
	2	0	200
1	0	0	300
	2	4	324

300加上24，總數就達到324。

8 最後，我們要求出所加的數的總數：2+20+100+24=146。

百位	十位	個位	
3	2	4	
1	7	8	−
		2	180
	2	0	200
1	0	0	300
	2	4	324
1	4	6	

求出我們所加的數的總數

9 所以，324—178=146。

$$324 - 178 = 146$$

試一試
求出差值

您能用我們所學的擴展豎式減法來求出兩個數字間的差值嗎？

❶ 283 − 76 = ?

❷ 817 − 394 = ?

❸ 9425 − 5832 = ?

答案見第 319 頁

像店主的加法（參見第93頁）一樣，我們在解題過程中通過加上個位數字、整十的數和整百的數來求出答案。

豎式減法

進行更大數字的減法運算時，用豎式減法會比用擴展豎式減法（第 94~95 頁）更快速地求出答案。有些減法看起來很棘手，但是我們可以利用其他列的數字來幫助計算。

1 用豎式減法計算 932-767。

$$932 - 767 = ?$$

2 像這樣寫出兩個數字，將有相同位值的數字放在同一列。如果有必要，也可以標出每一列的位值。

百位	十位	個位
9	3	2
− 7	6	7

像這樣寫出兩個數字，將有相同位值的數排在同一列

3 接下來，從個位開始，把每一列上面的數字減去下面的數字。

百位	十位	個位
9	3	2
− 7	6	7

首先，把個位上的數字相減。

4 我們無法把個位上的 2 減去 7，那麼我們就要從十位上借 1 個十，放到個位上就是 10 個一，在個位上的 2 旁邊寫上一個小小的 1，表示現在有 12 個一。

百位	十位	個位
9	3	¹2
− 7	6	7

我們無法用個位上的2減去7，那麼需要把1個十換成10個一。

5 把十位上的 3 改為 2，表示已經借走了 1 個十。

百位	十位	個位
9	²3	¹2
− 7	6	7

把十位上的3改為2，因為我們已經把1個十換成了10個一。

6 現在就可以用 12 個一減去 7 個一，得到 5 個一，在個位這一列寫上 5。

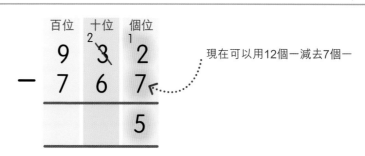

現在可以用12個一減去7個一

7 接下來，減去十位上的數。我們無法用 2 個十減去 6 個十，所以需要從百位借 1 個百換成 10 個十，在十位上的 2 旁邊寫上一個小小的 1，表示現在有 12 個十。

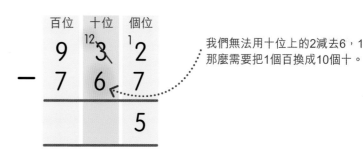

我們無法用十位上的2減去6，那麼需要把1個百換成10個十。

8 把百位上的 9 改成 8，表示已經借走了 1 個百，換成了 10 個十。

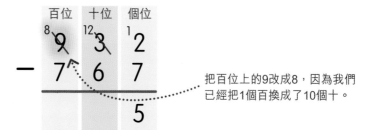

把百位上的9改成8，因為我們已經把1個百換成了10個十。

9 現在可以用 12 個十減去 6 個十，答案是 6 個十。在十位這一列寫上 6。

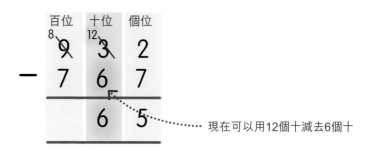

現在可以用12個十減去6個十

10 最後，把 8 個百減去 7 個百，還剩 1 個百。把 1 寫在百位這一列上。

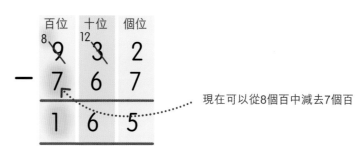

現在可以從8個百中減去7個百

11 所以，932－767＝165。

932 − 767 = 165

當我們需要用一個小數字減去一個大數字時，可以從左邊的列中借1個十、1個百或者1個千。

乘法

理解乘法的方法主要有兩種：一種認為乘法是許多相同大小的數、量放在一起或者加在一起；另一種認為乘法是改變某個事物的大小 —— 我們將在第 100 頁學習這種方法。

甚麼是乘法？

1 看看右邊的橙子，有 3 組橙子，每組 4 個。我們來數一數一共有多少個橙子。

這裏有 3 組子，每組 4 個

2 為了更容易計算總數，把這 3 組橙子排放成 3 行，每行 4 個橙子。我們稱這種排列為「數組」。有了數組，現在就容易計算總數了。

3行橙子，每行4個。

3 數一數右邊這些橙子的數量，可以看出來一共有 12 個。我們可以像這樣把它寫成一個乘法算式：4×3=12。

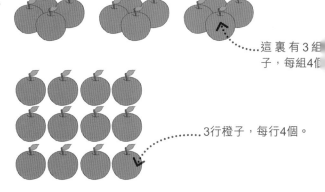

$$4 \times 3 = 12$$

這個符號表示乘或翻倍。

4 下面我們把這些橙子排成 4 行 3 列，一共有多少個橙子呢？相比我們排成 3 行 4 列時，橙子的總數有甚麼不同嗎？

4行橙子，每行3個。

5 如果數一下這些橙子的數量，可以看出仍然是 12 個。我們也可以像這樣把它寫成一個乘法算式：3×4=12。

$$3 \times 4 = 12$$

乘法運算的結果叫作乘積

6 所以，4×3 和 3×4 都得到同樣的總數。我們按甚麼樣的順序做乘法運算並不重要，所得的總數都是相同的。這就意味着乘法中的數字是可以交換順序的。

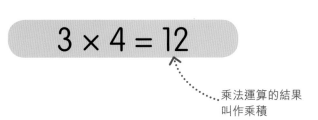

乘法就是重複加法

我們可以認為乘法是把一個以上相同大小的數字加在一起，這叫作重複加法。兩個數字相乘，只需要將一個數加上它本身，所加的次數就是另外一個數。

 =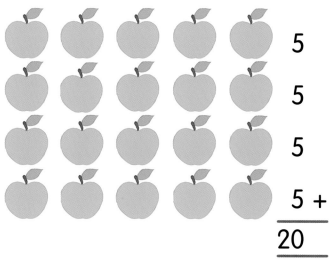

1 用這些蘋果算出 5×4 的答案。我們想要求出 5 乘 4 的結果，可以利用 4 行 5 列的蘋果來幫助計算。

$$5 \times 4 = ?$$

2 要算出一共有多少個蘋果，我們只需把 5 加 4 次 :5+5+5+5=20。

3 所以，用重複加法，我們可以得到 5×4=20。

$$5 \times 4 = 20$$

試一試

乘法挑戰

這裏有一些重複加法的例題，您能把它們寫成乘法算式並計算出結果嗎？

1 $6 + 6 + 6 + 6 = ?$

2 $8 + 8 + 8 + 8 + 8 + 8 + 8 = ?$

3 $9 + 9 + 9 + 9 + 9 + 9 = ?$

4 $13 + 13 + 13 + 13 + 13 = ?$

按甚麼樣的順序做乘法運算並不重要——所得的總數都是相同的。

答案見第 319 頁

縮放乘法

重複加法不是理解乘法的唯一方法，當我們需要改變某個物體的大小時，會用到一種叫作「縮放乘法」運算。我們也可以用縮放來作分數乘法。

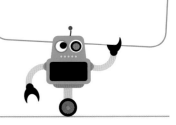

我們用縮放改變物體的大小並進行乘法運算。

1 看到右邊三棟建築物，它們的高度都不相同。

2 第二棟建築的高度是第一棟的兩倍，所以它的高度被放大了兩倍。我們可以寫成：10×2=20。

3 第三棟建築的高度是第二棟的兩倍，所以我們可以說它也是被放大了兩倍。我們可以寫成：20×2=40。

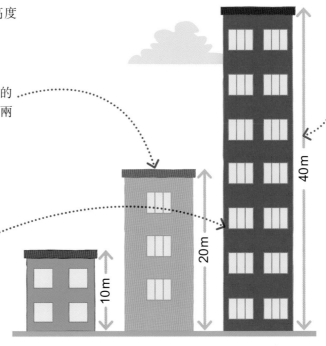

4 第三棟建築的高度是第一棟建築的四倍，它被放大了四倍。我們可以寫成：10×4=40。

5 我們也可以把這些建築物看做是縮小了。第二棟建築的高度是第三棟的一半，我們可以用一個分數來計算：$40×\frac{1}{2}=20$。

縮放和分數

正如我們剛剛所看到的，我們也可以以分數為比例進行縮放，乘以小於 1 的真分數，使得數字更小，而不是更大。

1 看到右邊的算式，我們想要把 $\frac{1}{4}$ 乘 $\frac{1}{2}$。

2 看到這個圖形，它是四分之一的圓。要計算 $\frac{1}{4}×\frac{1}{2}$，我們只需要拿走這個四分之一圓的一半。

3 您可以發現四分之一圓的一半就是八分之一圓。

4 所以，$\frac{1}{4}×\frac{1}{2}=\frac{1}{8}$。

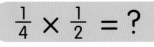

$$\frac{1}{4} × \frac{1}{2} = ?$$

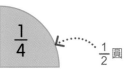

$\frac{1}{4}$　　$\frac{1}{2}$圓

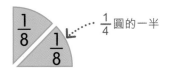

$\frac{1}{8}$　$\frac{1}{8}$　　$\frac{1}{4}$圓的一半

$$\frac{1}{4} × \frac{1}{2} = \frac{1}{8}$$

因數對

兩個整數相乘等於第三個數，那麼這兩個整數就叫作第三個數的因數對。每個整數至少有一組因數對，那就是它本身和 1。

> 每個整數至少有一組因數對——1和它本身。

1~12 的因數對

學習因數對和學習乘法口訣是一樣的。了解這些基礎的因數對，將有助於您進行乘法運算。右表展示了 1~12 中所有數字的所有因數對。每一組因數對也被畫成了一個數組，就像我們在第 98~99 頁看到的數組一樣。

試一試

求因數對

您能找出以下每一個數字的所有因數對嗎？如果您覺得有用，可以把它們畫成數組。

1 14

2 60

3 18

4 35

5 24

答案見第 319 頁

數字	因數對	數組
1	1,1	
2	1,2	
3	1,3	
4	1,4	
	2,2	
5	1,5	
6	1,6	
	2,3	
7	1,7	
8	1,8	
	2,4	
9	1,9	
	3,3	
10	1,10	
	2,5	
11	1,11	
12	1,12	
	2,6	
	3,4	

倍數計算

當一個整數乘另一個整數時，結果就叫作「倍數」——我們在第 30～31 頁學過倍數的概念。乘法運算有助於倍數計算。

1 **2 的倍數**
　　看看右邊的數軸，它顯示了從 0 開始以 2 為單位累加得到的數字。這個序列中的每一個數字都是 2 的倍數。例如，移動四次到達數字 8，所以 2×4=8。

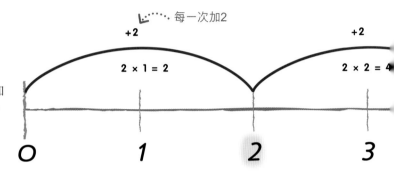

每一次加 2

+2　　2 × 1 = 2　　+2　　2 × 2 = 4

O　1　2　3

2 **3 的倍數**
　　這條數軸顯示了從 0 開始以 3 為單位累加得到的數字。移動五次到達數字 15，所以 3×5=15。

+3　　3 × 1 = 3　　+3　　3 × 2 = 6

O　1　2　3　4　5　6

3 **6 的倍數**
　　看看右邊的數軸，它顯示了 6 的前幾個倍數。移動三次到達數字 18，所以 6×3=18。

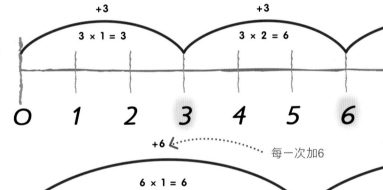

+6　　6 × 1 = 6

每一次加 6

O　1　2　3　4　5　6　7

4 **8 的倍數**
　　這條數軸顯示了從 0 開始以 8 為單位累加得到的前三個 8 的倍數。移動兩次到達數字 16，所以 8×2=16。

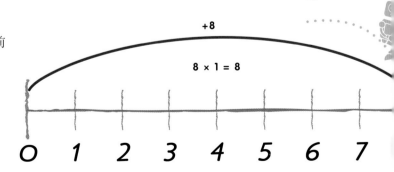

+8　　8 × 1 = 8

O　1　2　3　4　5　6　7

5 這些數軸顯示了 2、3、6 和 8 的前幾個倍數。學習倍數計算有助於我們掌握第 104～105 頁所展示的乘法表。

第106頁的乘法網格向我們展示了12×12以內的所有倍數。

試一試

求倍數

現在您已經了解了 2、3、6 和 8 的前幾個倍數，您能不能借用數軸，或者就在腦海裏計算，求出右邊已給出的 7、9 和 11 的倍數之後接下來的三個倍數？

答案見第 319 頁

1 7, 14, 21 ...

2 9, 18, 27 ...

3 11, 22, 33 ...

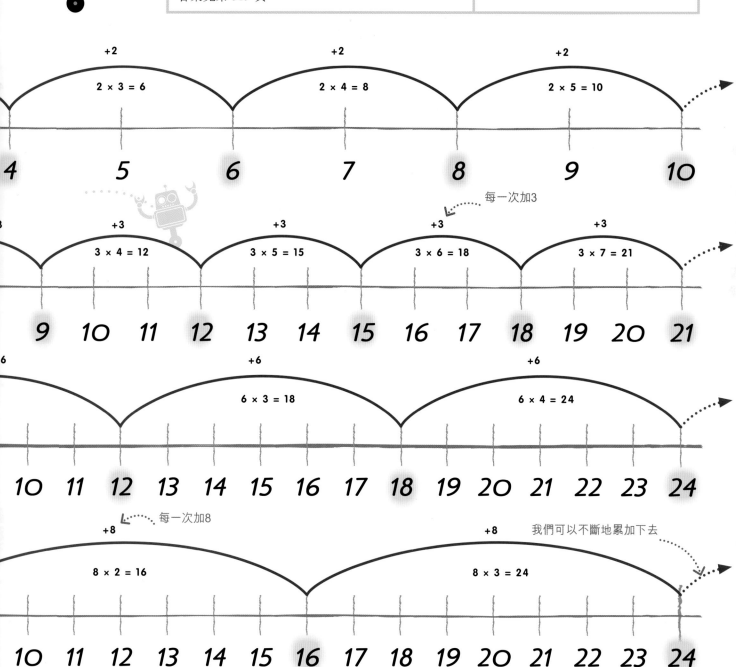

乘法表

乘法表實際上只是一個關於特定數字的乘法列表，您需要學習它們。只要您知道乘法表，您將發現在做其他計算時，它們是非常有用的。

1 的乘法表
1 × 0 = **0**
1 × 1 = **1**
1 × 2 = **2**
1 × 3 = **3**
1 × 4 = **4**
1 × 5 = **5**
1 × 6 = **6**
1 × 7 = **7**
1 × 8 = **8**
1 × 9 = **9**
1 × 10 = **10**
1 × 11 = **11**
1 × 12 = **12**

2 的乘法表
2 × 0 = **0**
2 × 1 = **2**
2 × 2 = **4**
2 × 3 = **6**
2 × 4 = **8**
2 × 5 = **10**
2 × 6 = **12**
2 × 7 = **14**
2 × 8 = **16**
2 × 9 = **18**
2 × 10 = **20**
2 × 11 = **22**
2 × 12 = **24**

3 的乘法表
3 × 0 = **0**
3 × 1 = **3**
3 × 2 = **6**
3 × 3 = **9**
3 × 4 = **12**
3 × 5 = **15**
3 × 6 = **18**
3 × 7 = **21**
3 × 8 = **24**
3 × 9 = **27**
3 × 10 = **30**
3 × 11 = **33**
3 × 12 = **36**

4 的乘法表
4 × 0 = **0**
4 × 1 = **4**
4 × 2 = **8**
4 × 3 = **12**
4 × 4 = **16**
4 × 5 = **20**
4 × 6 = **24**
4 × 7 = **28**
4 × 8 = **32**
4 × 9 = **36**
4 × 10 = **40**
4 × 11 = **44**
4 × 12 = **48**

5 的乘法表
5 × 0 = **0**
5 × 1 = **5**
5 × 2 = **10**
5 × 3 = **15**
5 × 4 = **20**
5 × 5 = **25**
5 × 6 = **30**
5 × 7 = **35**
5 × 8 = **40**
5 × 9 = **45**
5 × 10 = **50**
5 × 11 = **55**
5 × 12 = **60**

6 的乘法表
6 × 0 = **0**
6 × 1 = **6**
6 × 2 = **12**
6 × 3 = **18**
6 × 4 = **24**
6 × 5 = **30**
6 × 6 = **36**
6 × 7 = **42**
6 × 8 = **48**
6 × 9 = **54**
6 × 10 = **60**
6 × 11 = **66**
6 × 12 = **72**

答案見第 319 頁

試一試

13 的乘法表

您一定已經掌握了 12 以內的乘法表。右邊是 13 的乘法表的前四行，您能把剩下的補充完整嗎？

13	× 1	=	**13**
13	× 2	=	**26**
13	× 3	=	**39**
13	× 4	=	**?**
		.....	

7 的乘法表			
7	× 0	=	**0**
7	× 1	=	**7**
7	× 2	=	**14**
7	× 3	=	**21**
7	× 4	=	**28**
7	× 5	=	**35**
7	× 6	=	**42**
7	× 7	=	**49**
7	× 8	=	**56**
7	× 9	=	**63**
7	× 10	=	**70**
7	× 11	=	**77**
7	× 12	=	**84**

8 的乘法表			
8	× 0	=	**0**
8	× 1	=	**8**
8	× 2	=	**16**
8	× 3	=	**24**
8	× 4	=	**32**
8	× 5	=	**40**
8	× 6	=	**48**
8	× 7	=	**56**
8	× 8	=	**64**
8	× 9	=	**72**
8	× 10	=	**80**
8	× 11	=	**88**
8	× 12	=	**96**

9 的乘法表			
9	× 0	=	**0**
9	× 1	=	**9**
9	× 2	=	**18**
9	× 3	=	**27**
9	× 4	=	**36**
9	× 5	=	**45**
9	× 6	=	**54**
9	× 7	=	**63**
9	× 8	=	**72**
9	× 9	=	**81**
9	× 10	=	**90**
9	× 11	=	**99**
9	× 12	=	**108**

10 的乘法表			
10	× 0	=	**0**
10	× 1	=	**10**
10	× 2	=	**20**
10	× 3	=	**30**
10	× 4	=	**40**
10	× 5	=	**50**
10	× 6	=	**60**
10	× 7	=	**70**
10	× 8	=	**80**
10	× 9	=	**90**
10	× 10	=	**100**
10	× 11	=	**110**
10	× 12	=	**120**

11 的乘法表			
11	× 0	=	**0**
11	× 1	=	**11**
11	× 2	=	**22**
11	× 3	=	**33**
11	× 4	=	**44**
11	× 5	=	**55**
11	× 6	=	**66**
11	× 7	=	**77**
11	× 8	=	**88**
11	× 9	=	**99**
11	× 10	=	**110**
11	× 11	=	**121**
11	× 12	=	**132**

12 的乘法表			
12	× 0	=	**0**
12	× 1	=	**12**
12	× 2	=	**24**
12	× 3	=	**36**
12	× 4	=	**48**
12	× 5	=	**60**
12	× 6	=	**72**
12	× 7	=	**84**
12	× 8	=	**96**
12	× 9	=	**108**
12	× 10	=	**120**
12	× 11	=	**132**
12	× 12	=	**144**

乘法網格

我們可以把乘法表裏的所有數字放入到一個網格中,這個網格就叫作「乘法網格」。因數寫在網格的頂部和一邊,得數寫在網格中間。

1 我們用乘法網格求 3×7。

$$3 \times 7 = ?$$

2 我們所需要做的就是沿着網格的頂端找到第一個因數,這個例題中是 3。

3 第二個因數是 7,所以接下來我們在網格的一邊找到數字 7。

×	1	2	3	4	5	6	7	8	9	10	11	12
1	1	2	3	4	5	6	7	8	9	10	11	12
2	2	4	6	8	10	12	14	16	18	20	22	24
3	3	6	9	12	15	18	21	24	27	30	33	36
4	4	8	12	16	20	24	28	32	36	40	44	48
5	5	10	15	20	25	30	35	40	45	50	55	60
6	6	12	18	24	30	36	42	48	54	60	66	72
7	7	14	21	28	35	42	49	56	63	70	77	84
8	8	16	24	32	40	48	56	64	72	80	88	96
9	9	18	27	36	45	54	63	72	81	90	99	108
10	10	20	30	40	50	60	70	80	90	100	110	120
11	11	22	33	44	55	66	77	88	99	110	121	132
12	12	24	36	48	60	72	84	96	108	120	132	144

請記住,乘法中因數可以以任意順序排列,所以您可以沿着網格的頂端或者沿着網格的一邊來查看因數。

4 沿着這兩個因數所在的行和列移動,直到行和列交於一個方格。

5 兩個因數 3 和 7 在方格 21 中相遇。

6 所以,3×7=21。

$$3 \times 7 = 21$$

乘法規律與技巧

有許多規律和簡單的技巧可以幫助您學習乘法表，甚至是乘法表以外的運算。一些最容易記憶的規律與技巧都在本頁的表格中。

乘法	規律與技巧	舉例
×2	數字的兩倍，即一個數字加上它本身	2 × 11 = 11 + 11 = 22
×4	數字的兩倍，然後再兩倍	8×4=32，因為 8 的兩倍是 16，16 的兩倍是 32。
×5	5 的倍數的個位數字遵循以下規律：5、0、5、0……	5 的乘法表裏前四個 5 的倍數是 5、10、15 和 20
×5	乘 10，然後把結果減半。	16×5=80，因為 16×10=160，所以 160 的一半是 80。
×9	把這個數乘 10，然後減去這個數。	9 × 7 = (10 × 7)　7 = 63
×9	對於 10×9 以內的運算，可以利用手指進行計算。	以 3×9 為例，舉起您的雙手並使手掌朝着自己，然後彎下左邊的第三個手指。它的左邊還剩 2 個手指，右邊剩 7 個手指，所以答案便是 27。
×11	用 11 乘 1~9 以內的數字，把這個數字寫兩次，一次寫在十位上，一次寫在個位上。	4 × 11 = 44
×12	把這個數先乘 10，再把它乘 2，然後將兩個得數相加。	12 × 3 = (10 × 3) + (2 × 3) = 30 + 6 = 36

以 10、100、1000 為乘數的乘法

以 10、100、1000 為乘數的乘法是很簡單的，例如，將一個數乘 10，您所要做的，就是把這個數中的每一個數字在位值網格中向左移動一位。

一個數乘 10，只需要把它的每一個數字向左移動一位便可。

1 乘 10
計算 3.2 乘 10，我們只需把 3.2 中的每一個數字在位值網格中向左移一位，那麼，3.2 就變成了 32，是 3.2 的 10 倍。

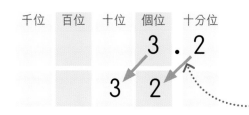

千位　百位　十位　個位　十分位

每一個數字向左移動一位

2 乘 100
這一次，我們試一試用 3.2 乘 100。一個數乘 100，只需將每一個數字向左移兩位。那麼，3.2 就變成了 320，是 3.2 的 100 倍。

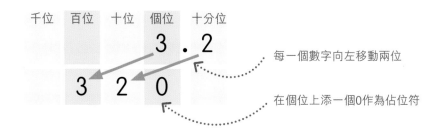

千位　百位　十位　個位　十分位

每一個數字向左移動兩位

在個位上添一個0作為佔位符

3 乘 1000
下面來計算 3.2 乘 1000，我們需要把每一個數字向左移動三位。那麼，3.2 就變成了 3200，是 3.2 的 1000 倍。

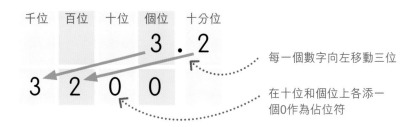

千位　百位　十位　個位　十分位

每一個數字向左移動三位

在十位和個位上各添一個0作為佔位符

4 我們可以繼續像這樣乘 10000，100000，甚至是 1000000。

試一試

向左移

您能用上述方法求出右邊這些算式的答案嗎？

答案見第 319 頁

1 $6.79 \times 100 = ?$

2 $48 \times 10\,000 = ?$

3 $0.072 \times 1000 = ?$

10 的倍數的乘法

您可以結合所學過的乘法表和以 10 為乘數的乘法，讓 10 的倍數的乘法運算更加簡單。

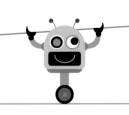

計算一個數乘10的倍數，可以將10的倍數拆分成一個10和另一個因數，然後按步驟進行計算。

1 看看右邊的算式，我們想要計算 126 乘 20，這看起來比較複雜，但如果您學會了 10 的倍數的乘法，這道題就很簡單了。

$$126 \times 20 = ?$$

2 我們把 20 寫成 2×10，因為乘 2 和乘 10 的計算要比乘 20 的計算更加容易。

$$126 \times 2 \times 10$$

3 現在先把 126 乘 2。因為 26×2=52，所以可以求出：126×2=252。

$$126 \times 2 = 252$$

4 最後，只需把 252 乘 10，就可以得到答案 2520。

$$252 \times 10 = 2520$$

5 所以，126×20=2520。

$$126 \times 20 = 2520$$

試一試

複雜的整十乘法

看看右邊的算式，您能把 10 的倍數進行分解，使計算更簡便，並求出答案嗎？

答案見第 319 頁

❶ $25 \times 50 = ?$ ❹ $43 \times 70 = ?$

❷ $0.5 \times 60 = ?$ ❺ $0.03 \times 90 = ?$

❸ $231 \times 30 = ?$ ❻ $824 \times 20 = ?$

分塊乘法

就像做加法、減法和除法一樣，為了更容易求出答案，在乘法運算中，我們也可以把數字進行拆分。

在數軸上拆分數字

我們可以使用數軸將算式中的一個數字拆分成兩個更小的、易於計算的數字。

1 使用數軸拆分數字，回答以下問題：一輛貨車的車長為 12m，一列火車的長度是貨車車長的 15 倍，請問一列火車有多長？

2 要求出這個問題的答案，我們需要將貨車的長度，即 12m，乘以 15。

3 我們可以拆分算式中的任何一個數字。在這裏，我們把 15 拆分成 10 和 5。

$$12 \times 15 = ?$$

先從0開始移動

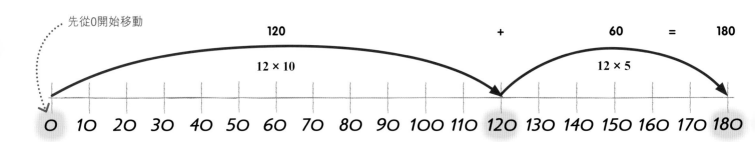

4 先將 12 乘 10，得到答案 120，所以在數軸上從 0 開始移動到 120。

5 接下來，我們把 12 乘另一個數字 5，得到答案 60，所以在數軸上從 120 開始向右移動 60 個單位，到達 180。

6 所以，一列火車的長度為 180m。

$$12 \times 15 = 180$$

在網格中拆分數字

我們也可以在網格中拆分乘法運算中的數字,這樣的網格稱為開放數組。

無論拆分算式中的哪個數字都是可以的,只要把數字拆分之後能令運算更簡便就行。

1 這一次,我們用網格再來計算 12×15。像前面一樣,可以將 15 拆分為 10 和 5。

$$12 \times 15 = ?$$

2 像這樣畫一個矩形,矩形的每一邊分別代表算式中的一個數字。不需要用直尺精確測量長和寬,只需大致畫一個這樣的矩形就行。

3 我們將 15 拆分成了 10 和 5,所以在矩形中畫一條線,表示這個數字已經被拆分了。一邊標上 12,另一邊標上 10 和 5。

4 現在把網格中每個小矩形的邊相乘。先將 12 乘 10 得到 120,在相應的網格中寫上 12×10=120。

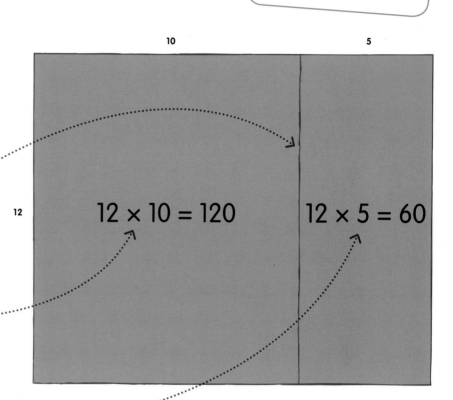

5 接下來,將 12 乘 5 得到 60,在相應的網格中寫上 12×5=60。

6 最後,只需要將這兩個得數加在一起:120+60=180。

7 所以,12×15=180。

$$12 \times 15 = 180$$

8 我們也可以不用畫網格就能拆分數字,可以這樣寫:12×15= (12×10) + (12×5) =120+60=180。

試一試

拆分訓練

試一試用數軸和網格的方法求出下列算式的答案。您更喜歡哪種方法呢?

1 35 × 22 = ?　　**3** 26 × 12 = ?

2 17 × 14 = ?　　**4** 16 × 120 = ?

答案見第 319 頁

網格方法

我們也可以用與第 103 頁所示的開放數組稍微不同的網格來計算乘法，這叫作「網格方法」。您學得越好，網格就可以畫得越簡單，也就能夠更快地求出複雜的乘法的答案。

學好乘法表和10的倍數的乘法將有助於您在使用網格方法時更快地求出答案。

1 用網格方法計算 37×18。

$$37 \times 18 = ?$$

2 先畫一個矩形，並在矩形的兩邊標出算式中的兩個數字：37 和 18。不需要用直尺精確測量邊長，只需大致畫一個這樣的矩形就行。

37

18

矩形的兩邊都標上算式中的數字

3 接下來，我們把 37 和 18 拆分成更小的易於計算的數字。在這裏，把 18 拆分成 10 和 8，並在矩形中畫一條線，畫在這兩個數字之間。

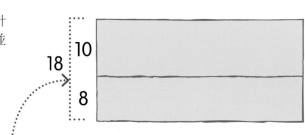

把18拆分成10和8

4 接下來，我們再把 37 拆分成 10、10、10 和 7。在這個矩形中，每兩個數字間畫一條線。現在的矩形看起來就像是一個網格。

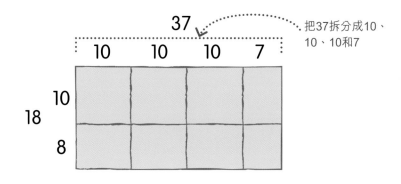

把37拆分成10、10、10和7

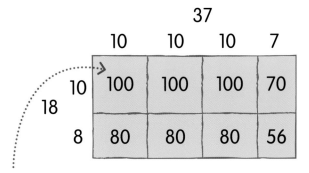

5 接下來，把每一列最上面的數字乘以每一行最前面的數字，並把乘積寫在網格的每一個格子中。

把每一列最上面的數字乘每一行最前面的數字

6 最後，只需逐行將網格中的每一個數字相加，並在每一行的最後寫上這一行的總和，得到 370 和 296。然後我們用豎式加法把這兩個數相加，求得總數是 370+296=666。

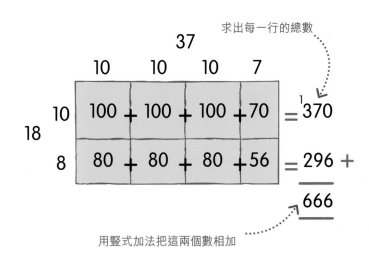

求出每一行的總數

用豎式加法把這兩個數相加

7 所以，37×18=666。

$$37 \times 18 = 666$$

快速網格方法

當我們對乘法計算更有信心時，就可以使用更加快速的網格方法。快速網格方法和我們前面用的網格方法很相似，但是步驟更少，網格也更簡單。下面用兩個更短的網格方法求解 37×18。

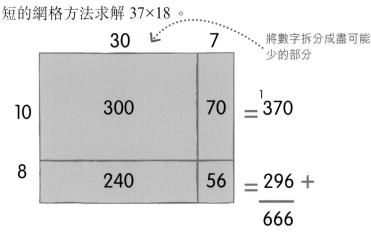

將數字拆分成盡可能少的部分

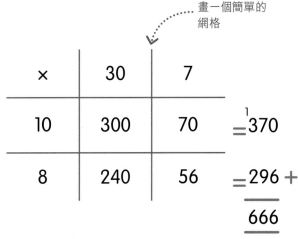

畫一個簡單的網格

1 如果把數字拆分成更大的數字，拆分的部分就會更少，也就不需要進行那麼多的計算了。

2 只要我們明白每一步是在做甚麼，就可以快速地畫一個簡單的網格。

擴展短乘法

如果乘法算式中有一個數字不止一位數，把數字寫成一列會有助
於解題。這樣的方法不止一個。這裏所講的方法叫作「擴展短乘
法」，它有助於計算一位數乘以多位數的乘法。

1 用擴展短乘法計算 423×8。

$$423 \times 8 = ?$$

2 像這樣寫出兩個數字，將有相同位值的數字
放在同一列。這樣可以方便地標出位值，但
實際上並不需要標出。

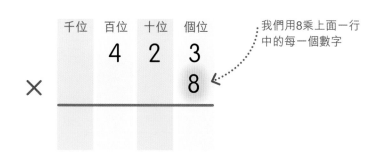

像這樣寫出兩個
數字，將有相同
位值的數排列在
同一列。

3 現在我們從個位開始，把下面一行中的 8 與
上面一行中的每一個數字相乘。

我們用8乘上面一行
中的每一個數字

4 先將 8 個一乘 3 個一，得到 24 個一。把 24
寫在答案的第一行。

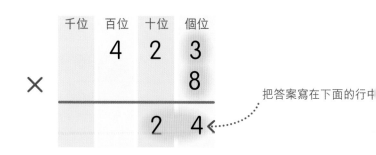

把答案寫在下面的行中

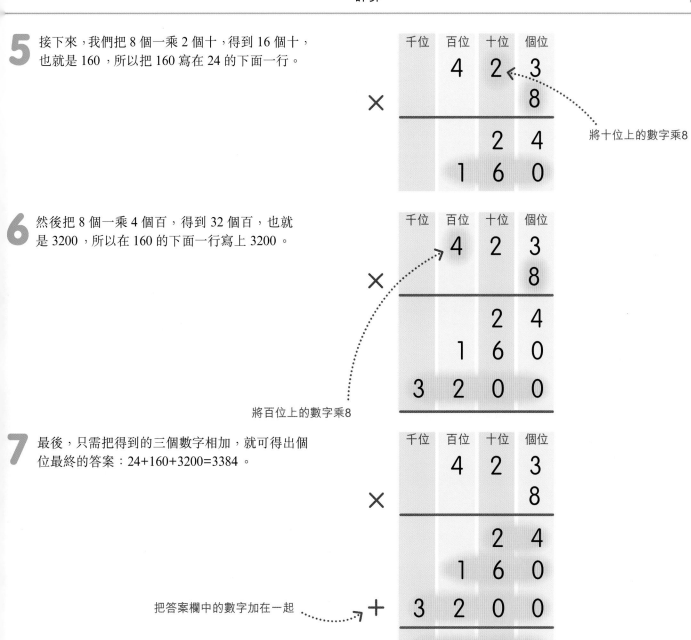

5 接下來，我們把 8 個一乘 2 個十，得到 16 個十，也就是 160，所以把 160 寫在 24 的下面一行。

將十位上的數字乘8

6 然後把 8 個一乘 4 個百，得到 32 個百，也就是 3200，所以在 160 的下面一行寫上 3200。

將百位上的數字乘8

7 最後，只需把得到的三個數字相加，就可得出個位最終的答案：24+160+3200=3384。

把答案欄中的數字加在一起

8 所以，423×8=3384。

423 × 8 = 3384

試一試

自我檢測

1 隻蜘蛛有 8 條腿，384 隻蜘蛛有多少條腿呢？

答案見第 319 頁

1 我們可以用擴展短乘法求出答案，只需要計算 8×384。

2 我們所要做的就是將 8 與 384 中的每一個數字相乘，然後把所有得數相加。

進行多位數的乘法運算時，需要添加更多的行來寫答案。

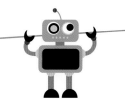

短乘法

現在我們學習另外一種短乘法，這種短乘法可以比擴展短乘法（我們在第 114~115 頁所學的）更快地計算出答案。因為這種短乘法不是把與個位、十位、百位相乘的結果寫在單獨的行裏，而是把它們寫在同一行。

1 用短乘法計算 736×4。

$$736 \times 4 = ?$$

2 像這樣寫出兩個數字，將有相同位值的數字放在同一列。這樣可以方便地標出位值，但實際上並不需要標出。

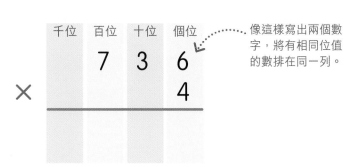

像這樣寫出兩個數字，將有相同位值的數排在同一列。

3 現在我們從個位開始，把下面一行中的 4 與上面一行中的每一個數字相乘。

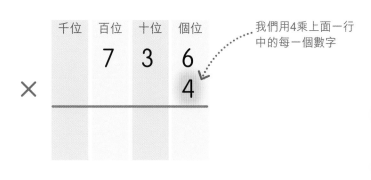

我們用4乘上面一行中的每一個數字

4 先將 4 個一乘 6 個一，得到 24 個一。把 4 寫在個位那一列，2 代表 2 個十，所以我們把它進位到十位所在的那一列，在下一步的計算中將它與十位所得的數字相加。

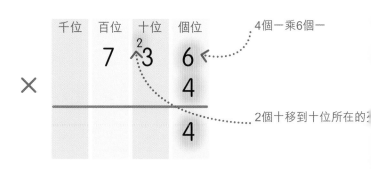

4個一乘6個一

2個十移到十位所在的列

5 接下來，把 4 個一乘 3 個十，得到 12 個十，加上個位相乘進位的 2 個十，一共 14 個十。把 4 寫在十位所在的那一列，並把 1 進位到百位所在的列。

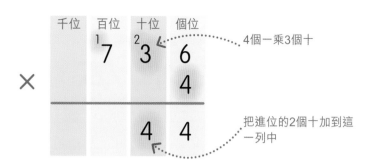

4個一乘3個十

把進位的2個十加到這一列中

6 然後把 4 個一乘 7 個百，得到 28 個百，加上十位相乘進位的 1 個百，一共 29 個百。把 9 寫在百位所在的那一列，並把 2 寫在千位所在的列。

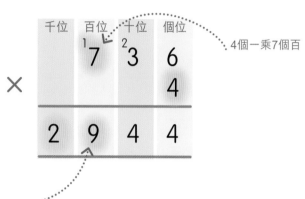

4個一乘7個百

把進位的1個百加到這一列中

7 所以，736×4=2944。

736 × 4 = 2944

試一試

技能測試

您能用短乘法求出這些算式的答案嗎？對於一位數乘以四位數的乘法運算，只需額外添加一列，寫上答案中千位上的數字即可。

1 295 × 8 = ?

2 817 × 5 = ?

3 2739 × 3 = ?

4 4176 × 4 = ?

5 6943 × 9 = ?

只要學會了短乘法，您就可以用它來進行任意一個一位數乘以多位數的乘法運算。

答案見第 319 頁

擴展長乘法

當我們需要計算兩個多位數的乘法時，可以採用長乘法。
長乘法主要有兩種，這裏所講的叫作「擴展長乘法」。另外
一種方法叫作「長乘法」，將在第 120~121 頁中介紹。

1 用擴展長乘法計算 37×16。

2 像這樣寫出兩個數字，將有相同位值的數字放在同一列。這樣可以方便地標出位值，但實際上並不需要標出。

3 現在我們將下面一行的每一個數字與上面一行的每一個數字相乘。先用下面一行個位上的 6 與上面一行的每一個數字相乘。

4 先將 6 個一乘 7 個一，得到 42 個一。在新的一行中，把 4 寫在十位所在的列，把 2 寫在個位所在的列。

5 接下來，將 6 個一乘 3 個十，得到 18 個十，也就是 180。另起一行，把 1 寫在百位所在的列，8 寫在十位所在的列，0 寫在個位所在的列。

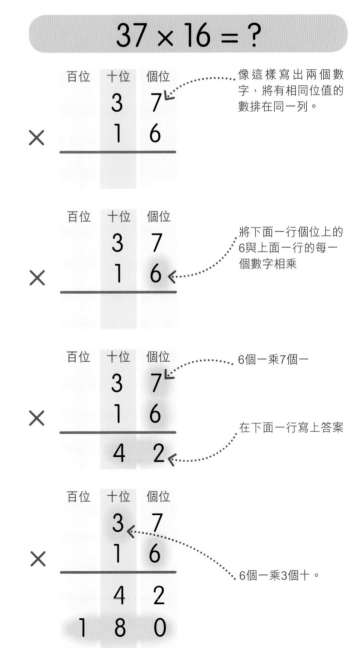

$$37 \times 16 = ?$$

像這樣寫出兩個數字，將有相同位值的數排在同一列。

將下面一行個位上的 6 與上面一行的每一個數字相乘

6個一乘7個一

在下面一行寫上答案

6個一乘3個十。

6 下面我們將十位上的 1 與上面一行的每一個數字相乘，並繼續把答案寫在下面。

	百位	十位	個位
		3	7
×		1	6
		4	2
	1	8	0

將十位上的1與上面一行的每一個數字相乘

7 先將 1 個十乘 7 個一，得到 7 個十，也就是 70。再另起一行，把 7 寫在十位所在的列，把 0 寫在個位所在的列。

	百位	十位	個位
		3	7
×		1	6
		4	2
	1	8	0
		7	0

1個十乘7個一

8 接下來，將 1 個十乘 3 個十，得到 30 個十，也就是 300，因為我們是把 30 和 10 相乘。在新的一行中，把 3 寫在百位所在的列，一個 0 寫在十位所在的列，另一個 0 寫在個位所在的列。

	百位	十位	個位
		3	7
×		1	6
		4	2
	1	8	0
		7	0
	3	0	0

1個十乘3個十

9 現在我們已經把第二行的每一個數字與上面一行的每一個數字相乘了，最後再把四行的得數加在一起：42+180+70+300=592。

10 所以，37×16=592。

把四個得數加在一起

37 × 16 = 592

	百位	十位	個位
		3	7
×		1	6
	1	4	2
	1	8	0
		7	0
+	3	0	0
	5	9	2

1我們把4個十、8個十、7個十和0個十相加，得到19個十，所以往百位所在列進1。

長乘法

現在我們將學習另外一種長乘法（我們在第 118 頁提到過）。它是另外一種計算多位數乘多位數的方法，這種方法可以更快地求出答案。

只要學會了長乘法，您就可以用它來計算任意兩個多位數的乘法了。

1 用長乘法計算 86×43。

86 × 43 = ?

2 像這樣寫出兩個數字，將有相同位值的數字放在同一列。這樣可以方便地標出位值，但實際上並不需要標出。

像這樣寫出兩個數字，將有相同位值的數排在同一列。

3 現在我們將下面一行的每一個數字與上面一行的每一個數字相乘。先用下面一行個位上的 3 與上面一行的每一個數字相乘。

將下面一行個位上的3與上面一行的每一個數字相乘

4 先將 3 個一乘 6 個一，得到 18 個一。在新的一行中，把 8 寫在個位所在列上，18 中的 1 代表 1 個十，所以我們把它進位到十位所在的列，並在下一步計算中將它加到十位上。

3個一乘6個一

1個十進位到十位所在的列

5 接下來，將 3 個一乘 8 個十，得到 24 個十。加上與個位相乘進位的 1 個十，一共是 25 個十，也就是 250。把 2 寫在百位所在的列，並把 5 寫在十位所在的列。

3個一乘8個十

進位的1個十被加到這一列的數字中

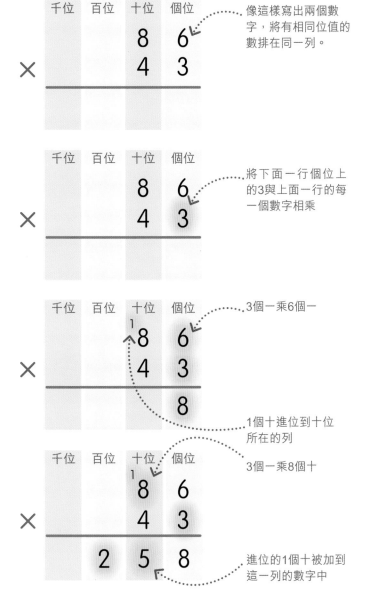

6 下面把十位上的 4 與上面一行的每個數字相乘，並把乘得的結果寫在新的一行中。

千位	百位	十位	個位
		8¹	6
×		4	3
		2	5	8

> 將4個十分別與6個一和8個十相乘

7 當與這個 4 相乘時，實際上是乘 40。所以，先在新的一行中的個位上寫上一個 0 作為佔位符。

千位	百位	十位	個位
		8¹	6
×		4	3
	2	5	8
			0

> 這個4表示4個十或者40

> 在新的一行的個位上寫上一個0

8 現在，把 4 個十乘 6 個一，得到 24 個十。把 4 寫在十位所在的列，把 2 進位到百位所在的列，並在下一步的計算中將它加到百位上。

千位	百位	十位	個位
	2	8¹	6
×		4	3
	2	5	8
		4	0

> 4個十乘6個一

> 2被進位到百位所在列

9 接下來，把 4 個十乘 8 個十，得到 32 個百。加上進位的 2 個百，一共是 34 個百，把 4 寫在百位所在的列，把 3 寫在千位所在的列。

千位	百位	十位	個位
	2	8¹	6
×		4	3
	2	5	8
3	4	4	0

> 4個十乘8個十

> 進位的2個百被加在了這一列的數字中

10 現在，我們已經把下面一行的所有數字與上面一行的所有數字相乘了，最後再把兩行得數加在一起：258+3440=3698。

把答案欄裏的兩行得數相加

千位	百位	十位	個位
	2	8¹	6
×		4	3
	2	5	8
+ 3	4	4	0
3	6	9	8

> 運算的最後一步涉及豎式加法。我們可以在第86~87頁了解豎式加法。

11 所以，86×43=3698。

$$86 \times 43 = 3698$$

更多位數的長乘法

當我們需要用一個兩位數乘以一個多位數時，也可以使用長乘法。
那麼大的數字可能看起來很複雜，但我們所需要做的就是多使用
一些步驟。

---

1 計算 7242×23。

$$7242 \times 23 = ?$$

2 像這樣寫出兩個數字，將有相同位值的數字放在同一列。然後從個位開始，把下面一行的每一個數字與上面一行的每一個數字相乘。

十萬位	萬位	千位	百位	十位	個位
		7	2	4	2
				2	3

將個位上的3與上面一行的每一個數字相乘

3 先將 3 個一乘 2 個一，得到 6 個一。在新的一行中，把 6 寫在個位所在的列。

十萬位	萬位	千位	百位	十位	個位
		7	2	4	2
				2	3
					6

3個一乘2個一

4 接下來，將 3 個一乘 4 個十，得到 12 個十，也就是120。把 2 寫在十位所在列，120 中的 1 代表 1 個百，所以我們將它進位到百位所在的列，並在下一步的計算中將它加到百位上。

十萬位	萬位	千位	百位	十位	個位
		7	¹2	4	2
				2	3
				2	6

1被進位到百位所在列

3個一乘4個十

5 下面把 3 個一乘 2 個百，得到 6 個百。加上十位相乘進位的 1 個百，一共有 7 個百。把 7 寫在百位所在的列。

十萬位	萬位	千位	百位	十位	個位
		7	¹2	4	2
				2	3
		7	2	6	

3個一乘2個百

進位的1被加在這一列的數字中

6 接下來，將 3 個一乘 7 個千，得到 21 個千。把 1 寫在千位所在的列，把 2 寫在萬位所在的列。

十萬位	萬位	千位	百位	十位	個位
		7	¹2	4	2
×				2	3
	2	1	7	2	6

3個一乘7個千

7 現在我們把十位上的 2 與上面一行中的每一個數字相乘，並另起一行寫上得數。當我們乘 2 個十，實際上是乘以 20，也就是 10 的 2 倍。所以，我們先在新的一行的個位上寫上一個 0 作為佔位符。

十萬位	萬位	千位	百位	十位	個位
		7	¹2	4	2
×				2	3
	2	1	7	2	6
					0

這個2表示2個十或者20

在新的一行的個位上寫上一個0

8 接下來，像用 3 乘上面一行中的數字一樣，我們用同樣的方法把 2 個十乘上面一行中的每一個數字。在最下面一行寫上得數 144840。

十萬位	萬位	千位	百位	十位	個位
		7	¹2	4	2
×				2	3
	2	1	7	2	6
1	4	4	8	4	0

2個十乘上面一行的每一個數字

9 現在我們已經把下面一行的所有數字與上面一行的所有數字相乘了，最後再用豎式加法把答案欄裏的兩行得數加在一起：21726+144840=166566。

十萬位	萬位	千位	百位	十位	個位
		7	¹2	4	2
×				2	3
	2	¹1	7	2	6
+	1	4	4	8	4	0
1	6	6	5	6	6

把兩個得數相加

10 所以，7242×23=166566。

$$7242 \times 23 = 166566$$

小數乘法

我們可以用長乘法來進行小數的乘法運算。
小數乘法可能看起來比較複雜，但實際上它
和其他數字的乘法一樣簡單，我們所要做的
就是確保答案線下面的小數點與上面題目中
的小數點要對齊。

做小數乘法運算時，可以先估算一下結果，這樣就能看出最後結果有沒有算錯。

1 計算 6.3×52。

$$6.3 \times 52 = ?$$

2 先把小數寫在整數的上方，不需要按照位值將數字排列。在新的一行中標上小數點，標在題目中小數點的正下方。

我們不需要按照位值將數字排列

$$
\begin{array}{r}
6 \,.\, 3 \\
\times \quad 5 \;\; 2 \\
\hline
. \\
\end{array}
$$

將這個小數點與上面題目中的小數點對齊

3 接下來，我們把下面一行中每一個數字與上面一行中的每一個數字相乘。先用 2 乘上面的所有數字。

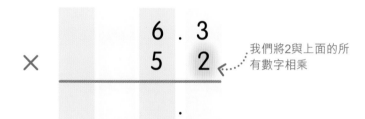

我們將2與上面的所有數字相乘

4 先將 2 乘 3，得到 6。把 6 寫在第一列中。

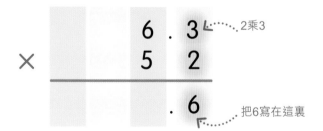

2乘3

把6寫在這裏

5 接下來，將 2 乘 6，得到 12。把 2 寫在緊挨着小數點的左邊一列中，再把 1 寫在 2 的左邊一列。

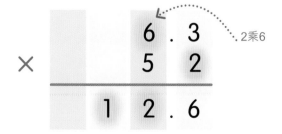

2乘6

6 現在我們再把 5 乘以上面一行的所有數字，並把得數寫在新的一行中。在新的一行中標上小數點，並使之與上面的小數點對齊。

我們將5乘上面一行中的每一個數字

$$\begin{array}{r} 6.3 \\ \times\ 5\ 2 \\ \hline 1\ 2.6 \end{array}$$

在新的一行中標上小數點

7 當我們以這個 5 為乘數時，實際上是乘 50，也就是 5 的 10 倍。所以，我們在新的一行的第一列寫上一個 0 作為佔位符。

這個5表示5個十或者50

$$\begin{array}{r} 6.3 \\ \times\ 5\ 2 \\ \hline 1\ 2.6\ 0 \end{array}$$

在新的一行中寫上一個0作為佔位符

8 下面將 5 乘 3，得到 15。把 5 寫在小數點左邊的一列中，把 1 進位到下一列中，並在下一步計算中加上它。

1被進位到下一列

$$\begin{array}{r} {}^{1}\ 6.3 \\ \times\ 5\ 2 \\ \hline 1\ 2.6 \\ 5.0 \end{array}$$

5乘3

9 接下來，將 5 乘 6，得到 30。再加上前一步中進位到十位的 1，一共是 31。在 5 的左邊一列中寫上 1，在 1 的左邊一列寫上 3。

5乘6

$$\begin{array}{r} {}^{1}\ 6.3 \\ \times\ 5\ 2 \\ \hline 1\ 2.6 \\ 3\ 1\ 5.0 \end{array}$$

進位的1被加在這一列的數字上

10 現在已經把下面一行的所有數字與上面一行的所有數字相乘了，最後再把答案欄中的兩行數字相加：12.6+315.0=327.6。

$$\begin{array}{r} {}^{1}\ 6.3 \\ \times\ 5\ 2 \\ \hline 1\ 2.6 \\ +\ 3\ 1\ 5.0 \\ \hline 3\ 2\ 7.6 \end{array}$$

把答案欄中的兩行數字相加。

11 所以，6.3×52=327.6。

$$6.3 \times 52 = 327.6$$

格子法

正如您所看到的，乘法運算方法有好幾種，下面要講的格子法與長乘法很相似，但是是把數字寫在網格中，而不是寫成一列。我們可以用格子法來計算較大的整數乘法和小數乘法。

格子法適用於整數乘法和小數乘法。

1 用格子法計算 78×64。

$$78 \times 64 = ?$$

2 算式中的數字都是兩位數，所以我們可以畫一個長為兩個單位、寬為兩個單位的格子，沿着格子的邊寫下算式中的數字。

3 在每一個小格子中，從右上方往左下方畫一條對角線。我們將沿着對角線寫上有着相同的位值的數字。

將對角線延長到格子邊的外面

4 接下來，把每一列最上面的數字與每一行末尾的數字相乘。當我們計算 7 乘 6 時，答案是 42。把 4 寫在格子中對角線的上方，2 寫在格子中對角線的下方，這樣就把數字按十位和個位分開了。

把十位上的數字寫在對角線的上方

把個位上的數字寫在對角線的下方

5 繼續將每一列最上面的數字與每一行末尾的數字相乘，直到填滿所有格子。

在每一個格子中寫上乘積

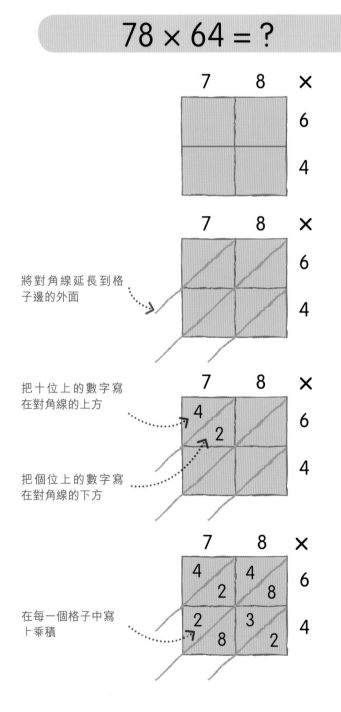

6 從右下角開始，把每條對角線上的數字相加。第一條對角線下只有一個數字 2，所以我們在對角線末端的邊緣寫上一個 2。

在對角線末端的邊緣寫上總數

7 現在將第二條對角線上的數字相加：8+3+8=19。把 9 寫在對角線的末端，把 1 進位到下一條對角線裏，並在下一步計算中把它加上。

進位的1個十寫在這裏

8 繼續把每一條對角線上的數字相加，直到計算到左上角，分別得出的數字是 4、9、9 和 2。所以，答案就是 4992。

從左上往右下讀出答案

9 所以，78×64=4992。

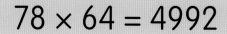

$$78 \times 64 = 4992$$

用格子法進行小數乘法運算

我們也可以用格子法進行小數乘法運算，只需找到小數點在哪裏相遇便可。

1 計算 3.59 乘以 2.8。首先，沿着格子的邊寫下這兩個數字，包括小數點。然後按照上述計算整數乘法同樣的步驟進行計算。

2 接下來，從上面的小數點往下看，從邊上的小數點往左看，找到兩個小數點在格子中相遇的地方。

找到小數點相遇的地方

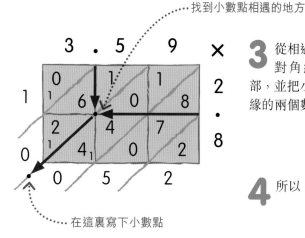

在這裏寫下小數點

3 從相遇的點開始，沿着對角線到達格子的底部，並把小數點寫在格子邊緣的兩個數字之間。

4 所以，3.59 × 2.8=10.052。

除法

除法是把一個數分成幾個相等的部分，或者求出一個數是另一個數的幾倍。除法並不總是能算出精確的數值，有時候會有一些餘數。

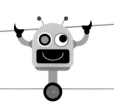

除法就是把某個東西平均分成幾個部分。

除法就是分配

當我們用除法分配某些東西時，比如一些蘋果，就是將它們平均分配。除法算式中的每一部分都有它特定的名字。

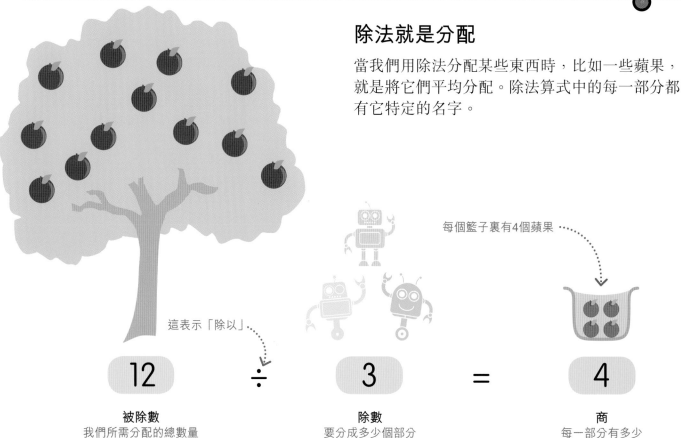

每個籃子裏有4個蘋果

這表示「除以」

| 12 | ÷ | 3 | = | 4 |

被除數
我們所需分配的總數量

除數
要分成多少個部分

商
每一部分有多少

1 3 個機器人採摘這顆樹上的 12 個熟蘋果，每個機器人可以摘幾個？我們需要用除法來計算。

2 如果我們把這 12 個蘋果平均分配給 3 個機器人，每個機器人可以得到 4 個蘋果，所以，12÷3=4。

再多一個蘋果

如果現在一共有 13 個蘋果，而不是 12 個，又會怎麼樣呢？這 3 個機器人仍然每人能摘 4 個蘋果，但現在還有 1 個蘋果剩餘。我們把剩餘的 1 個蘋果叫作餘數，並在它的前面寫上「……」。

| 13 | ÷ | 3 | = | 4……1 |

除法是乘法的逆運算

如果我們知道一個乘法算式，就可以用它寫出一個除法算式，這是因為除法是乘法的逆運算。我們還是以機器人和蘋果為例。

1 3 個機器人要儲藏蘋果，每個機器人提着一籃 4 個蘋果，並把它們倒入倉庫。倉庫裏蘋果的總數是 12，因為 4×3=12。

倉庫裏一共有12個蘋果

3個機器人

一個籃子裝4個蘋果

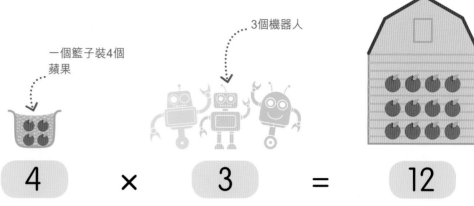

$$4 \quad \times \quad 3 \quad = \quad 12$$

2 儲藏蘋果的乘法運算 (4×3=12) 是分配蘋果的除法運算 (12÷3=4) 的逆運算。3 還是在中間那個位置，但其他兩個數字的位置變了。所以，如果知道一個乘法算式，只需將數字重新排列就能寫出除法算式；反之亦然。

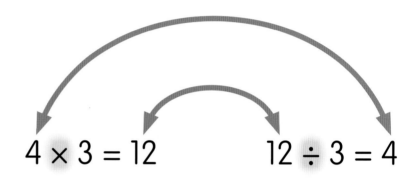

$$4 \times 3 = 12 \qquad 12 \div 3 = 4$$

除法就是重複減法

除法也像是一次又一次地用一個數字減去另一個數字，我們把它稱為「重複減法」。讓我們來看一看當機器人從倉庫中取出蘋果時會發生甚麼。

重複減法是重複加法的逆運算，我們在第99頁已經學習過重複加法。

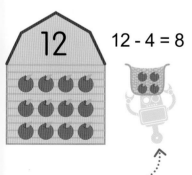

12 - 4 = 8

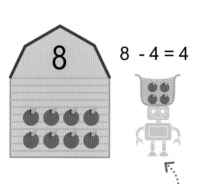

8 - 4 = 4

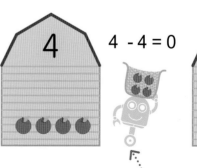

4 - 4 = 0

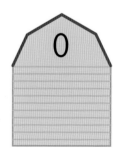

1 第一個機器人從倉庫裏取走它的 4 個蘋果後，倉庫裏還剩 8 個蘋果。

2 第二個機器人從倉庫裏取走它的 4 個蘋果後，倉庫裏還剩 4 個蘋果。

3 第三個機器人取走倉庫裏最後 4 個蘋果。

4 現在倉庫已經空了，這告訴我們：12÷3=4。

使用倍數的除法

我們已經學會了用數軸來進行加法、減法和乘法運算，也可以利用它來求一個數字（除數）的多少倍等於另一個數字（被除數）。如果沿着數軸，以除數的倍數為單位移動，那麼除法將會變得更簡單。

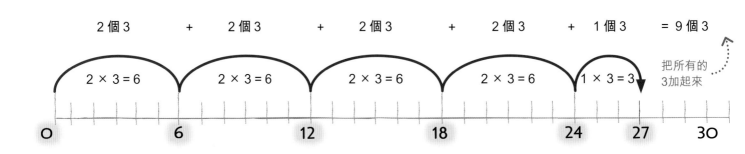

1 計算 27÷3。我們從 0 開始，每次移動兩個 3 格，也就是移動 6 格。

$$27 \div 3 = ?$$

2 移動 4 次到達 24。最後移動 3 格就把我們帶到了 27 所在的位置。一共移動了 9 個 3 格，所以答案就是 9。

$$27 \div 3 = 9$$

3 如果我們每次移動更多格，就可以通過更少的步來求出答案。

甚麼是餘數？

有時候並不能正好移動到我們想要到達的那個數，這種情況下就會留下一個餘數。一起來看一看用數軸計算 44 除以 3 會發生甚麼樣的情況。

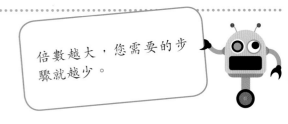

倍數越大，您需要的步驟就越少。

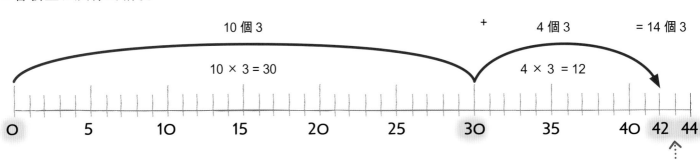

1 先移動一大段，移動 10 個 3 格到達 30，然後再移動 4 個 3 格，就又移動了 12 格。

$$44 \div 3 = ?$$

2 移動 2 次就到達了 42，但是比 44 還少 2 格，所以餘數就是 2。

$$44 \div 3 = 14 \cdots \cdots 2$$

我們無法在不超過目標數字的情況下再增加一個3，所以餘數就是2

除法網格

我們可以把乘法網格（見第 106 頁）當作除法網格使用。網格中間的數字就是被除數—我們所要分配的總數。頂部和旁邊的那些數字分別是除數和商。

1 用除法網格計算 56÷7。

$$56 \div 7 = ?$$

2 先找到算式中的除數，我們可以沿着頂部這一行找到數字 7。

3 接下來，沿着 7 所在的這一列往下找到被除數 56。

4 最後，我們沿着 56 所在的行找到左邊藍色列中的數字 8。8 就是這個除法計算的答案（商）。

×	1	2	3	4	5	6	7	8	9	10	11	12
1	1	2	3	4	5	6	7	8	9	10	11	12
2	2	4	6	8	10	12	14	16	18	20	22	24
3	3	6	9	12	15	18	21	24	27	30	33	36
4	4	8	12	16	20	24	28	32	36	40	44	48
5	5	10	15	20	25	30	35	40	45	50	55	60
6	6	12	18	24	30	36	42	48	54	60	66	72
7	7	14	21	28	35	42	49	56	63	70	77	84
8	8	16	24	32	40	48	56	64	72	80	88	96
9	9	18	27	36	45	54	63	72	81	90	99	108
10	10	20	30	40	50	60	70	80	90	100	110	120
11	11	22	33	44	55	66	77	88	99	110	121	132
12	12	24	36	48	60	72	84	96	108	120	132	144

5 所以，56÷7=8。這是 7×8=56 的逆運算。

$$56 \div 7 = 8$$

可以在上面第一行或者左邊第一列中找到除數。

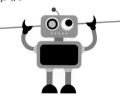

試一試

網格計算

用網格求出右邊除法運算的答案。

答案見第 319 頁

1 8 名獲獎者平分 72 元的獎金，每人能得到多少獎金？

2 一袋彈珠共 54 顆，要平均分給 9 個小朋友，每個小朋友可以得到多少顆彈珠？

除法表

就像我們把乘法算式寫在乘法表中一樣，也可以把除法算式寫在除法表中。除法表與乘法表是相反的，這些表有助您進行除法運算。

1 的除法表
1 ÷ 1 = **1**
2 ÷ 1 = **2**
3 ÷ 1 = **3**
4 ÷ 1 = **4**
5 ÷ 1 = **5**
6 ÷ 1 = **6**
7 ÷ 1 = **7**
8 ÷ 1 = **8**
9 ÷ 1 = **9**
10 ÷ 1 = **10**
11 ÷ 1 = **11**
12 ÷ 1 = **12**

2 的除法表
2 ÷ 2 = **1**
4 ÷ 2 = **2**
6 ÷ 2 = **3**
8 ÷ 2 = **4**
10 ÷ 2 = **5**
12 ÷ 2 = **6**
14 ÷ 2 = **7**
16 ÷ 2 = **8**
18 ÷ 2 = **9**
20 ÷ 2 = **10**
22 ÷ 2 = **11**
24 ÷ 2 = **12**

3 的除法表
3 ÷ 3 = **1**
6 ÷ 3 = **2**
9 ÷ 3 = **3**
12 ÷ 3 = **4**
15 ÷ 3 = **5**
18 ÷ 3 = **6**
21 ÷ 3 = **7**
24 ÷ 3 = **8**
27 ÷ 3 = **9**
30 ÷ 3 = **10**
33 ÷ 3 = **11**
36 ÷ 3 = **12**

4 的除法表
4 ÷ 4 = **1**
8 ÷ 4 = **2**
12 ÷ 4 = **3**
16 ÷ 4 = **4**
20 ÷ 4 = **5**
24 ÷ 4 = **6**
28 ÷ 4 = **7**
32 ÷ 4 = **8**
36 ÷ 4 = **9**
40 ÷ 4 = **10**
44 ÷ 4 = **11**
48 ÷ 4 = **12**

5 的除法表
5 ÷ 5 = **1**
10 ÷ 5 = **2**
15 ÷ 5 = **3**
20 ÷ 5 = **4**
25 ÷ 5 = **5**
30 ÷ 5 = **6**
35 ÷ 5 = **7**
40 ÷ 5 = **8**
45 ÷ 5 = **9**
50 ÷ 5 = **10**
55 ÷ 5 = **11**
60 ÷ 5 = **12**

6 的除法表
6 ÷ 6 = **1**
12 ÷ 6 = **2**
18 ÷ 6 = **3**
24 ÷ 6 = **4**
30 ÷ 6 = **5**
36 ÷ 6 = **6**
42 ÷ 6 = **7**
48 ÷ 6 = **8**
54 ÷ 6 = **9**
60 ÷ 6 = **10**
66 ÷ 6 = **11**
72 ÷ 6 = **12**

答案見第 319 頁

試一試

聚會問題

用除法表求解右邊這些複雜的題目。

假設您為聚會準備了 24 個三文治，在以下情況下每位客人可以分到幾個三文治？

1 2 位客人 　　**2** 3 位客人 　　**3** 4 位客人

4 6 位客人 　　**5** 8 位客人 　　**6** 12 位客人

7 的除法表
$7 \div 7 = 1$
$14 \div 7 = 2$
$21 \div 7 = 3$
$28 \div 7 = 4$
$35 \div 7 = 5$
$42 \div 7 = 6$
$49 \div 7 = 7$
$56 \div 7 = 8$
$63 \div 7 = 9$
$70 \div 7 = 10$
$77 \div 7 = 11$
$84 \div 7 = 12$

8 的除法表
$8 \div 8 = 1$
$16 \div 8 = 2$
$24 \div 8 = 3$
$32 \div 8 = 4$
$40 \div 8 = 5$
$48 \div 8 = 6$
$56 \div 8 = 7$
$64 \div 8 = 8$
$72 \div 8 = 9$
$80 \div 8 = 10$
$88 \div 8 = 11$
$96 \div 8 = 12$

9 的除法表
$9 \div 9 = 1$
$18 \div 9 = 2$
$27 \div 9 = 3$
$36 \div 9 = 4$
$45 \div 9 = 5$
$54 \div 9 = 6$
$63 \div 9 = 7$
$72 \div 9 = 8$
$81 \div 9 = 9$
$90 \div 9 = 10$
$99 \div 9 = 11$
$108 \div 9 = 12$

10 的除法表
$10 \div 10 = 1$
$20 \div 10 = 2$
$30 \div 10 = 3$
$40 \div 10 = 4$
$50 \div 10 = 5$
$60 \div 10 = 6$
$70 \div 10 = 7$
$80 \div 10 = 8$
$90 \div 10 = 9$
$100 \div 10 = 10$
$110 \div 10 = 11$
$120 \div 10 = 12$

11 的除法表
$11 \div 11 = 1$
$22 \div 11 = 2$
$33 \div 11 = 3$
$44 \div 11 = 4$
$55 \div 11 = 5$
$66 \div 11 = 6$
$77 \div 11 = 7$
$88 \div 11 = 8$
$99 \div 11 = 9$
$110 \div 11 = 10$
$121 \div 11 = 11$
$132 \div 11 = 12$

12 的除法表
$12 \div 12 = 1$
$24 \div 12 = 2$
$36 \div 12 = 3$
$48 \div 12 = 4$
$60 \div 12 = 5$
$72 \div 12 = 6$
$84 \div 12 = 7$
$96 \div 12 = 8$
$108 \div 12 = 9$
$120 \div 12 = 10$
$132 \div 12 = 11$
$144 \div 12 = 12$

使用因數對的除法

您一定還記得，兩個數相乘得到第三個數，那麼這兩個數就是一組因數對（見第 28 頁和第 101 頁）。與乘法一樣，因數對也適用於除法。

12 的因數對

這是乘數

$$1 \times 12 = 12$$

$$2 \times 6 = 12$$

$$3 \times 4 = 12$$

$$4 \times 3 = 12$$

$$6 \times 2 = 12$$

$$12 \times 1 = 12$$

12 的除法

每組因數對中的乘數現在就是除數

$$12 \div 12 = 1$$

$$12 \div 6 = 2$$

$$12 \div 4 = 3$$

$$12 \div 3 = 4$$

$$12 \div 2 = 6$$

$$12 \div 1 = 12$$

1 以上這些是 12 的所有因數對。每個乘法算式倒過來就是 12 的除法算式，因數對中的乘數就變成了除法算式中的除數。

2 如果我們用 12 除以因數對中的一個數字，那麼答案將會是因數對中的另一個數字。例如，12÷3 一定等於 4，因為 3 和 4 是 12 的一組因數對。

因數對與 10 的倍數

當您用 10 的倍數作除數時，也可以使用因數對。唯一的不同就是零，除零外的其他所有數字都可以使用因數對。以下是一些例題。

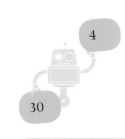
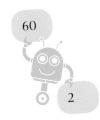

$$120 \div 30 = ?$$

$$120 \div 30 = 4$$

$$120 \div 60 = ?$$

$$120 \div 60 = 2$$

$$150 \div 50 = ?$$

$$150 \div 50 = 3$$

1 讓我們看一下 120÷30，答案是 4。3 和 4 是 12 的因數對，所以 30 和 4 一定是 120 的因數對。

2 那麼 120÷60 呢？因為 6 和 2 是 12 的因數對，60 和 2 就一定是 120 的因數對，所以答案就是 2。

3 這也適用於 10 的其他倍數。例如，5 和 3 是 15 的因數對，因為 5×3＝15。所以 150÷50 的答案一定是 3。

整除性檢驗

通過簡單的計算或是對數字的觀察就可以知道這個數字是否可以
整除（沒有餘數）。下表中的檢驗方法有助您進行除法運算。

被某個數字整除	假 設	舉 例
2	如果末位數是偶數	8、12、56、134、5000都可以被2整除。
3	如果一個數的各個數位上的數字之和可以被3整除。	18 1 + 8 = 9 (9 ÷ 3 = 3)
4	如果一個數的末兩位數字組成的數可以被4整除	732 32 ÷ 4 = 8（用32除以4沒有餘數，那麼732可以被4整除。）
5	如果末位數字是0或5	10、25、90、835、1260都可以被5整除。
6	如果一個數是偶數，並且各個數位上的數字之和可以被3整除。	3426 3 + 4 + 2 + 6 = 15 (15 ÷ 3 = 5)
8	如果一個數的末三位數字組成的數可以被8整除	75160 160 ÷ 8 = 20（用160除以8沒有餘數，那麼75160可以被8整除。）
9	如果一個數的各個數位上的數字之和可以被9整除	6831 6 + 8 + 3 + 1 = 18 (18 ÷ 9 = 2)
10	如果一個數的末位數字是0	10、30、150、490、10000 都可以被10整除。
12	如果一個數既可以被3整除，又可以被4整除。	156 156÷3=52並且156÷4=39（因為156既可以被3整除，又可以被4整除，所以它也可以被12整除）。

以 10、100、1000 為除數的除法

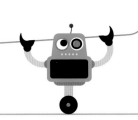

一個數除以10、100 或1000，只需改變 這個數中各個數字 的位值。

以 10 為除數的除法很簡單：只需要把這個數在位值網格中的所有數字向右移一個單位。如果是除以 100 或是 1000，就可以把數字向右多移幾個單位。

1 除以 10
要測試這種方法行不行，我們試一試 6452 除以 10。一個數除以 10，每一個數字就縮小到原來的十分之一。為了表示縮小到十分之一，我們把每一個數字向右移一個單位，這就告訴我們 6452÷10=645.2。

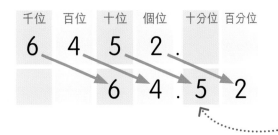

每個數字向右移 一個單位

2 除以 100
現在試一試計算 6452 除以 100。一個數除以 100，每一個數字縮小到原來的百分之一。為了表示縮小到百分之一，我們把每一個數字向右移兩個單位。所以，6452÷100=64.52。

每個數字向右移 兩個單位

3 除以 1000
最後，用 6452 除以 1000。一個數除以 1000，每一個數字縮小到原來的千分之一。為了表示縮小到千分之一，我們把每一個數字向右移三個單位，這就意味着 6452÷1000=6.452。

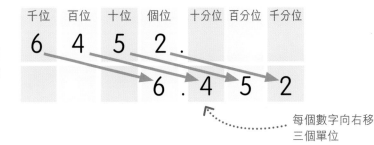

每個數字向右移 三個單位

試一試

工廠工作

您能用「向右移」這種方法求出右邊問題的答案嗎？

答案見第 319 頁

1 一個工廠老闆將 182.540 元平均分給 1000 名工人，每一名工人能得到多少錢？

2 這個工廠今年生產了 455.700 輛汽車，這是 50 年前一年生產汽車數量的 100 倍，計算 50 年前一年能生產多少輛汽車？

以 10 的倍數為除數的除法

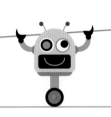

在這種除法中要拆分 10 的倍數，可以把這個數拆成一個10和另一個因數。

如果除數（您所要除以的那個數）是 10 的倍數，您可以把這個除法運算拆成簡單的兩步。例如，您先除以 10，然後再除以 5，而不是直接除以 50。

1 這個算式是要計算 6900 中有多少個 30。雖然被除數是一個比較大的數字，但是它並不像看起來的那麼難。

$$6900 \div 30 = ?$$

2 因為 30 是 10 的倍數，所以我們可以將這個除法運算分成兩步：先除以 10，再除以 3，這比直接除以 30 要更加容易。

$$6900 \div 10 \div 3$$
步驟一 　 步驟二

3 我們先用 6900 除以 10。如果需要，可以翻到第 136 頁（上一頁），看看除以 10 是如何計算的。答案是 690。

$$6900 \div 10 = 690$$

4 接下來，用 690 除以 3，答案是 230。

$$690 \div 3 = 230$$

5 所以，6900÷30=230。

$$6900 \div 30 = 230$$

試一試

令人難以置信的倍數

右邊題目中的除數都是 10 的倍數，先拆分 10 的倍數，然後求出答案。

答案見第 319 頁

1 一班 20 個學生需要為學校手工藝品展覽會打廣告，共需要發 860 張傳單。如果他們平分任務，那麼每個學生應該發多少張傳單？

2 學生們製作了一些珠子手鏈在集市上售賣，每一條手鏈上有 40 顆珠子。他們用 1800 顆珠子可以做成多少條手鏈？

分塊除法

當被除數是一個多位數時，最好把這個數字拆分成易於計算的
更小的數字。

如何拆分？

分塊除法的第一步就是把我們要除的總數（被除數）拆分成兩個更小的
數字，通常是把被除數拆分成一個 10 的倍數和另一個數字。然後我們
用這兩個數字除以我們要除以的數（除數）。最後，把兩個得數（商）相
加得到最終答案。

把147分成容易
除的數字

1 用分塊除法計算 147÷7。

$$147 \div 7 = ?$$

147

2 我們將 147 拆分成 140 和 7。

140　　　　7

分別用這兩部分除

3 先用 140÷7，我們從 7 的乘法
表中可以得知 7×10=70，那麼
7×20=140。這就告訴我們 140÷7=20。

$$140 \div 7 = 20$$

4 現在用 7÷7，那就很容易了！答
案就是 1。

$$7 \div 7 = 1$$

5 最後我們把兩個除法的得數
相加：20+1=21。

$$20 + 1 = 21$$

把這兩個商相加得到
所求的答案

6 所以，147÷7=21。

$$147 \div 7 = 21$$

有餘數的分塊除法

用分塊除法有時也會有餘數，這種情況下分塊除法仍然有效 —— 只需要在將答案（或是商）相加時，把餘數也包括進去。

1 假設 291 天之後您將去度假，您想知道還要等多少個星期才能到這個假期。因為每個星期有 7 天，所以您需要計算 291 除以 7，來求出還需要等多少個星期。

2 從 7 的乘法表中可知 7×4=28，所以我們知道 7×40=280，這非常接近但還沒有超過被除數（291），所以我們就把 291 拆分成 280 和 11。

3 我們知道 7×40=280，那麼也能得知 280÷7=40。

4 接下來用 11÷7，答案是 1 餘 4。

5 包括餘數一起，把商都加起來，得到最終的答案是 41 餘 4。

6 所以，291÷7=41……4。

7 記住，我們是在計算多少個星期，所以我們也可以把答案寫成 41 個星期多 4 天。

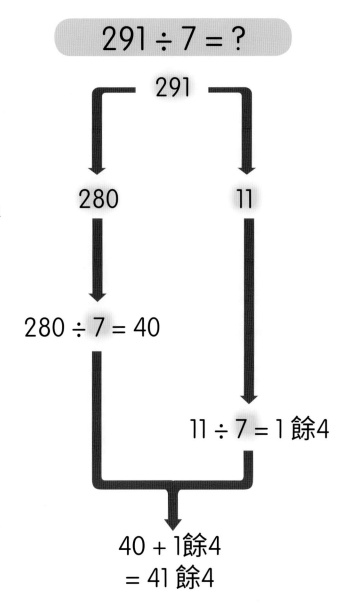

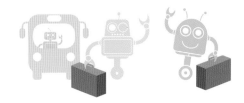

擴展短除法

當我們所要除以的數（除數）只有一位數時，可以採用短除法。要使運算更加容易，我們可以用擴展短除法。使用這種方法時，我們減去除數的倍數，或者除數的一部分。

1 試一試用擴展短除法計算 156÷7。

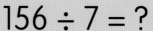

$$156 \div 7 = ?$$

2 先寫下要除的數（被除數），在這個題目中是 156。我們在它的外面畫一個豎式除號（就像倒 "L"），然後把除數 7 寫在豎式除號的外面，156 的左邊。

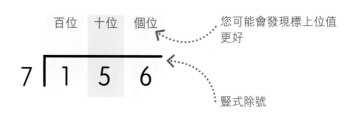

您可能會發現標上位值更好

豎式除號

3 現在我們準備開始計算。擴展豎式除法就像是重複減法，但是每次不是重複減去 7，而是減去更大的數字。首先，我們可以減去 70，也就是 10 個 7。從 156 裏減去 70 之後，剩下 86。

我們寫下減去了幾個 7

畫一條線，寫下剩餘的數，並確保數字的位值對齊。

4 還剩 86，我們可以從中再減去一個 70，剩下 16。現在我們已經從 156 中減去了 20 個 7。

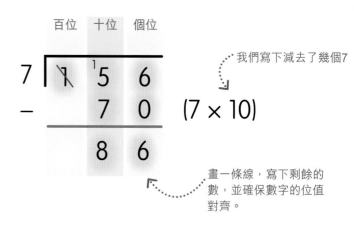

我們可以在第129頁中看到擴展短除法中用到的重複減法。

86 - 70 = 16

記下另外的10個7

5 現在，原來的被除數 156 裏只剩下 16 了，這個數字太小，不能繼續減去 70，所以我們需要求出從 16 裏最多還能減去幾個 7，答案當然是 2，因為 7×2=14。

```
     百位  十位  個位
  7 │  1    5    6
  –        7    0    (7 × 10)
  ───────────────
           8    6
  –        7    0    (7 × 10)
  ───────────────
           1    6
  –        1    4    (7 × 2)
  ───────────────
                2
```

繼續寫下減去了幾個7

這就是餘數

6 接下來，我們從 16 裏減去 14，那就還剩 2。不能用 2 再去減 7 的倍數，所以我們的減法到此結束，剩下的 2 就是餘數。

7 最後一步是算出我們一共減去了多少個 7。這就是為甚麼我們要一邊計算，一邊在一旁記下減去了多少個 7 的原因所在。10+10+2=22，所以一共是減去了 22 個 7。把 22 寫在豎式除號的上方，然後把「餘 2」寫在它的旁邊，表示 7 不能整除 156。

把一共多少個7寫在這裏

```
     百位  十位  個位
           2    2   餘2
  7 │  1    5    6
  –        7    0    (7 × 10)
  ───────────────
           8    6
  –        7    0    (7 × 10)
  ───────────────
           1    6
  –        1    4    (7 × 2)
  ───────────────
                2        22
```

計算一共減去了多少個7？

8 所以，156÷7=22……2。

156 ÷ 7 = 22……2

試一試

技能拓展

試一試用擴展短除法進行右邊的除法運算。

答案見第 319 頁

1 196 ÷ 6 = ?

（提示：首先減去 30 個 6。）

2 234 ÷ 5 = ?

每次減去的數字越大，要做的減法便越少。

短除法

短除法是當除數是一位數時的另外一種筆算除法。與擴展
短除法相比（見第 140~141 頁），您需要做的是更多地在
頭腦裏計算，而要寫下來的會少一些。

---

1 用短除法計算 156÷7。

$$156 \div 7 = ?$$

2 像這樣寫下算式。

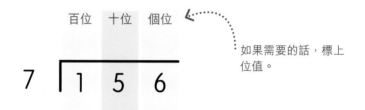

如果需要的話，標上
位值。

3 現在從被除數 156 的個位數字 1
開始，用每一個數字去除以 7。

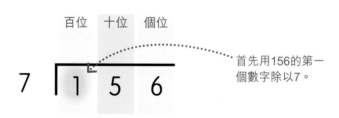

首先用156的第一
個數字除以7。

4 因為 1 不能除以 7，所以在豎式除號上
面 1 的上方，甚麼都不用寫。我們把這
個 1 放到十位這一列，放到十位的 1 代表 1 個
百，也就是 10 個十。

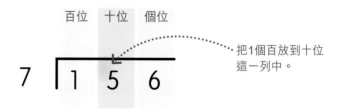

把1個百放到十位
這一列中。

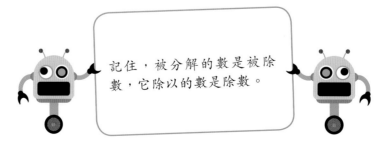

記住，被分解的數是被除
數，它除以的數是除數。

5 因為我們把百位的 1 移到了十位，接下來就不是用 5÷7，而是用 15÷7。我們知道 7×2=14，所以 15 裏有 2 個 7 還多一個 1。把 2 寫在豎式除號上面的十位上，並把餘下的 1 放到個位，這個 1 代表 1 個十，或者 10 個一。

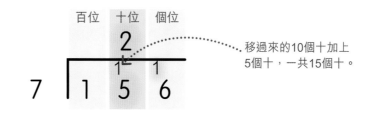

百位　十位　個位

移過來的10個十加上 5個十，一共15個十。

6 現在看個位這一列，由於我們把十位的 1 移過來了，所以用 16÷7。16 裏面有 2 個 7，還多一個 2，在豎式除號上方的個位上寫上 2，並把餘下的 2 寫在它的旁邊。

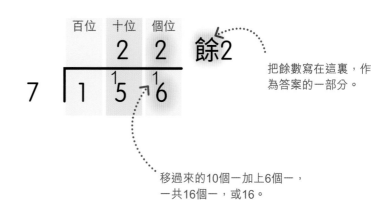

百位　十位　個位

餘2

把餘數寫在這裏，作為答案的一部分。

移過來的10個一加上6個一，一共16個一，或16。

7 所以，156÷7=22……2。

$$156 \div 7 = 22\cdots\cdots 2$$

試一試

能力測試

格羅布一直忙於將螺絲釘按不同顏色分類，現在她需要把每一種顏色的螺絲釘分成幾組以備使用。您能用短除法幫助她算出每一種顏色的螺絲釘可以分成幾組嗎？

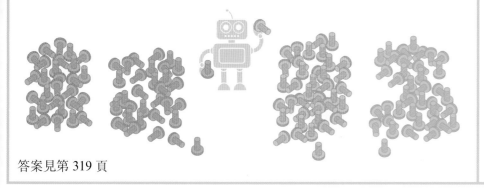

答案見第 319 頁

1 有 279 顆粉色的螺絲釘，格羅布需要把它們分成每組 9 顆。

2 有 286 顆藍色的螺絲釘，格羅布需要把它們分成每組 4 顆。

3 有 584 顆黃色的螺絲釘，格羅布需要把它們分成每組 6 顆。

4 有 193 顆綠色的螺絲釘，格羅布需要把它們分成每組 7 顆。

擴展長除法

當我們要除以的數（除數）是多位數時，需要用到長除法。下面我們將學習的是擴展長除法，它是長除法（見第 146~147 頁）的一種。

1 我們將以 4728÷34 為例，來講解甚麼是擴展長除法。

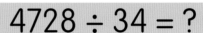

4728 ÷ 34 = ?

2 在計算之前，我們寫下想要除的總數，即被除數，也就是 4728。然後在它的外面畫一個豎式除號，把除數 34 寫在豎式除號的外面，4728 的左邊。

千位	百位	十位	個位

34 ⟌ 4 7 2 8

您可能會發現標上位值更好

3 現在我們開始進行計算。就像在擴展短除法中所做的一樣，我們將每次減去這個數字中的一大部分。最容易找到的一大部分就是減去 100 個 34，也就是 3400。從 4728 中減去 3400，還剩 1328。我們把減去的 34 的個數寫在右邊。

千位	百位	十位	個位

```
        千位 百位 十位 個位
34 ⟌    4   7   2   8
    −   3   4   0   0    (34 × 100)
        1   3   2   8
```

寫下減去了多少個34

畫一條線，寫下剩餘的數，並確保數字的位值對齊

4 無法從 1328 中再減去一個 3400，所以我們減去一個較小的數字。50 個 34 是 1700，40 個 34 是 1360。這兩個數都比 1328 要大，30 個 34 是多少呢？是 1020，所以從 1328 裏減去 1020，還剩 308。

```
        千位 百位 十位 個位
34 ⟌    4   7   2   8
    −   3   4   0   0    (34 × 100)
        1   3   2   8
    −   1   0   2   0    (34 × 30)
            3   0   8
```

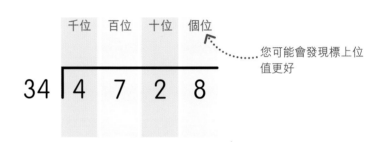

1328 - 1020 = 308

記下又減去了30個34

5 原來的被除數 4728 裏就只剩下 308 了，已經不夠減 10 個 34，也就是 340 了。但是可以減去 9 個 34，也就是 306。

千位	百位	十位	個位

繼續記下減去的34的數量

$$34 \overline{)\begin{array}{cccc} 4 & 7 & 2 & 8 \end{array}}$$

$$-\ 3\ 4\ 0\ 0 \quad (34 \times 100)$$

$$1\ 3\ 2\ 8$$

6 從 308 裏減去 306，還剩 2。不能再繼續減 34 的倍數了，所以我們的減法到此結束，剩下的 2 就是餘數。

$$-\ 1\ 0\ 2\ 0 \quad (34 \times 30)$$

$$3\ 0\ 8$$

$$-\ 3\ 0\ 6 \quad (34 \times 9)$$

還有一個2剩餘

$$2$$

7 最後，計算一共減去了多少個 34。我們一邊計算一邊在旁邊做了記錄，100+30+9=139，所以，一共是減去了 139 個 34。把 139 寫在豎式除號上方，然後把「餘 2」寫在它旁邊，表示 4728 裏有 139 個 34，還有一個餘數 2。

千位	百位	十位	個位

把一共多少個34寫在這裏

$$\begin{array}{cccc} & 1 & 3 & 9 \end{array} \quad 餘2$$

$$34 \overline{)\begin{array}{cccc} 4 & 7 & 2 & 8 \end{array}}$$

$$-\ 3\ 4\ 0\ 0 \quad (34 \times 100)$$

$$1\ 3\ 2\ 8$$

$$-\ 1\ 0\ 2\ 0 \quad (34 \times 30)$$

$$3\ 0\ 8$$

$$-\ 3\ 0\ 6 \quad (34 \times 9)+$$

$$2 \qquad 139$$

計算一共減去了多少個34

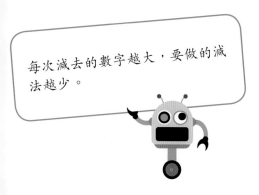

每次減去的數字越大，要做的減法越少。

8 所以，4728÷34=139……2。

$$4728 \div 34 = 139\cdots\cdots2$$

試一試

賣魚問題

一個漁夫捕了 6495 條魚，他把這些魚賣給 43 家魚店，每家魚店他都賣相同數量的魚，剩下的魚給他的貓吃。

1 您能用擴展長除法算出每家魚店能買到多少條魚嗎？

2 會留給貓多少條魚？

答案見第 319 頁

長除法

在擴展長除法中（見第 144~145 頁），我們通過減去除數的倍數來進行除法運算。長除法是與之不同的一種方法，在長除法中，我們依次用被分解的數字（被除數）中的每一個數字除以除數。

---

1 我們將以 4728÷34 為例，來講解甚麼是長除法。

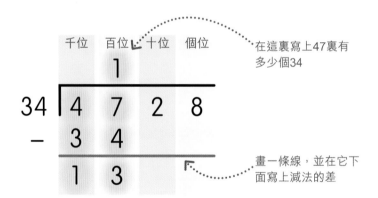

$$4728 \div 34 = ?$$

2 首先寫下我們想要分解的數字，也就是 4728，然後在它的外面畫一個豎式除號。把除數 34 寫在豎式除號的外面，4728 的左邊。

您可能會發現標上位值更好

3 現在我們嘗試用被除數的第一個數字除以 34。4 不能除以 34，所以我們看到下一個數字，並用 47 除以 34，答案是 1，把 1 寫在豎式除號上面，7 的上方。在 47 的下面寫上 34，用 47 減去 34 得到餘數 13，把餘數寫在下面。

在這裏寫上47裏有多少個34

畫一條線，並在它下面寫上減法的差

4 接下來把被除數的下一個數字移下來，寫到我們剛剛寫的 13 的旁邊，把 13 變成 132。

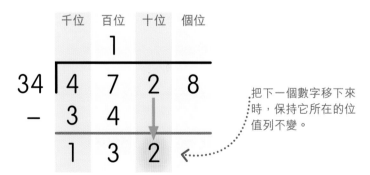

把下一個數字移下來時，保持它所在的位值列不變。

長除法運算遵循以下方法：除，減，移下來。

5 然後用 132÷34。我們把 34 拆成整十和個位數（30 和 4），可以使計算更容易。我們知道 30×3=90，4×3=12，所以 3×34=102。把 3 寫在豎式除號上面，2 的上方，把 102 寫在 132 的下面。用 132 減去 102 求出餘數，餘數是 30。

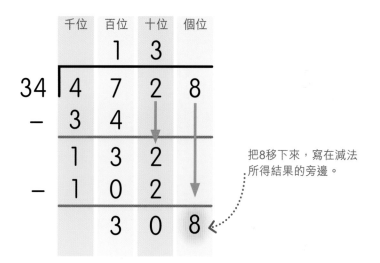

在這裏寫下132裏有多少個34

從132裏減去102

把減法的答案寫在下面

6 再一次，將被除數的下一個數字移下來，寫到我們剛剛寫的 30 的旁邊，把 30 變成 308。

把8移下來，寫在減法所得結果的旁邊。

7 然後用 308 除以 34。我們知道 3×9=27，所以 30×9=270。我們也知道 9×4=36，270+36=306。所以，9×34=306。把 9 寫在豎式除號上面，8 的上方，這代表 9×34。把 306 寫在 308 的下面，然後用 308 減去 306，得到餘數是 2。把餘數寫在豎式除號上答案的旁邊。

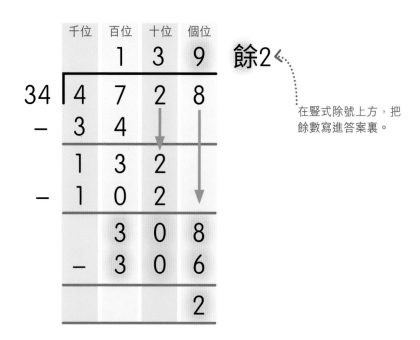

餘2

在豎式除號上方，把餘數寫進答案裏。

8 所以，4728÷34=139……2。

$$4728 \div 34 = 139\cdots\cdots2$$

餘數的轉化

我們可以把除法運算中的餘數轉換成小數或者分數。

> 當您把答案寫在豎式除號上方時，要將小數點與豎式除號下面的小數點對齊。

把餘數轉化成小數

如果除法運算的答案有餘數，我們可以在被除數後加一個小數點並繼續計算，從而把餘數轉化成小數。

1 我們用擴展短除法計算 75÷6，並把餘數轉化成小數。

2 我們像這樣寫下算式。

3 先用被除數中的第一個數字 7 除以 6。因為 7 裏面只有 1 個 6，在豎式除號上面、7 的上方寫上 1，並在 7 的下面寫上 6，然後用 7 減去 6，得到餘數 1。

4 然後我們把被除數中的下一個數字 5 移下來，把它寫在算式下面 1 的旁邊。計算 15÷6，我們知道 6×2=12，所以把 2 寫在豎式除號上方的個位上。把 12 寫在 15 的下面，並用 15 減去 12，得到 3，餘數就是 3。

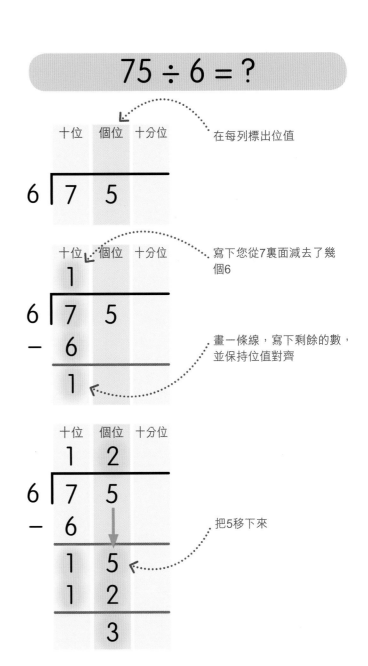

$$75 \div 6 = ?$$

在每列標出位值

寫下您從7裏面減去了幾個6

畫一條線，寫下剩餘的數，並保持位值對齊

把5移下來

5 要把餘數 3 轉化成小數，需要繼續計算。在被除數的後面標上一個小數點，並在小數點後添一個 0。在豎式除號的上方再添一個小數點，並保證十分位就在小數點的右邊。把被除數中新添的 0 移到下面 3 的旁邊，然後用 30÷6。我們知道 6×5=30，所以答案就是 5。把 5 寫在豎式除號上的十分位上。

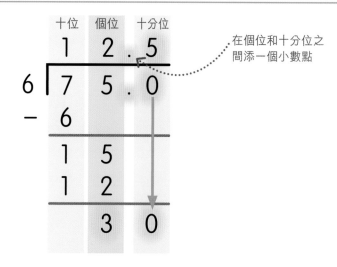

在個位和十分位之間添一個小數點

6 因為沒有餘數了，所以可以在這裏結束計算。所以，75÷6=12.5。

$$75 \div 6 = 12.5$$

把餘數轉化成分數

把餘數轉化成分數很簡單。首先，我們進行除法運算，為了把餘數轉化成分數，只需把餘數作為分數的分子，把除數作為分數的分母。

分子是分數中上面的那個數，分母是下面那個數。

1 在這裏，用擴展短除法計算 20 除以 8，答案是 2 餘 4。

用餘數作為分數的分子

用除數作為分數的分母

2 所以，餘數就是 $\frac{4}{8}$。我們知道 $\frac{4}{8}$ 等於 $\frac{2}{4}$，等於 $\frac{1}{2}$，所以我們可以用分數 $\frac{1}{2}$ 代替餘數。

$$餘4 = \frac{4}{8} = \frac{2}{4} = \frac{1}{2}$$

3 所以，20÷8=2$\frac{1}{2}$。我們可以確定這個餘數是正確的，因為我們知道 8 的二分之一是 4，所以餘數 4 可以寫成 $\frac{1}{2}$。

$$20 \div 8 = 2\frac{1}{2}$$

小數除法

如果您學會了整數除法以及 10 的倍數的乘法（見第 100~101 頁），那麼以小數為被除數或者除數的除法就很簡單了。

除以一個小數

當除數（要除以的那個數）是一個小數時，首先將它乘 10 的倍數，化成一個整數。您也要將被除數（被分解的那個數）同樣乘 10 的倍數，然後進行除法運算，並且所得的結果與您乘 10 的倍數之前的運算結果是一樣的。

將被除數和除數同時乘10，直到把算式中的小數化為整數。

1 計算 536÷0.8。

$$536 \div 0.8 = ?$$

2 先將除數和被除數都乘 10，那麼 536 就變成了 5360，0.8 就變成了 8。

$$536 \times 10 = 5360$$

$$0.8 \times 10 = 8$$

3 接下來計算 5360 除以 8。通過計算可以得到 5360÷8=670。

千位	百位	十位	個位
	6	7	0

```
       6  7  0
8 │ 5  3  6  0
  - 4  8
       5  6
```

您將需要為這個計算標四個位值列

4 所以，536÷0.8 與 5360÷8 的答案都是 670。

$$536 \div 0.8 = 670 \text{ 並且 } 5360 \div 8 = 670$$

小數除以一個數

如果被除數（被分解的數）是一個小數，可以簡單地按照沒有小數點的
情況進行計算，只要確保答案中的小數點寫在正確的位置 —— 被除數
中小數點的正上方。

1 計算 1.24÷4。

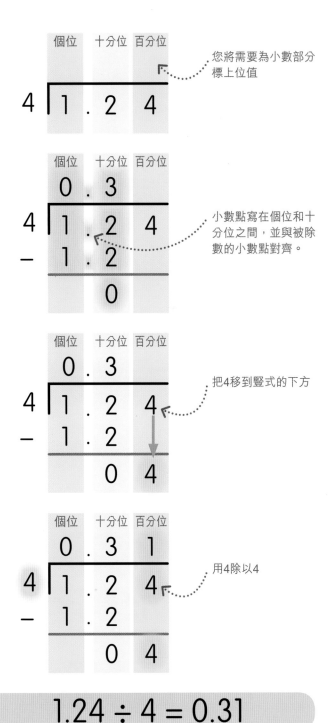

1.24 ÷ 4 = ?

2 因為除數（我們所要除以的數）比被除數大，所以知道答案
一定會小於 1。寫出除法豎式，然後開始計算。

您將需要為小數部分
標上位值

3 因為 1 不夠除以 4，在豎式除號上面、1 的上方寫一個 0，
然後緊接着在右邊標上一個小數點。現在我們看被除數的
下一個數字，並用 12÷4。我們知道 4×3=12, 所以在豎式除號上
面、小數點的後面、2 的上方寫上 3。把 1.2 寫在被除數 1.2 的
下面，相減等於 0。

小數點寫在個位和十
分位之間，並與被除
數的小數點對齊。

4 下面把被除數中最後一個數字 4 移下來，寫在
豎式下面 0 的旁邊。

把4移到豎式的下方

5 接下來，用 4÷4，答案是 1。把 1 寫在豎式除號
上的百分位上，也就是 4 的上方。因為沒有餘數，
所以計算到這一步就結束了。

用4除以4

6 所以，1.24÷4=0.31。

1.24 ÷ 4 = 0.31

運算順序

有一些計算比只有兩個數字的運算要複雜，有時候一道計算題裏
包含了幾種運算，知道其中的運算順序顯得尤為重要，只有這樣
才能計算出正確的答案。

先乘方再乘除後加減

在計算時，我們可以記住這樣一個口訣：在混合運算中，先算乘方（或開方），再算
乘除，後算加減，有括號先算括號裏的部分。即使算式不是按這種順序寫的，我們
也應該按這樣的順序進行運算。

$$4 \times \mathbf{(2 + 3)} = 20$$

1　括號

看到這個算式，其中有兩個數字在一個括號裏。括
號告訴我們必須先算括號裏的這一部分。所以，我們首
先必須求出 2+3 的和，然後將 4 與所得的和相乘，求出
最終答案。

$$5 + 2 \times \mathbf{3^2} = 23$$

2　乘方（或開方）

相同因數的乘法被稱為「乘方」，反之稱為「開方」，
我們可以在第 44~47 頁看到這樣的數字。在完成括號裏
的運算之後，就可以進行乘方或開方運算了。在這個題
目中，我們先求出 3^2=9，然後計算 2×9=18，最後再加
上 5 等於 23。

$$6 + \mathbf{4 \div 2} = 8$$

3　除法

接下來再算除法和乘法。在上面這個例題中，即使
除法是寫在加法之後，我們也要先算除法。所以，先求
4÷2=2，然後再算 6+2=8。

$$\mathbf{8 \div 2} \times 3 = 12$$

4　乘法

除法和乘法是同級運算，所以可以從左到右依次
運算。在上面這個例題中，我們先算除法，再算乘法：
8÷2×3=4×3=12。

$$9 \div 3 \mathbf{+ 12} = 15$$

5　加法

最後計算加法和減法。在上面這個例題中，我們知
道在算加法前要先算除法，所以，9÷3+12=3+12=15。

$$\mathbf{10 - 3} + 4 = 11$$

6　減法

像乘法和除法一樣，加法和減法也是同級運算，所
以也是從左到右依次運算。在上面這個例題中，我們先
算減法再算加法：10-3+4=7+4=11。

運算順序口訣的應用

如果您記住了運算順序的口訣，即使看起來
很複雜的計算，做起來也會很簡單。

1 讓我們計算這個複雜的算式。

$$17 - (4 + 6) \div 2 + 36 = ?$$

2 我們知道，首先應該計算括號裏的部分，所以我們
計算 4+6=10。現在，可以把算式寫成這樣：17-
10÷2+36。

$$17 - 10 \div 2 + 36 = ?$$

3 這個算式裏面沒有乘方，所以我們接下來算除法：
10÷2=5。現在可以把算式寫成這樣：17-5+36。

$$17 - 5 + 36 = ?$$

4 現在，我們可以從左到右依次進行加減法運算。
17-5=12，最後，12+36=48。

$$12 + 36 = 48$$

5 所以，17- (4+6) ÷2+36=48。

$$17 - (4 + 6) \div 2 + 36 = 48$$

試一試

按順序計算

現在輪到您啦！按運算
順序計算，看您能否計
算得出正確答案。

1 $12 + 16 \div 4 + (3 \times 7) = ?$

2 $4^2 - 5 - (12 \div 4) + 9 = ?$

3 $6 \times 9 + 13 - 22 \div 11 = ?$

答案見第 319 頁

運算順序口訣：先乘方，
再乘除，後加減，有括號
先算括號裏的部分。

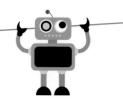

算術法則

記住算術法則中的三個基本法則將有助於計算，特別是
對於一個算式中有多種運算的計算，這些法則非常有用。

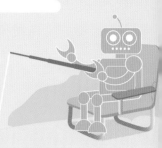

交換律

當兩個數字相加或者相乘時，無論按甚
麼順序寫下這兩個數字，答案都是一樣
的，這就是交換律。

1 加法

　看看右邊這些魚，5 加上 6 一共是 11 條
魚，把 6 加上 5 也是一共 11 條魚。我們可以
按任意順序計算加法，得到相同的答案。

$$5 + 6 = 11$$

$$6 + 5 = 11$$

2羣魚，每羣魚有3
條，也就是3×2。

3羣魚，每羣魚有2
條，也就是2×3。

2 乘法
　這裏有 2 羣魚，每羣魚有 3 條，一共是 6
條魚。如果這裏有 3 羣魚，每羣魚有 2 條，同樣
也是一共 6 條魚。無論按甚麼順序計算，乘積都
是一樣的。

$$3 \times 2 = 6$$

$$2 \times 3 = 6$$

結合律

當三個或三個以上的數
字相加或者相乘時，數字
的結合方式並不會影響
最後的結果，這就是結
合律。

1 加法
　結合律有助於進行複雜數字的加法運算，
如 136+47。

$$136 + 47$$

2　我們可以把 47 拆成 40+7。我們通過求解
這個算式，可以得到答案 183。

$$136 + (40 + 7) = 183$$

3　通過增加一個括號，可以使計算更加簡
便。首先把 136 加上 40，然後再加上 7，
最終得到 183。

$$(136 + 40) + 7 = 183$$

分配律

一個數乘以幾個數的和與這個數分別乘以這些數字，再把乘積相加所得到的答案是一樣的。我們把這叫作「分配律」。

當一個算式中有括號時，首先求出括號裏的部分，我們可以在第152~153頁看到這個運算順序。

1 我們來探究一下如何用分配律求 3×14。

$$3 \times 14 = ?$$

2 如果我們不知道 3 的乘法表一直乘到 14 是多少，那麼這個題就很難了。所以我們要把 14 拆成 10+4，這樣就會使計算更簡便。

$$3 \times (10 + 4) = ?$$

3 接下來，我們通過把括號裏的每一項分別與 3 相乘來簡化計算。

$$(3 \times 10) + (3 \times 4) = ?$$

4 然後我們先計算括號裏的乘法，再把結果相加：$(3 \times 10) + (3 \times 4) = 30 + 12 = 42$。

$$30 + 12 = 42$$

5 因此，通過把 14 拆分成更簡單的數字，再把它們分別與 3 相乘，我們就可以求出：3×14=42。

$$3 \times 14 = 42$$

1 乘法

當我們需要乘以一個複雜的數字時，結合律同樣可以使運算更簡便，比如 6×15。

$$6 \times 15 = ?$$

2 我們可以把 15 拆分成它的兩個因數 5 和 3，這樣我們就可以計算出答案是 90。

$$6 \times (5 \times 3) = 90$$

3 結合律允許我們移動括號的位置，以使運算更簡便。如果在乘以 3 之前先計算 6×5，答案仍然是 90。

$$(6 \times 5) \times 3 = 90$$

使用計算器

計算器是一種能夠進行數字運算的電子機器。當然，心算和利用計算公式筆算對我們也很重要。但是，有時候使用計算器能夠幫助我們更快更容易地得到答案。

使用計算器得到答案後，一定要記得檢查兩次，因為我們很容易不小心按錯按鍵。

計算器的按鍵

大多數計算器都有相同的基礎按鍵，就像右邊這個一樣。我們只要輸入我們想要計算的數據，然後再按「＝」鍵。現在讓我們來看看每個鍵是用來做甚麼的。

顯示器顯示輸入的數字或答案

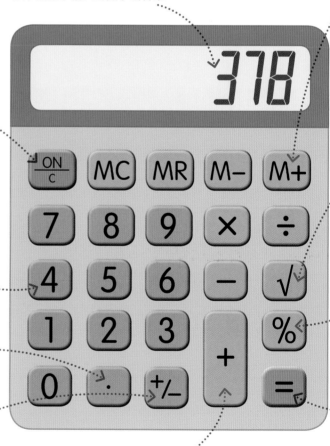

1 開啟和清零鍵
這個鍵是用來打開計算器的，也可以用來清除顯示器，即把顯示值清零。

2 數字鍵
0 到 9 的數字鍵是計算器鍵盤的主要部分，我們用這些按鍵輸入數字進行計算。

3 小數點鍵
如果計算時需要輸入小數，我們就要按這個鍵。像輸入 4.9，我們就要先按「4」鍵，然後按小數點「.」鍵，最後再按「9」鍵。

4 正負轉換鍵
這個是把正數變負數、把負數變正數的按鍵。

5 運算功能鍵
所有的計算器都有加號鍵「＋」，減號鍵「－」，乘號鍵「×」，除號鍵「÷」。如果我們想計算 14×27，應先輸入「1」,「4」,「×」,「2」,「7」,然後按「＝」鍵。

試一試

用計算器計算

現在您已經知道計算器上的所有重要按鍵，以及如何去使用它們了，試試看您能否利用計算器計算出右邊這些問題的答案？

答案見第 319 頁

1 $983 + 528 = ?$ **4** $39 \times 64 = ?$

2 $7.61 - 4.92 = ?$ **5** $697 \div 41 = ?$

3 $-53 + 21 = ?$ **6** $600 \times 40 \% = ?$

---

6 **存儲鍵**

有時候我們可以通過按它讓計算器記住一個答案，之後我們就能再次找到這個答案。"M+" 鍵是在計算器記憶庫中增加一個數字，而 "M-" 鍵則是清除數字。"MR" 鍵是直接用存在計算器記憶中的數字，不需要我們再次輸入。而 "MC" 鍵則是清除記憶。

7 **平方根鍵**

這個按鍵可以用來計算一個數的平方根，它常被用於更加高級的數學計算中。

8 **百分比鍵**

百分比鍵可以用來計算百分數。這個按鍵在不同的計算器上的作用有一點點不同。

9 **等號鍵**

這個鍵是等號鍵，當我們在鍵盤上輸入一個計算數據時，如 14×27，我們需要按「=」鍵，顯示器上才會出現答案。

估算答案

使用計算器時，很容易因為輸錯數字而導致計算錯誤。估算答案是一個能讓您確保答案正確的方法，我們看一看第 32~33 頁的估算。

$$307 \times 49 = ?$$

1 估算一下 307×49 的答案。

$$300 \times 50 = ?$$

2 讓我們心算其實是非常難的，所以我們可以採用找近似值的方法，先將 307 減少為 300，再把 49 增加到 50。

$$300 \times 50 = 15\,000$$

3 300×50=15000，所以 307×49 的答案也是接近 15000 的。

4 如果我們用計算器算出 307×49 的答案是 1813，可以很快知道這個答案是不對的，因為估算告訴我們答案應該接近 15000，那麼一定是我們在輸入數據時漏了一個數字。

測量

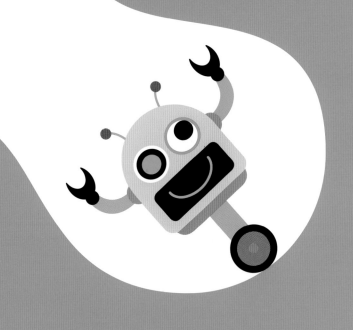

b×h

m²

kg

°C

MEASUREMENT

從古至今，人們已經用了許多不同的測量系統來描述現實的世界。大多數國家現在都用着同一種測量系統，叫作「公制測量系統」。它可以用來度量一個東西有多大、多重或者有多熱。用公制測量系統很容易計算，單位之間的轉化也是很簡單的。

長度

長度就是兩個點之間的距離。我們可以用公制單位來度量距離，包括毫米（mm）、厘米（cm）、米（m）和千米（km）。

米和千米

我們可以用許多不同的詞語來描述長度，但是它們都是表示兩點之間的距離。

1 高度是指某個物體距地面有多高，但是它跟長度真的沒甚麼區別，所以我們用相同的單位來度量高度。例如，這棟建築的高度為 700m。

2 某個物體的寬度是指它的一邊到另一邊的距離，它也是一種長度。例如，這棟建築的寬度為250m。

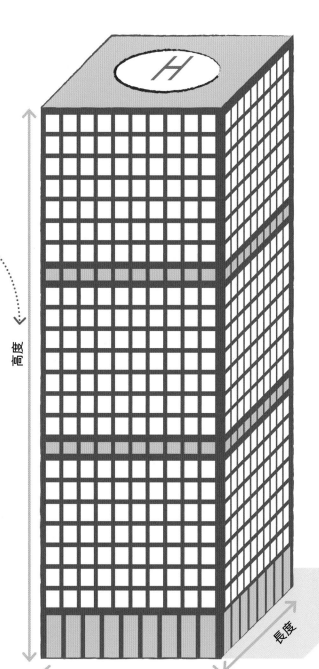

3 度量長度的另一個單位是千米（km）。1km 等於 1000m。例如，直升機在 1km 的高空飛行。

4 我們可以把直升機飛行的高度轉化成以米為單位，所以直升機飛離地面 1000m。

5 我們可以用另一個詞語「距離」來表示長度，它表示從一個地方到另一個地方有多遠。長距離一般以千米為度量單位。

長度、寬度、高度和距離都是用同樣的度量單位。

厘米和毫米

米（m）和千米（km）適用於度量較大的物體，而很少用於測量很小的物體。我們可以厘米（cm）和毫米（mm）為單位來測量較短的長度。

1 1m 等於 100cm，1cm 等於 10mm。

2 看看左邊這隻小狗，牠的高度為 60cm。

3 把牠（60cm）除以 100，就可以很容易地將牠的高度轉換成以 m 為單位，所以，小狗的身高為 0.6m。

4 把牠（60cm）乘 10，我們就可以將牠轉換成以 mm 為單位，所以，小狗的身高就是 600mm。

5 我們經常用 mm 來測量更小的事物。例如，在小狗身旁嗡嗡叫的黃蜂的身長是 15mm。

長度單位的轉換

長度單位之間很容易轉換，我們需要做的就是把它們乘或除以 10、100 或者 1000。

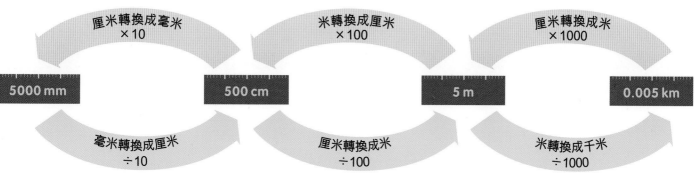

厘米轉換成毫米 ×10　　米轉換成厘米 ×100　　厘米轉換成米 ×1000

5000 mm　　500 cm　　5 m　　0.005 km

毫米轉換成厘米 ÷10　　厘米轉換成米 ÷100　　米轉換成千米 ÷1000

1 把 mm 轉換成 cm，需要除以 10。把 cm 轉換成 mm，需要乘 10。

2 把 cm 轉換成 m，需要除以 100。把 m 轉換成 cm，需要乘 100。

3 把 m 轉換成 km，需要除以 1000。把 km 轉換成 m，需要乘 1000。

長度計算

長度的計算與其他計算一樣，您只需簡單地對這些數字進行加、減、乘、除的計算。

相同單位的計算

1 一棵樹現在高為 16.6m，四年前高為 15.4m。它長高了多少？

2 要求出高度上的差值，我們需要用較大的數字減去較小的數字：16.6-15.4=1.2。

3 這就表示這棵樹在四年內長高了 1.2m。

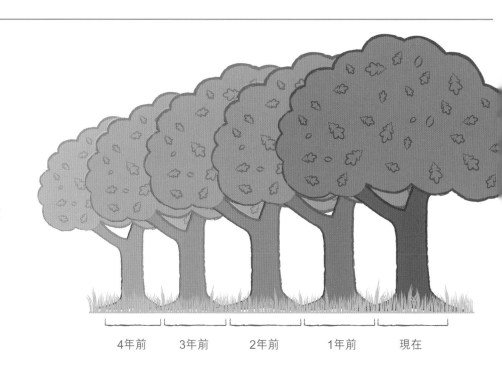

4年前　　3年前　　2年前　　1年前　　現在

4 我們再來求解一個複雜的問題。我們知道在過去四年內，這棵樹長高了 1.2m，那麼平均每年長高了多少呢？

5 要解答這個問題，我們需要做的就是把長高的數量除以成長的年數：1.2÷4=0.3。

6 所以，這棵樹平均每年長高了 0.3m。

試一試

距離分配

這個跑道長 200m。如果四個機器人在接力賽中所跑的距離相同，那麼每個機器人需要跑多遠才能跑完這個跑道？

答案見第 319 頁

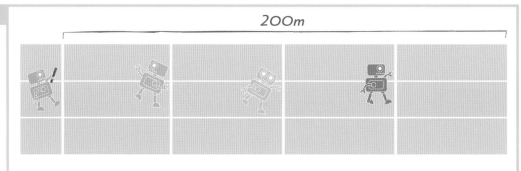

200m

1 要求出答案，您所要做的就是一個簡單的除法運算。

2 只需把跑道的長度除以機器人的數量。

混合單位的計算

我們已經知道可以用不同的單位來表示同一個長度，在開始長度計算之前，一定要確保所有數值的單位相同。

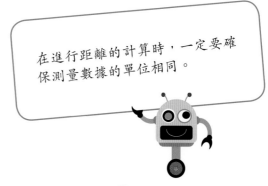

在進行距離的計算時，一定要確保測量數據的單位相同。

1 下圖中的機器人打算從家裏出發去動物園遊玩。它家距玩具店 760m，玩具店距遊樂場 1.2km，遊樂場距動物園 630m。那麼從它家到動物園的距離有多遠？

2 我們必須先把所有的測量值都轉換成相同的單位。這裏，我們需要把從玩具店到遊樂場的距離，從以 km 為單位的測量值轉換成以 m 為單位。

3 回想一下，要把千米轉換成米，我們只需要把千米數乘 1000，因 為 1km 等 於 1000m，所 以，$1.2 \times 1000 = 1200$。

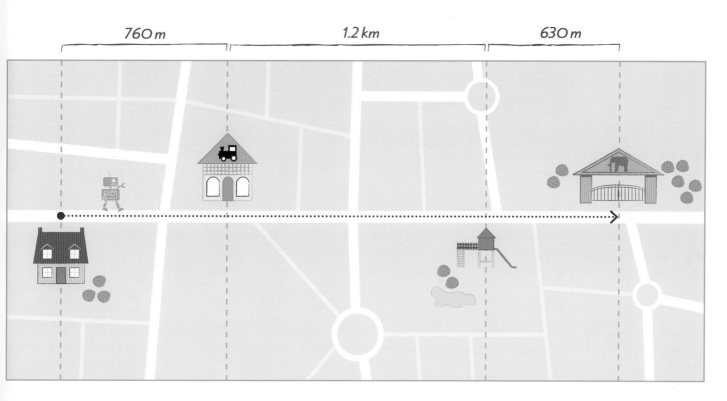

760 m　　1.2 km　　630 m

4 現在所有距離的單位都是 m，可以把它們加起來：$760 + 1200 + 630 = 2590$。

5 2590 是一個非常大的數字，因此，把它的單位再轉換成 km 比較合適。把單位化成 km，只需要將它除以 1000：$2590 \div 1000 = 2.59$。

6 所以，機器人一共要走 2.59km。

周長

周長是指圍成封閉圖形的邊的總長度。如果把圖形想像成是用圍欄圍起的一塊地,那麼圍欄的長度就是這個圖形的周長。

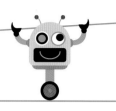

一個圖形的周長就是它所有邊的長度之和。

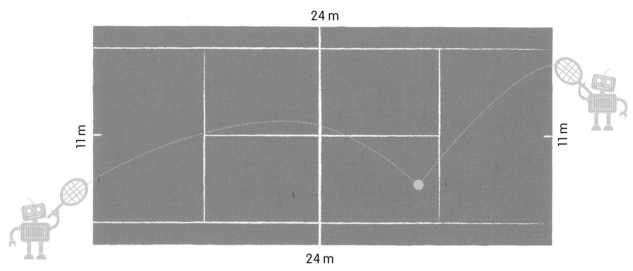

1 要求一個圖形的周長,我們需要測量出它每一條邊的長度,並把它們相加。

2 周長的單位與長度的單位相同,當我們把各邊長相加計算周長時,最重要的是把各邊長轉換成相同的單位。

3 看看這個網球場,通過把每一邊的長度相加,我們可以求出網球場的周長:11+24+11+24=70。

4 所以,網球場的周長為 70m。

試一試

特殊圖形的周長

計算特殊圖形周長的方法與計算矩形周長的方法相同—只需求出各邊長之和。您能把右邊這兩個圖形的各邊長相加,求出它們的周長嗎?

答案見第 319 頁

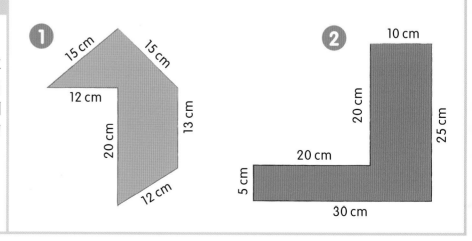

如果不知道每一條邊的長度怎麼辦？

有時候我們並不知道一個圖形所有邊的長度，例如一個圖形由一個或多個矩形構成，並且有一條邊的長度不知道，我們仍能求出這條邊的長度以及它的周長。

1 看看這一塊地，我們需要求出它的周長，但是有一條邊的長度是未知的。

2 這塊地的角都是直角，所以它的每一組對邊都是互相平行的。那就意味着如果我們知道一條邊的長度，那麼就可以求出它對邊未知的邊長。

3 我們找到這條長度未知的邊，它的對邊長是 12m，所以它對面這兩條邊的總長度一定也是 12m。

4 要求出未知的邊長，我們只需要把 12 減去 9 就可以：12-9=3。因此，未知的這條邊長為 3m。

5 現在，把所有邊的長度相加就可以求出周長：12+6+9+5+3+11=46。

6 所以，這塊地的周長是 46m。

6 m

9 m

12 m

5 m

11 m

?

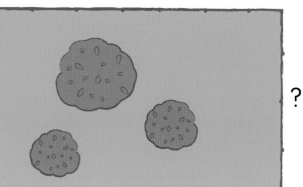

周長計算公式

如果我們還記得與平面圖形有關的一些基本規律，就可以用公式求出圖形的周長。這些公式都是用字母代表邊長，這樣我們就能更容易地記住不同圖形的周長公式。

正方形

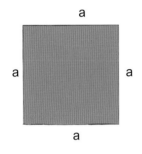

1 我們知道正方形的四條邊長度相等，通過把四條邊的長度相加，便可以求出正方形的周長。

2 看到這個紅色的正方形。如果每一條邊長為「a」，那麼正方形的邊長 =a+a+a+a。這也可以簡寫成：

正方形的周長 **= 4a**

3 假設一個正方形的每一條邊長為 2cm，周長就是 8cm，因為 4×2=8。

長方形

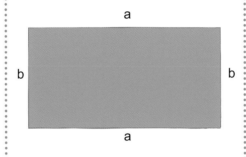

1 長方形有兩組平行且相等的對邊，假設一組對邊的邊長為「a」，另一組對邊的邊長為「b」。

2 對於長方形來說，它的周長就等於兩條不相等的邊長之和乘 2，因為每個長度對應兩條邊。我們用公式表示為：

長方形的周長 **= 2 (a + b)**

3 所以，如果一個長方形的兩條邊分別是 2cm 和 4cm，那麼它的周長是 12cm，因為 2×（4+2）=12。

平行四邊形

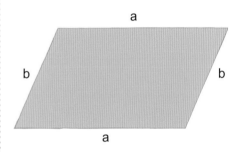

1 和長方形一樣，平行四邊形也有兩組平行且相等的對邊。

2 所以，我們可以用與長方形同樣的公式來求平行四邊形的周長，將兩條相鄰的邊長相加，再乘 2：

平行四邊形的周長 **= 2 (a + b)**

3 所以，如果一個平行四邊形相鄰的兩條邊長分別是 3cm 和 5cm，那麼它的周長就是 16cm, 因為 2×（5+3）=16。

已知周長求邊長

如果我們已知一個圖形的周長，而且只有一條邊的長度未知，就可以用一個簡單的減法求出未知的邊長。

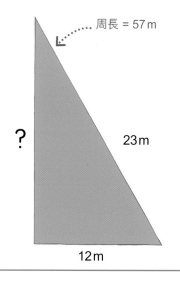

周長 = 57m

? 23m

12m

1 左邊是一個三角形，已知它的周長和兩條邊的長度，讓我們求出未知的邊長。

2 我們可以用已知的周長減去已知的邊長，求出未知的邊長：57-23-12=22。

3 所以，未知的邊長為22m。

等邊三角形

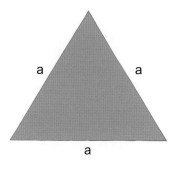

a a

a

1 我們知道等邊三角形的三條邊長相等。

2 就像我們計算正方形的周長一樣，只需要把一條邊的長度乘以邊的數量。如果等邊三角形的邊長為 "a"，公式就可以寫成：

等邊三角形的周長 = 3a

3 假設一個等邊三角形的三邊長都是 4cm，它的周長就是 12cm，因為 3×4=12。

等腰三角形

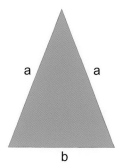

a a

b

1 等腰三角形的兩條腰長相等，底長與腰長不相等。

2 如果兩條相等的邊長都為 "a"。要求出三角形的周長，我們只需把 "a" 乘以 2 然後加上另外一條邊的長度 "b"：

等腰三角形的周長 = 2a + b

3 所以，如果等腰三角形的腰長為 4cm，底長為 3cm，周長就是 11cm。

不等邊三角形

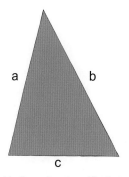

a b

c

1 不等邊三角形三條邊的長度都不相等。

2 如果這三條邊長分別是 "a"、"b"、"c"，把三條邊相加就能求出三角形的周長。我們可以用公式表示為：

不等邊三角形的周長 = a + b + c

3 所以，如果三角形的三邊長分別是 4cm、5cm 和 6cm，那麼周長就是 15cm，因為 4+5+6=15。

面積

平面圖形所佔空間的數量叫作「面積」。用來度量面積的單位叫作「平方單位」，它是基於我們所用的長度單位來確定的。

我們可以把一個長方形分成幾個相等的正方形，通過計算這幾個正方形的面積求出長方形的面積。

1 看看右邊這塊草地，它的長和寬都是 1m，它的面積就是 1 平方米，寫作：$1m^2$。

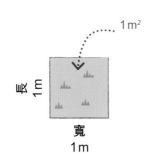

2 右邊是一個花園，用 $1m^2$ 的草地將它鋪滿，然後數一數一共鋪了多少塊草地，就能求出它的面積。

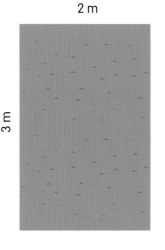

3 當花園被填滿時，我們發現它的寬等於兩塊草地的長，它的長等於三塊草地的長。

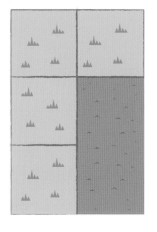

4 我們一共用了 6 塊 $1m^2$ 的草地來鋪滿這個花園，那麼這個花園的面積就是 $6m^2$。

試一試

特殊圖形的面積

我們也可以用平方面積來計算複雜圖形的面積。數一數右邊這些圖形裏有多少個面積為 $1cm^2$ 的小正方形，您能求出這些圖形的面積嗎？

答案見第 319 頁

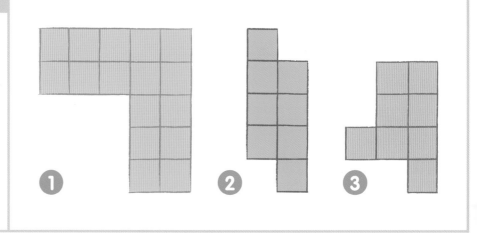

面積估算

計算不是由正方形或長方形組成的不規則圖形的面積似乎很麻煩，但是我們可以結合整體的面積與部分的面積來估算這些圖形的面積。

11 m

6 m

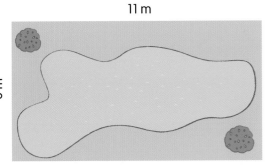

1 上圖中有一個池塘，它是一個不規則圖形，很難求出它的面積。

每一個正方形的邊長為1m

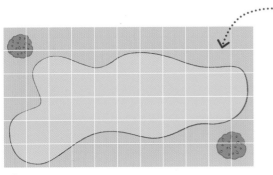

2 我們可以在池塘上面畫一個正方形網格，每一個正方形面積為 1m²。

數一數完整的正方形有多少

先忽略不計沒有全部在池塘內的正方形

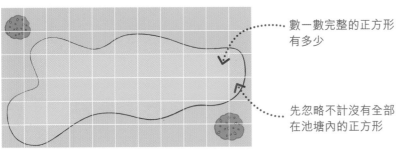

3 我們把池塘內所有完整的正方形染上顏色，數一數發現一共有 18 個完整的正方形。

數一數池塘內不完整的正方形

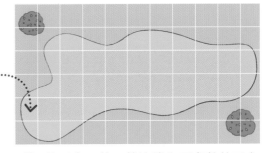

4 接下來，數一數池塘內不完整的正方形，發現一共有 26 個。

5 大部分不完整的正方形都超過了半個完整的正方形，或是比半個完整的正方形小一點點。所以，要估計池塘所覆蓋的正方形面積，我們可以先把不完整正方形的數量除以 2：26÷2=13。

6 最後，把完整正方形的面積和不完整正方形的面積相加，得到池塘面積的估計值：18+13=31。

7 因此，池塘的面積大約是 31m²。

在不規則圖形上畫一個正方形網格，有助於估算它的面積。

面積計算公式

使用公式求面積比數正方形格子求面積要更加容易，
它可以更快速地求出大圖形的面積。

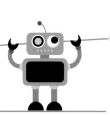

正方形或長方形的面積
於：長×寬。

1 右圖是一個操場，它的寬為 6m，長為 8m。

2 如果我們在操場上畫一個正方形網格，可以
畫出 8 行 6 列 1m^2 的小正方形，求出總面積
為 48m^2。

3 有一個求面積的方法比數格子更快，那就是
運用公式求面積。

4 如果把 6×8，得到 48。這個數與操場上所
容納的小正方形的數量是相等的。

5 我們可以寫出長方形（包括正方形）的面積
公式：面積 = 長 × 寬。

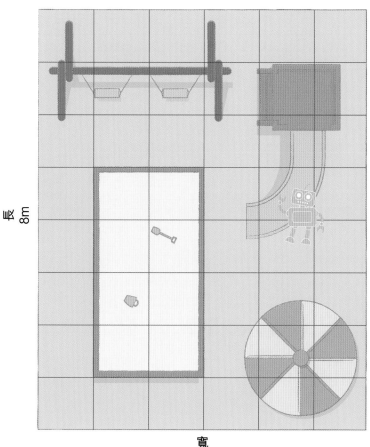

長
8m

寬
6m

試一試

獨立完成

操場上有一個沙坑，長為 4m，寬為 2m。您能用公式求
出沙坑的面積嗎？

答案見第 319 頁

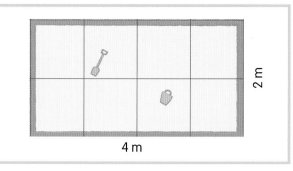

2 m

4 m

面積與未知邊長

有時候我們已知長方形的一條邊長和面積，但是另一條邊的長度是未知的。要求出未知邊的長度，只需用已知的數字進行一次除法運算。

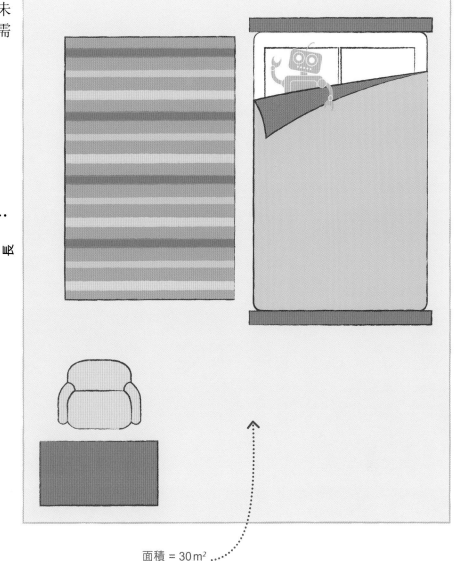

寬
5 m

長 ?

面積 = 30 m²

1 已知面積，要求一條邊的長度，我們只需把面積除以已知邊的長度。

2 右邊臥室的面積是 30m²，並且已知它的寬為 5m，求臥室的長。

3 用面積除以寬的長度，可以求得長為：30÷5=6。

4 這個臥室的長為 6m。

試一試

神秘的邊長

現在您已經學過如何求未知的邊長，下面檢查一下看您有沒有掌握。右邊這塊地毯的面積是 6m²，它的寬是 2m，那麼地毯的長為多少呢？

答案見第 319 頁

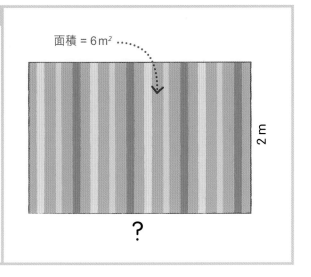

面積 = 6 m²

2 m

?

已知一個長方形的面積和一條邊的長度，您可以用面積除以已知邊長求出另一條邊的長度。

三角形的面積

並不只有正方形和長方形可以用公式求面積，我們也可以用公式求其他圖形的面積，比如三角形。

三角形的面積等於 $\dfrac{底 \times 高}{2}$。

直角三角

1 上圖是一個直角三角形，我們試一試用公式求出它的面積。

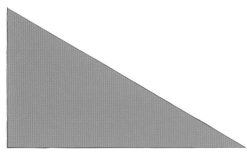

三角形的高 triangle

三角形的底

兩個三角形拼成一個長方形

2 我們可以用兩個這樣的三角形拼成一個長方形，所以，三角形的面積就等於長方形面積的一半。

3 我們已經學過長方形的面積等於：長 × 寬。在這裏，長方形的長等於三角形的底，寬等於三角形的高。

4 我們也知道三角形的面積是長方形面積的一半，所以三角形的面積公式是：

$$三角形的面積 = \dfrac{底 \times 高}{2}$$

形其他三角形

1 要用這個不規則的三角形拼成一個長方形看起來似乎有點困難。

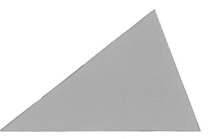

高

底

2 先過頂點向底邊作一條垂線，把這個不規則的三角形分兩個直角三角形。

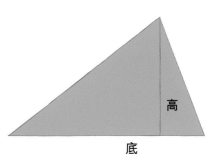

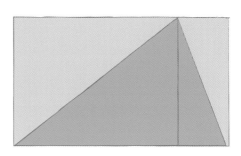

3 現在，可以像前面一樣，把這兩個三角形分別拼成長方形。三角形的面積仍然是長方形面積的一半。所以，面積公式還是一樣的：

$$三角形的面積 = \dfrac{底 \times 高}{2}$$

平行四邊形的面積

平行四邊形與長方形沒有太大的不同—它們都是有兩組對邊平行且相等的四邊形。由於平行四邊形與長方形如此相似，我們可以用同樣的公式求出平行四邊形的面積。

平行四邊形的面積等於：底×高。

---

1 右圖是一個平行四邊形，我們來看看為甚麼它的面積計算公式和長方形的面積計算公式相同。

2 先從平行四邊形的頂點向底邊作垂線，得到一個直角三角形。

3 想像一下，您可以將這個三角形切割下來，並移動到平行四邊形的另一端。

4 當您把三角形固定到平行四邊形的另一端時，它正好可以使平行四邊形變成一個長方形。

5 那麼我們可以像求長方形的面積一樣，用平行四邊形的底乘高，求出它的面積：

平行四邊形的面積 = 底 x 高

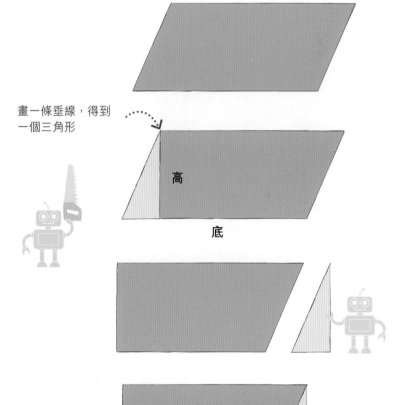

畫一條垂線，得到一個三角形

高

底

移動三角形，使平行四邊形變成了長方形

複雜圖形的面積

有時候會需要求出複雜圖形的面積，可以把這些圖形拆分成您學過的熟悉的圖形，例如長方形，這樣就能更容易地求出複雜圖形的面積。

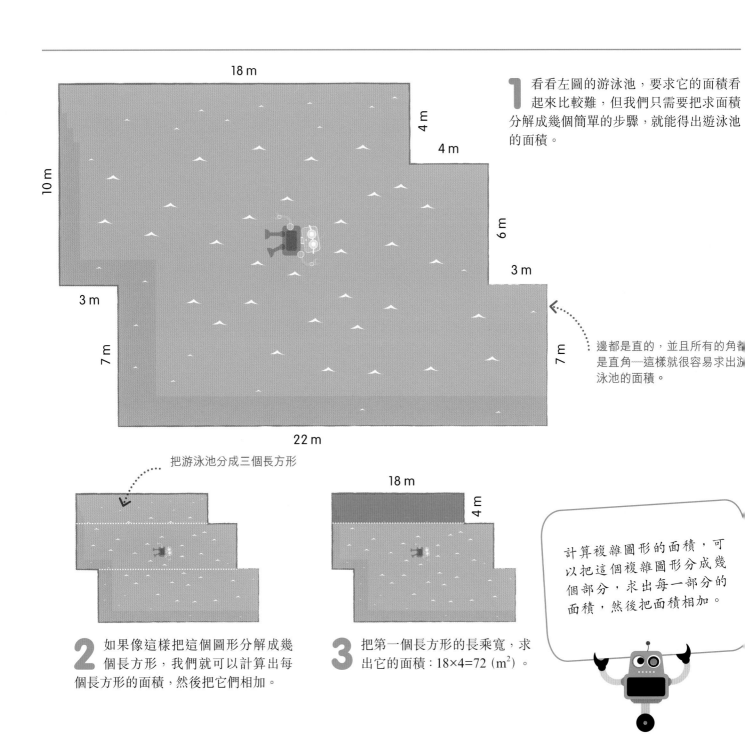

1 看看左圖的游泳池，要求它的面積看起來比較難，但我們只需要把求面積分解成幾個簡單的步驟，就能得出遊泳池的面積。

邊都是直的，並且所有的角都是直角—這樣就很容易求出游泳池的面積。

把游泳池分成三個長方形

2 如果像這樣把這個圖形分解成幾個長方形，我們就可以計算出每個長方形的面積，然後把它們相加。

3 把第一個長方形的長乘寬，求出它的面積：18×4=72（m²）。

計算複雜圖形的面積，可以把這個複雜圖形分成幾個部分，求出每一部分的面積，然後把面積相加。

把兩個測量值相加，
得出這一段的長度。

18 m

4 m

6 m

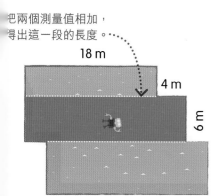

現在我們已經知道游
泳池這三個部分的面
積是多少

22 m

7 m

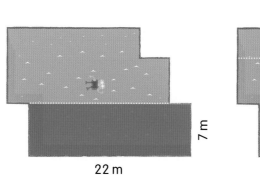

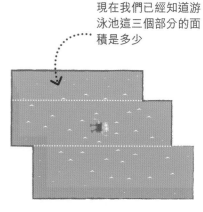

4 計算第二個長方形的面積，我們先把 4 加 18 得到 22，求出它的長，然後把長乘寬：22×6=132（m²）。

5 最後一部分，只需把它的長和寬相乘求出面積：22×7=154（m²）。

6 現在我們要做的就是把這三個面積加起來，求得游泳池的總面積：72+132+154=358（m²）。

7 所以，游泳池的面積是 358m²。

試一試

這間房子有多大？

現在您已經學過如何計算複雜圖形的面積，您能求出右邊這間房間地板的總面積嗎？

1 首先把地板分成幾個長方形，分解的方法不只一種。

2 一旦把圖形進行了分解，您就只需要通過一些加法或減法求出所需要計算的邊的長度。

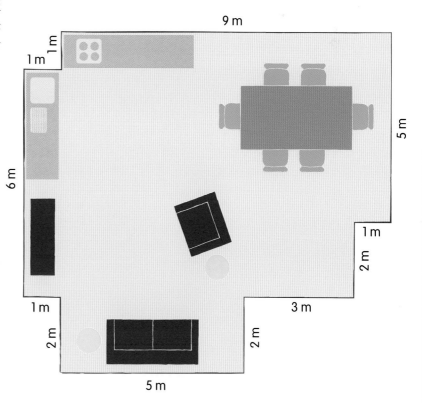

9 m

1 m　1 m

1 m

6 m

5 m

1 m

2 m

1 m

3 m

2 m

2 m

5 m

答案見第 319 頁

面積與周長的比較

我們已經學會如何求一個圖形的周長和面積，它們之間有甚麼聯繫呢？兩個圖形的面積相等，它們的周長並不一定相等，反過來也是一樣。

即使圖形的面積相等，它們的周長也可能不相等。同樣，周長相等的圖形，面積也不一定相等。

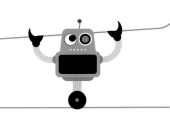

面積相等但周長不等

右邊是動物園的三個圍欄，它們所圍的面積都是 240m²。這是不是意味着它們的周長也相等呢？

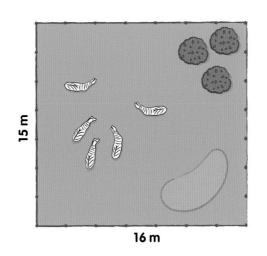

周長 = 62m

面積 = 240m²

1 我們首先來看斑馬園的圍欄，可以算出它的周長是 62m。

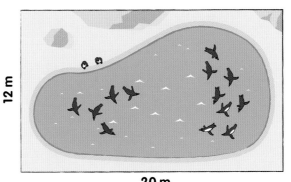

周長 = 64m

面積 = 240m²

2 企鵝園圍欄的周長是 64m，雖然與斑馬園的面積相等，但企鵝園圍欄的周長比斑馬園圍欄的周長要長。

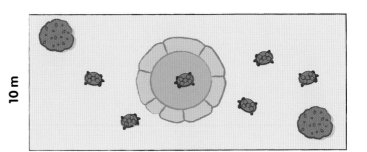

周長 = 68m

面積 = 240m²

3 烏龜園圍欄的周長要更長，它是 68m。

4 我們發現，雖然圖形的面積相等，但它們的周長不一定相等。

周長相等但面積不等

現在再來看右邊這兩個圍欄。它們的周長都是 80m，這是不是意味着它們的面積也相等呢？

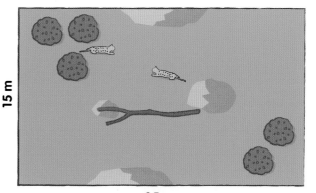

周長 = 80m

面積 = 375m²

1 我們把美洲豹園圍欄的長和寬相乘，可以得出它的面積是 375m²。

25 m

15 m

2 鱷魚園的面積是 400m²，雖然它與美洲豹園圍欄的周長相等，但是鱷魚園的面積更大。

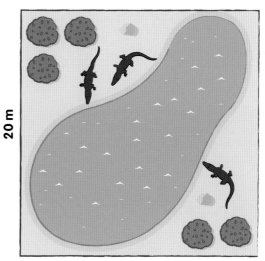

周長 = 80m

面積 = 400m²

20 m

20 m

3 因此我們發現，周長相等的圖形，面積並不一定相等。

它們為甚麼不相等？

當一個圖形的邊長發生變化時，為甚麼它的周長和面積的變化不一樣呢？周長是圍成一個圖形的邊的總長度。面積是由周長所圍成的封閉圖形所佔空間的大小。這就意味着周長和面積之中的一個值發生改變，另一個值並不會受到同樣的影響。

1 看看右圖這個長方形，如果保持它的周長不變，使它的長增加 1cm，寬減少 1cm，您可能會認為面積會保持不變。

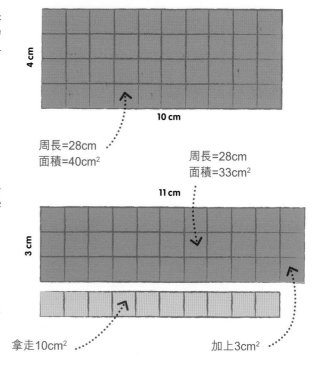

4 cm

10 cm

周長=28cm
面積=40cm²

周長=28cm
面積=33cm²

11 cm

2 長方形的面積和周長發生了甚麼變化呢？當這個圖形發生變化時，我們從底部拿走 10cm² 的小正方形，但只在旁邊加上了 3cm² 的小正方形。

3 cm

3 所以，周長保持不變，但是現在的面積更小了。

拿走10cm²

加上3cm²

容積

容器內部所佔的空間叫作它的「容積」，它通常被用來描述一個容器可以容納多少液體，比如一個水瓶的容積。容器的容積是它所容納的最大量。

容積是50L

1 容積的度量單位有毫升（mL）和升（L）。1L等於1000mL。

2 毫升用來度量較小的容器，比如一個茶杯（250mL）或者茶匙（5mL）。

3 升用來度量較大的容器，比如一個大的果汁包裝盒（1L）或者一個浴缸（80L）。

4 上圖是一個魚缸，它的容積是50L。

升與毫升的轉換

升與毫升之間的轉換很容易。把升轉換成毫升，只需將升數乘1000；把毫升轉換成升，只需將毫升數除以1000。

1 把5L轉換成以毫升為單位，只需把5乘1000，答案是5000mL。

2 反過來，把毫升轉換成升，只需把5000mL除以1000，得到5L。

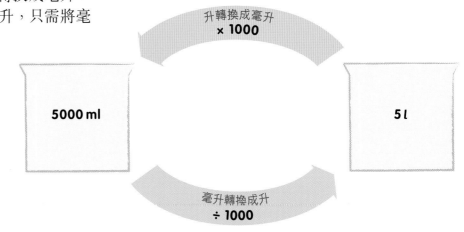

升轉換成毫升
× 1000

5000 ml

5 l

毫升轉換成升
÷ 1000

體積

體積是衡量一個物體在三個維度中有多大的量，液體的體積與容積相似，也是以毫升和升來度量。液體體積的加減與其他計算是一樣的。

1 再看看這個魚缸，我們知道它的容積是 50L，但是現在裝了一些水，水的體積是 10L。

2 如果機器人再往魚缸內倒 30L 的水，那麼現在水的體積是多少？

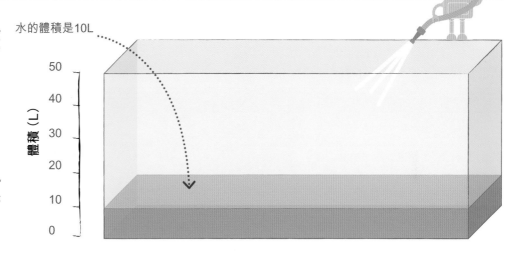

水的體積是10L

3 要求出體積的和，我們只需把這兩個數相加：10+30=40。

4 所以，現在魚缸內水的體積為 40L。

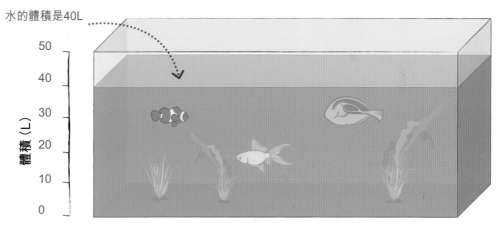

水的體積是40L

混合單位的計算

有時候計算裏的單位可能不同，最簡單的方法就是轉換成相同單位之後再計算。

1 這瓶果汁的體積是 1.5L。如果您喝掉 300mL 的果汁，瓶子內還剩多少果汁？

2 改變其中一個量的單位可以使計算更簡便。還記得嗎？把升轉換成毫升要乘 1000。

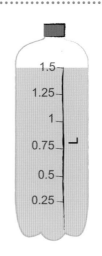

3 我們把瓶子的體積轉換成以毫升為單位：1.5×1000=1500。

4 現在計算就很簡單了：1500−300=1200。

5 所以，瓶子內還剩 1200mL 果汁。

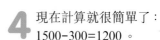
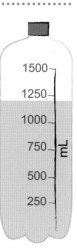

立方體的體積

立方體的體積通常用立方單位來度量，立方單位是基於長度單位而確定的，包括立方厘米和立方米等。

1 右邊是一塊方糖，方糖的每一條邊長都為 1cm，所以它的體積是 1 立方厘米或者 1cm³。

2 如果每一條邊長為 1mm，它的體積就是 1mm³。如果每條邊長為 1m，體積就是 1m³。

高 1cm
寬 1cm　長 1cm
1 cm³

3 現在看看右邊這個盒子，我們可以將它裝滿 1cm³ 的方塊，然後求出它的體積。

長 4cm　寬 2cm　高 3cm

4 先把盒子底部這一層裝滿方塊，可以在這一層放 8 個方塊。

8 cm³

5 直到將盒子裝滿，我們發現一共可以裝 24 個 1cm³ 的方塊，也就是說，它的體積是 24cm³。

24 cm³

試一試

不規則圖形

不僅僅是規則圖形，您可以用剛剛所學的方法求出所有圖形的體積。數一數有多少個 1cm³ 的方塊，然後求出右邊三個圖形的體積。

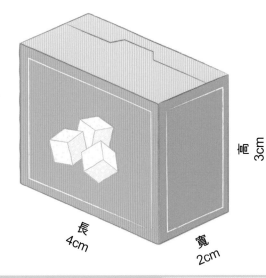
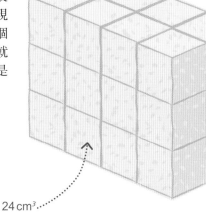
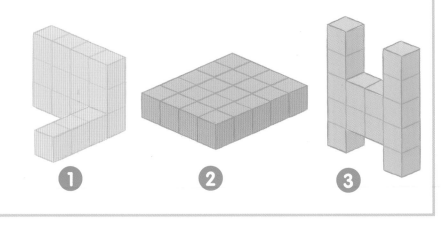

❶　　❷　　❸

答案見第 319 頁

體積計算公式

有一種更加容易的方法，即不用數立方體方塊，就可以計算出如長方體一樣簡單圖形的體積。我們可以用公式計算出立方體的體積，而不用去一個個數。

正方體和長方體的體積計算公式：長×寬×高。

1 長方體體積的計算公式如下：

長方體體積 = 長 x 寬 x 高

2 算出右邊這個蕎麥食品盒子的體積。

3 我們先將長、寬相乘 :24×8=192 。

4 然後，我們把長、寬相乘的結果再乘以高 :192×30=5760 。

5 得出這個盒子的體積是 5760cm^3 。

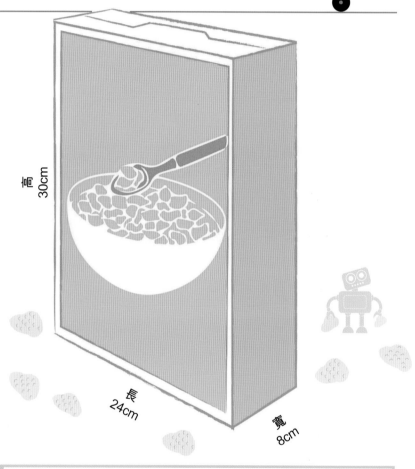

高 30cm

長 24cm

寬 8cm

試一試

大包裝裏的小物件

這個機器人準備用 1cm^3 的骰子把紙箱填滿，已知這個箱子的體積為 1m^3，您能用公式算出這個箱子裏將會填入多少個骰子嗎？答案可能會讓您很驚訝！在開始計算之前，記得把箱子體積的單位換成立方厘米。

答案見第 319 頁

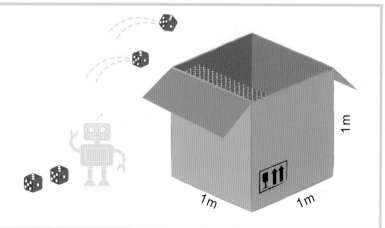

1m

1m

1m

質量

質量是指一個物體中所包含的物質的量。我們可以用公制計量單位，如毫克（mg）、克（g）、千克（kg）以及噸（t）來測量質量。

1 毫克（mg）
我們測量很小的物體的質量時用毫克。例如，這隻螞蟻的質量為 7mg。

2 克（g）
這隻青蛙的質量為 5g。1000mg 為 1g。1g 就相當於一隻萬字夾的質量。

3 千克（kg）
這隻貓的質量為 8kg。1kg 就等於 1000g。

4 噸（t）
噸用來測量非常重的物體的質量。例如，這條鯨魚的質量為 4t，1t 是 1000kg。

質量單位的轉換

質量單位很容易換算。我們只需要乘或者是除以 1000 就可以進行相互轉換。

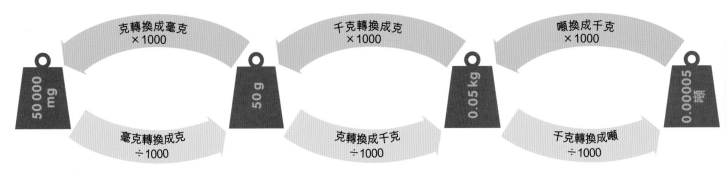

克轉換成毫克 ×1000
毫克轉換成克 ÷1000

千克轉換成克 ×1000
克轉換成千克 ÷1000

噸換成千克 ×1000
千克轉換成噸 ÷1000

50 000 mg　　50 g　　0.05 kg　　0.00005 噸

1 把毫克轉換成克需要除以 1000，若是克轉換成毫克則要乘以 1000。

2 把克轉換成千克需要除以 1000，若是千克轉換成克則要乘以 1000。

3 把千克轉換成噸需要除以 1000，若是噸轉換成千克則要乘以 1000。

質量與重量

當我們表達質量的意思的時候，我們通常會用到重量這個詞。但是，事實上它們的意思並不相同。重量是指物體受重力大小的度量，用特殊單位牛頓（N）來衡量。

質量是指一件東西所包含的物質的量。而重量則是指反應在某件東西上的重力的量。

1 如果您在宇宙旅行，您的重量將會隨着所處地點的不同而改變。這是因為重力在您身上的反應會隨着地點的不同而不同。

2 儘管您的重量會不同，但質量卻是保持不變的。這是因為質量就是您身體所組成的東西，所以是不會變的。

3 您的質量跟重量在地球上的任何地方幾乎都是一樣的。例如，這位太空人在地球上的重量是 1200N，質量是 120kg。

4 在月球上，這位太空人的重量是地球上的 $\frac{1}{6}$，這是因為月球的重力是地球重力的 $\frac{1}{6}$。

5 在太空中是沒有重力的，所以儘管太空人沒有重量，但他的質量與在地球上時是一樣的。

6 與在地球上相比，太空人在木星上的重量是其在地球上的兩倍多，這是因為木星上的重力要比地球上的大得多。太空人在木星上會感覺到自己非常重，但是質量卻保持不變。

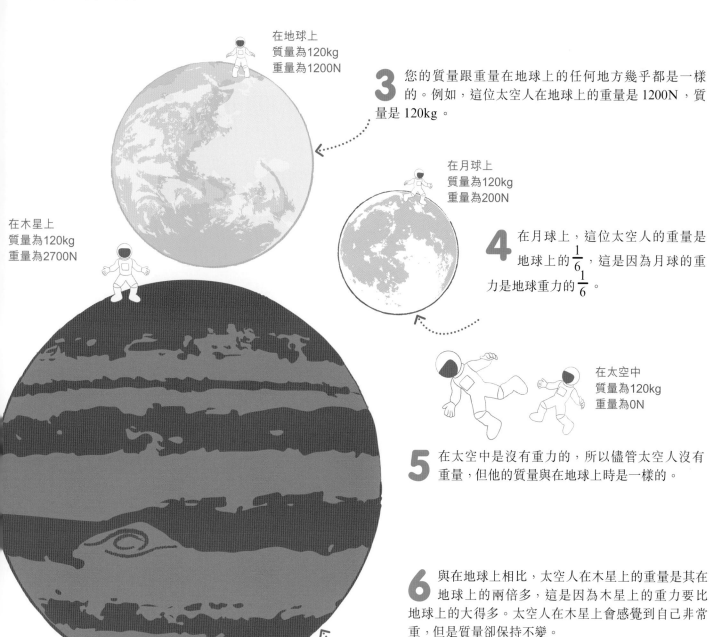

在地球上
質量為120kg
重量為1200N

在月球上
質量為120kg
重量為200N

在木星上
質量為120kg
重量為2700N

在太空中
質量為120kg
重量為0N

質量的計算

我們可以像計算長度、面積、體積一樣，進行質量的計算。只要質量的單位相同，我們就可以通過簡單的加、減、乘、除來計算它。

同一單位的質量計算

85 g

1 看這三隻鸚鵡，如果把它們的質量加在一起，那麼它們的總質量是多少？

2 要計算出答案，我們只需把三隻鸚鵡的質量相加：85+73+94=252。

73 g

3 所以，鸚鵡的總質量是 252g。

94 g

混合單位的質量比較

當您解決涉及質量的問題時，需要重點注意質量單位。如果質量單位不一樣，那麼就需要先將其換算成一樣的單位。質量單位換算見第 182 頁。

85 g

1 看這三種動物，您能將它們從重到輕依次排列嗎？

2 第一眼看上去可能有些複雜，因為它們的質量單位並不相同。為了使它更容易一點，我們要先進行單位換算。

3 把鸚鵡的質量單位轉換成 kg，從而使質量單位相同，都變為 kg。

試一試

稱一稱

質量相減與質量相加一樣容易。您能算出這隻黃色的犀鳥比綠色的重多少嗎？您要做的就是拿大一點的質量減去小一點的質量。

答案見第 319 頁

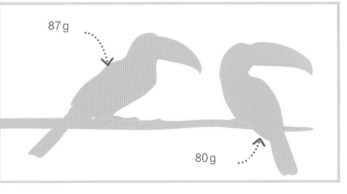

87 g

80 g

記住，1000g是1kg，1000kg是1噸（t）。

35 kg

130 kg

4 把 85g 轉換成 kg，我們只需除以 1000：85÷1000=0.085（kg）。

5 現在將動物按質量大小排序就容易多了。我們只需把數字從大到小排好就行。

6 老虎的質量最大，為 130kg；蛇的質量第二大，為 35kg；鸚鵡的質量最小，只有 0.085kg。

試一試

單位換算與計算

您能計算出這幾隻長臂猿的總質量嗎？記得留意單位。

1 首先，您需要把長臂猿的質量單位換算成一樣。

2 然後，您只需把牠們的質量相加。

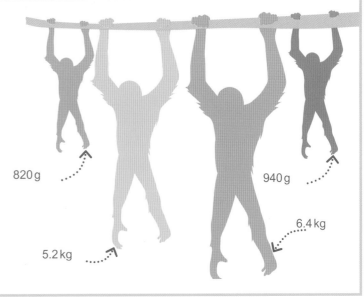

820 g

940 g

5.2 kg

6.4 kg

答案見第 319 頁

溫度

溫度可以用來衡量物體的冷熱程度。我們用溫度計來測量溫度，用攝氏溫度（°C）或華氏溫度（°F）作單位來記錄溫度。一般把攝氏溫度簡稱為攝氏度，把華氏溫度簡稱為華氏度。

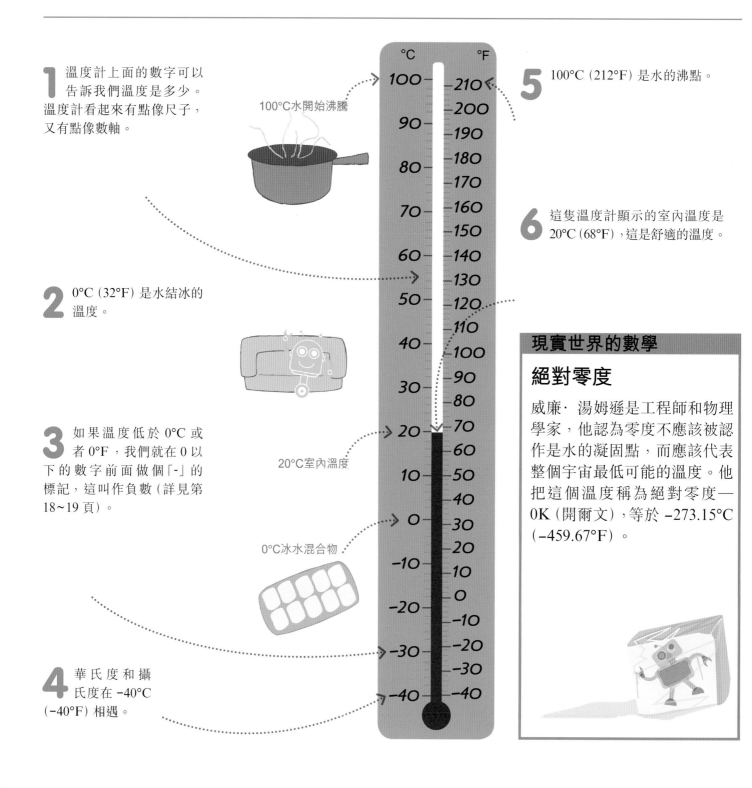

1 溫度計上面的數字可以告訴我們溫度是多少。溫度計看起來有點像尺子，又有點像數軸。

100°C水開始沸騰

2 0°C（32°F）是水結冰的溫度。

3 如果溫度低於 0°C 或者 0°F，我們就在 0 以下的數字前面做個「-」的標記，這叫作負數（詳見第 18~19 頁）。

20°C室內溫度

0°C冰水混合物

4 華氏度和攝氏度在 -40°C（-40°F）相遇。

5 100°C（212°F）是水的沸點。

6 這隻溫度計顯示的室內溫度是 20°C（68°F），這是舒適的溫度。

現實世界的數學

絕對零度

威廉‧湯姆遜是工程師和物理學家，他認為零度不應該被認作是水的凝固點，而應該代表整個宇宙最低可能的溫度。他把這個溫度稱為絕對零度——0K（開爾文），等於 -273.15°C（-459.67°F）。

溫度的計算

儘管我們不能將溫度相乘除，但卻可以以攝氏度和華氏度作為單位，對溫度進行加減運算。

溫度計上的刻度跟數軸上的刻度作用相同。

1 這座山的底部溫度為 30°C。山頂的溫度要比山底低 40°C。讓我們來計算一下山頂的溫度是多少？

2 想要得到答案，我們只需進行減法運算，我們知道結果肯定會是負數，因為 40 大於 30。

3 計算過程是用 30 減去 40：
30-40=-10。

4 所以，山頂的溫度為 -10°C。

5 我們還可以像這樣畫數軸來進行計算。

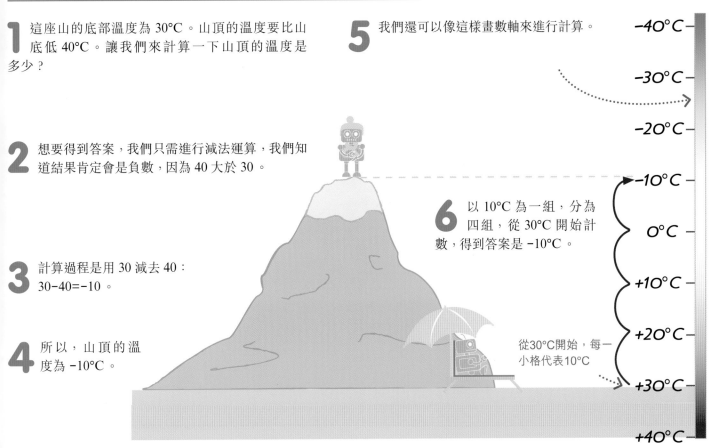

6 以 10°C 為一組，分為四組，從 30°C 開始計數，得到答案是 -10°C。

從30°C開始，每一小格代表10°C

-40°C
-30°C
-20°C
-10°C
0°C
+10°C
+20°C
+30°C
+40°C

試一試

世界天氣

瑞典二月平均氣溫為 -3°C。如果印度的氣溫要比其高 29°C，那麼印度的溫度是多少度？

答案見第 319 頁

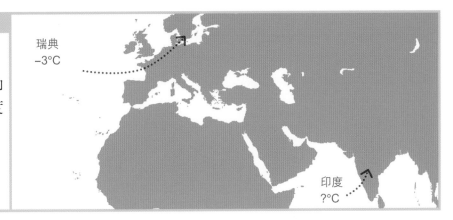

瑞典
-3°C

印度
?°C

英制單位

我們用來衡量的單位是公制。而有些國家使用的卻是不同的測量體制——英制單位。學習英制單位對於我們理解測量這一章的內容也有幫助。

英制單位

英制單位與公制大不相同，因為它受到幾千年來不同事物的啟發。

1 質量
與公制一樣，英國度量衡制中也有一系列不同的單位用來測量質量，比如盎司、磅以及英噸。

2 在英制單位中，我們用磅來衡量物體的質量。

3 例如，這隻狗的質量是 55 磅。

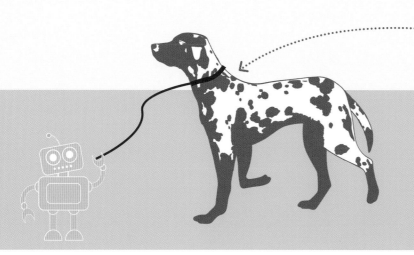

4 如果我們用公制來衡量這隻狗的質量，應該使用 kg。這隻狗的質量大概是 25kg。

現實世界的數學

消失的探測器

1999 年，美國太空科技總署因為單位問題犯下非常嚴重的錯誤，一架價值 12,500 萬美元的火星氣象探測器因為單位轉換出錯而消失了。一個團隊用的是公制，而另一個團隊用的卻是英制。結果，探測器因為離火星太近而消失，原因可能是進入火星大氣層而被毀滅。

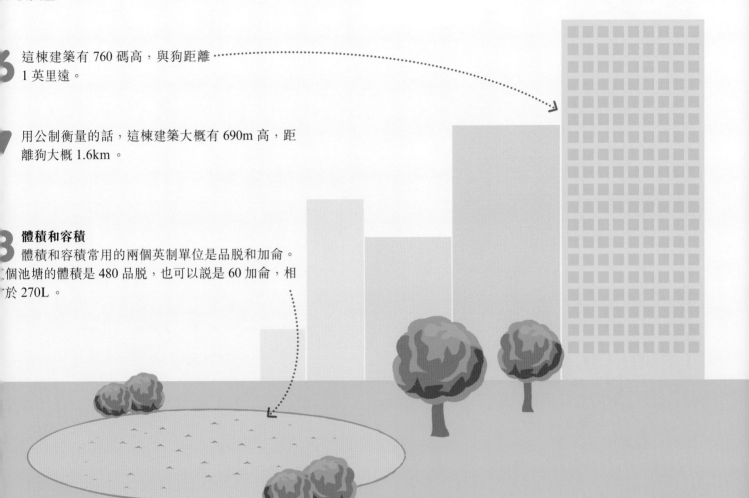

5 **長度**
用來衡量長度、距離的英制單位是英寸、英尺、以及英里。

6 這棟建築有 760 碼高，與狗距離 1 英里遠。

7 用公制衡量的話，這棟建築大概有 690m 高，距離狗大概 1.6km。

8 **體積和容積**
體積和容積常用的兩個英制單位是品脫和加侖。這個池塘的體積是 480 品脫，也可以説是 60 加侖，相當於 270L。

公制與英制單位的轉換

我們已經學了公制單位內的轉換方法，同樣也可以把公制單位和英制單位進行轉換，只需要知道換算系數便可。

1 讓我們把 26 米 (m) 換成英尺 (ft)。我們只要把每一米乘其英尺值即可。我們把這個值稱為換算系數。

2 1m 等於 3.3ft，所以我們把米換成英尺的換算系數是 3.3。

3 現在我們把 26 乘以換算系數：26×3.3=85.8。

4 所以，26m 就等於 85.8ft。

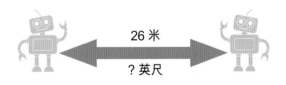

$$26\,m = ?\,ft$$

$$26 \times 3.3 = 85.8$$

$$26\,m = 85.8\,ft$$

長度、體積和質量的單位

同公制一樣，英制單位中也有很多我們可以用來測量長度、體積、容量以及質量的單位。在第 188~189 頁，我們已經將兩者進行了比較。

長度

1 在英制單位中，用來測量長度的單位有英寸、英尺、碼以及英里。

2 看看這隻貓，我們用英寸作單位測量其身高。這隻貓高 12 英寸。

3 12 英寸為 1 英尺，所以，我們可以說這隻貓高 1 英尺。

4 碼是用來測量較長距離的，1 碼為 3 英尺，所以這隻貓高 $\frac{1}{3}$ 碼。

5 英里通常是用來測量更長距離的，比如兩個城鎮之間的距離。1 英里為 1760 碼。

體積和容積

1 體積和容積單位在英制單位裏有品脫和加侖。我們同樣可以採用立方英制單位，比如立方英寸、立方英尺。立方單位見第 180~181 頁。

2 看看這個魚缸，我們可以用品脫來度量它的容積。其容積為 88 品脫。

3 我們還可以用英制單位中的加侖來度量它的容積。8 品脫為 1 加侖，所以我們通常用加侖這個單位來度量較大的容積或是液體體積。

4 我們可以說這個魚缸的容積是 11 加侖。

質量

1 我們可以用英制單位中的盎司來量度非常小的物體的質量。這是一隻質量為 3 盎司的鳥。

2 我們同樣也可以用磅來度量質量。這隻大貓的質量為 18 磅，1 磅等於 16 盎司。

3 英噸用來度量非常重的東西。1 英噸為 2240 磅。這隻大象的質量為 3 英噸。在公制中有一個非常相似的單位叫作噸，或者叫公噸，與英噸的質量有一點點不同。

英制單位與公制單位

英制單位與公制單位的聯繫並不緊密。右表中注明了英制單位與公制單位的等效量，可以幫助您了解這些單位之間是如何互相轉換的。

長度

1英寸=2.54厘米　　　　1厘米=0.39英寸

1英尺=0.30米　　　　　1米=3.28英尺

1碼=0.91米　　　　　　1米=1.09碼

1英里=1.61千米　　　　1千米=0.62英里

體積和容積

1品脫=0.57升　　　　　1升=1.76品脫

1加侖=4.55升　　　　　1升=0.22加侖

質量

1盎司=28.35克　　　　1克=0.04盎司

1磅=0.45千克　　　　　1千克=2.20磅

1英噸=1.02噸　　　　　1噸=0.98英噸

時間的描述

我們通過測量時間來安排日常生活。有時候我們想知道做一件事需要多久，又或者我們需要在一定時間到達某個地方，於是我們用分、秒、時、天、週、月、年來測量時間。

如果我們用12小時制來計時，就需要在時間前注明是上午還是下午。

Clocks

1 看一看這個時鐘，其邊緣的數字告訴我們一天中到了甚麼時候。一天有 24 個小時——白天 12 個小時，晚上 12 個小時。

2 時鐘上最短的指針叫作時針，它指示的是一天中的哪一個小時。

3 繞着時鐘邊緣的標記是告訴我們一小時的分鐘數。60 分鐘為 1 小時。

指針繞着這個方向走叫作順時針方向

4 稍微長一點的指針叫作分針。分針在時鐘上每走一小格是 1 分鐘，每走一個數字是 5 分鐘。

5 60 秒鐘為 1 分鐘。有些時鐘上會有一根又細又長的秒針繞着表面快速移動——每繞滿一圈就是 1 分鐘。

時鐘的類型

並不是所有的時鐘都是一種類型，有些時鐘上面甚至沒有指針。有些時鐘上面一天 24 小時都可以顯示，而不僅僅只有數字 1~12。

有時候數字4寫作「IIII」

1 一些時鐘用羅馬數字標記小時。我們已經在第 10~11 頁見過羅馬數字。

2 24 小時制的時鐘上面有 12 到 24 的數字，因為一天是 24 小時。

時　　　分

3 數字鐘沒有指針，它們直接用數字告訴我們時間，經常為 24 小時制的時鐘。

讀時

我們通常通過說出一天中的某個時刻，或者這一小時已經過去多少分鐘來描述時間。我們可以描述剛剛過去了多少分鐘，又或者離下個整點還有多少分鐘。

4點已過去了5分鐘

1 一個小時
當分針指向 12 時，時間便到了整點。我們用「點鐘」來表示，表中的時間是 8 點鐘。

分針處於錶盤一半的位置，所以是兩點半。

2 半小時
當分針指向 6 時，就代表這一小時已過半。上面這個鐘顯示的時間是兩點半。

3 過了幾分鐘
我們描述一些時間時通常不會很精確，而是喜歡使用 5 的倍數。這個時鐘上面的時間顯示為 4 點過 5 分，也就是說 4 點鐘已經過去了 5 分鐘。

離下一小時
還剩15分鐘

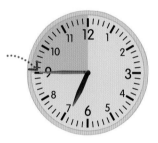

4 一小時過去了一刻鐘
我們可以把時間平分成四份，當分針指向 3 時，我們說這是一小時過去了一刻鐘。這個時鐘顯示的時間為 10 點一刻。

5 一小時還差一刻
當分針指向 9 時，我們說這是離下個小時還差一刻，而不是這小時已過去了三刻。這個時鐘顯示的時間為 7 點差一刻。

6 一小時還剩多少分鐘
當分針轉過數字 6 的時候，我們就說離下個小時還有多少分鐘。這個時鐘顯示的時間為 5 點差 10 分。

秒、分、時、天的轉換

60 秒為 1 分鐘，60 分鐘為 1 小時，24 小時為 1 天。時間的轉換相對於其他單位的轉換要難一些。

分鐘轉換成秒鐘 ×60	小時轉換成分鐘 ×60	天轉換成小時 ×24
21600 秒	**360 分鐘**	**6 小時**	**0.25 天**
秒鐘轉換成分鐘 ÷60	分鐘轉換成小時 ÷60	小時轉換成天 ÷24

1 把 21600 秒轉換成分鐘，我們只需除以 60，得到答案 360 分鐘。把分鐘轉換成秒鐘，則是乘 60。

2 把 360 分鐘轉換成小時，我們除以 60，得到答案 6 小時。把小時轉換成分鐘，則是乘 60。

3 把 6 小時轉換成天數，我們只需除以 24，得到答案 0.25 天。把天數轉換成小時，則是乘 24。

日期

除了秒、分、時之外，我們還可以用天、週、月、年等單位來測量時間。我們用這些單位測量超過 24 小時的時間段。

除了閏年是366天，其餘每一年都是365天。

地球自轉一圈為一天

1 天

24 小時為 1 天。1 天是地球繞軸旋轉一圈的時間。

一週是一個滿月到下一個滿月之間的 $\frac{1}{4}$ 時間

2 週

幾天成一組，作為一個單位，稱為週。7 天為一週，可能是因為這是月亮的 14 個週期（一個滿月與下一個滿月之間的時間）。

一個月以月亮公轉的週期為基礎

3 月

一個月有 28 天到 31 天。「月」可能最先來自陰曆，但隨着時間推移已經發生了改變。並非所有月份的天數都一樣。

一年指的是地球繞太陽一周需要多長的時間

4 年

一般而言，一年有 365 天，大概 52 週，12 個月。一年指的是地球繞太陽一圈的時間長度。

一個月有多少天？

知道每個月有多少天有助於我們計算時間。一年中除了閏年的 2 月有 29 天，大多數月都是 30 天或者 31 天，2 月通常是 28 天。

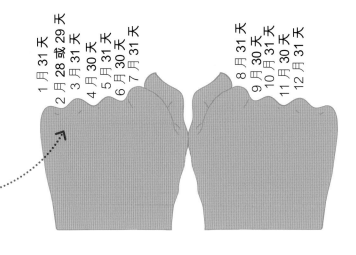

1 月 31 天
2 月 28 或 29 天
3 月 31 天
4 月 30 天
5 月 31 天
6 月 30 天
7 月 31 天

8 月 31 天
9 月 30 天
10 月 31 天
11 月 30 天
12 月 31 天

1
看一看這些指關節，前七個關節之間的凸陷都標記了一個月。

2
在指關節上的月份都是 31 天，有 月、3 月、5 月、7 月、8 月、10 月和 12 月。

3
在兩個關節凹陷處的月份，除了 2 月，其餘是 30 天，有 4 月、6 月、9 月、11 月。

日曆

我們用日曆把一年中的所有天數分成月份和星期。
日曆幫助我們測量與記錄過去的時間。

這年的1月開始於星期五，結束於星期日

2月將會從星期一開始

1 這份日曆顯示的是 1 月的時間。

2 一年有 365 天，沒法平均到每個月、每個星期，所以每月開始的某一天是星期幾，每年都不一樣。

3 這裏，1 月開始於星期五，結束於星期日。這就意味着前一個月（12 月）是在星期四結束，下一個月（2 月）將會從星期一開始。

4 在接下來的幾年中，1 月將會在不同的星期開始並結束。

5 當我們想提及一年中的某一天或者日期時，我們先說年份和月份，接着再說日曆中的這一天。

6 因此，我們可以把這份日曆中 1 月的最後一天說成 1 月 31 日，星期日。

天、週、月、年的轉換

7 日為一周，12 月為一年，時間單位的轉換可能會有一點點難。把日、週轉換成月更加困難，因為每個月的天數跟週數都不盡相同。

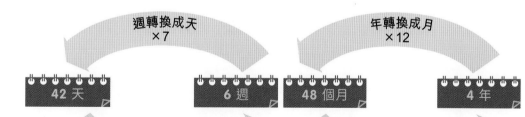

1 把 42 天轉換成周，我們除以 7，得到答案 6 周。如果要換回來，把周換成天，則只需乘 7，又回到了 42 天。

2 把 48 個月轉換成年，我們除以 12，得到答案 4 年。如果要換回來，則只需乘 12，又回到了 48 個月。

時間的計算

時間的加、減、乘、除很簡單,跟其他測量值的計算一樣,我們只需保證其數值單位相同即可。

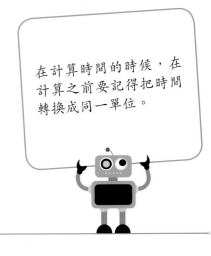

在計算時間的時候,在計算之前要記得把時間轉換成同一單位。

同一單位的時間計算

如果時間是在同一單位下進行測量,那麼就很容易將其進行加減運算。但是,如果是在一開始就計時,我們就必須記得要把最近的分鐘、時或者是天數算出總數,再加上任何剩餘的時間。

1 現在是下午 2:50。一個機器人正準備去坐摩天輪,走向遊樂場的出口。讓我們來計算一下當機器人到達出口時是幾點。

2 我們先要將每一段路程的時間加起來。摩天輪的排隊時間為 8 分鐘,坐摩天輪需要 6 分鐘,走到遊樂場出口需要 2 分鐘,把時間加起來就是:8+6+2=16。

出口

3 然後,我們再把下午 2:50 加上這十幾分鐘,就到了下一個小時。我們先把下午 2:50 加上 10 分鐘,這就到了下午 3:00。

4 最後我們再把剩餘的 6 分鐘加上,時間就到了下午 3:06。

5 所以,機器人到達遊樂場出口的時間為下午 3:06。

混合單位的時間比較

有時候，我們計算時間的單位是混合的，在計算之前必須確保計算數值的單位相同。

1 看看以下從紐約出發的三趟航班的時間。讓我們比較一下每趟旅程的時間，算一算哪趟航班所需的時間最少。

2 當每趟旅程的時間單位不同時，我們不太容易看出哪趟所需時間最少。為了方便計算，讓我們把這三趟航班的時間都換算成小時。

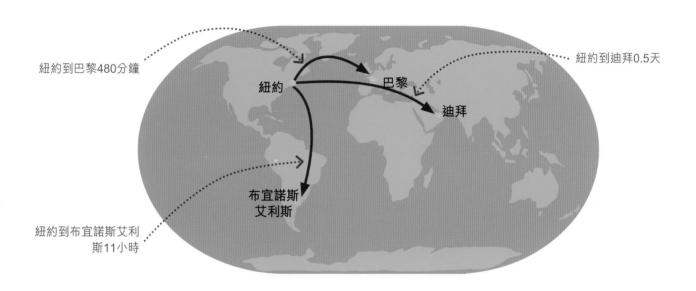

紐約到巴黎480分鐘

紐約到迪拜0.5天

紐約

巴黎

迪拜

布宜諾斯艾利斯

紐約到布宜諾斯艾利斯11小時

3 飛往布宜諾斯艾利斯的時間已經是用小時計了，所以我們先轉換飛往迪拜的時間單位。24 小時為 1 天，只需將 24 乘以 0.5：0.5×24=12。所以，紐約到迪拜的旅程時間為 12 小時。

4 接着，我們轉換飛往巴黎的時間。計算這個我們只需除以 60，因為 60 分鐘為 1 小時：480÷60=8。所以，紐約飛往巴黎需要 8 小時。

5 我們已經計算出從紐約飛往巴黎需要 8 小時，飛往布宜諾斯艾利斯需要 11 小時，飛往迪拜需要 12 小時。所以，飛往巴黎的航班需時最少。

試一試

計算時間

這些機器人正在看一部兩個半小時的電影，它們已經看了80 分鐘了，這部電影還剩多少分鐘？

1 把電影時長轉換為分鐘。

2 現在您要做的就是拿電影總時長減去已經看了的時間。

結束

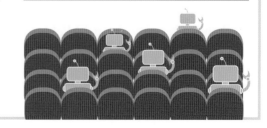

答案見第 319 頁

貨幣

了解貨幣能幫助我們在購物的時候算出貨物有多貴，並且準確地找零。很多貨幣制度（又叫通貨）在世界範圍內都使用。在中國，我們用的貨幣單位包括元、角和分。

看一看這家商店中的商品，看看它標的價格是多少。

我們在元前加「$」的符號，或者在金額後面寫上「角」或「分」。

$1 表示 1 元。我們把貨幣叫作十進制貨幣，也可以把角和分看做是元的小數部分。

元和角寫在一起時，如果角的總額超過了 10 角，我們就把 10 角轉換成 1 元，小於 10 的角可以寫在元後面作為小數部分。如果分的總額超過了 100 分，就把 100 分轉換成 1 元，小於 100 分的寫在元後作為小數部分。

所以，1 元 46 分（1 元 4 角 6 分）寫作 $1.46。

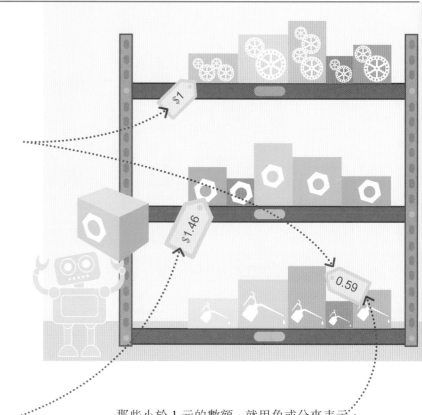

那些小於 1 元的數額，就用角或分來表示。

貨幣單位的轉換

元與分之間的轉換很容易，因為 100 分就是 1 元。把分換算成元，只需除以 100；把元換算成分，則要乘 100。

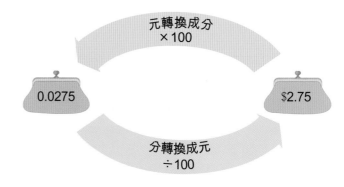

元轉換成分
× 100

分轉換成元
÷ 100

0.0275　　　$2.75

把 275 分轉換成元，我們只需將 275 除以 100，得到答案 $2.75。

把元轉換成分，只需將 2.75 乘 100，得到答案 275 分。

貨幣的使用

貨幣包括紙幣和硬幣，我們可以把它們組合在一起得到我們想要的數目。

右圖是我們常用的硬幣，可以用它們組合成不同錢數，看一看我們能用甚麼不同的方式把它們組合在一起，得到 2.7 元。

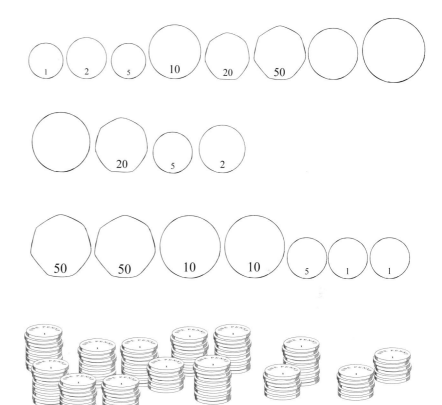

我們可以用兩個 1 元的硬幣、1 個 5 角的硬幣和 2 個 1 角的硬幣組合成 2.7 元。

我們也可以用一個 1 元的硬幣、三個 5 角的硬幣和 2 個 1 角的硬幣，組合得到 2.7 元。

我們甚至可以用二十七個 1 角的硬幣組合得到 2.7 元。用硬幣組合成 2.7 元的方法還有很多種！

當我們去商店購物時，有時候會得到找回來的零錢，這些零錢通常是硬幣。

我們可以把不同的紙幣和硬幣組合在一起，得到不同的金額。

現實世界的數學

古幣

縱觀歷史，人們使用過各種各樣的東西來充當貨幣，像貝殼、象尾、羽毛以及鯨魚牙齒。因為這些東西被認為是很有價值的。

貨幣的計算

貨幣的計算與小數的運算是一樣的。我們可以用所知道的數字進行心算，也可以筆算，比如豎式加法（見第 86~87 頁）或豎式減法（見第 96~97 頁）。

增加金額

1 運用豎式加法將 26.49 元加上 34.63 元。我們已經在第 86~87 頁學過如何作豎式做加法。

$$26.49元 + 34.63元 = ?$$

2 我們先把一個數字寫在另一個數字的上方，將小數點對齊寫在同一列，然後在答案線下對應的位置標上小數點。

	元		分	
¹2	¹6 .	¹4	9
3	4 .	6	3
6	1 .	1	2

＋

小數點對齊

3 然後，我們從右至左，將每個數字加到一起，得到答案是 61.12 元。

4 所以，26.49 元 +34.63 元 =61.12 元。

$$26.49元 + 34.63元 = 61.12元$$

湊整數

我們算錢還有另外一種辦法，就是先加上或減去幾角或幾分錢，把它湊成整元，這樣把數值湊成整數就更容易算出一個大概的總額。然後我們只需要在最後調整一下答案就行。記住，1 元等於 100 分。

1 讓我們把 39.98 元和 45.99 元湊成與其最接近的整元數。

$$39.98元 + 45.99元 = ?$$

2 我們先把 39.98 元加上 2 分，得到 40 元，把 45.99 元加上 1 分得到 46 元。這個過程中，我們總共加了 3 分。

$$40元 + 46元 = ?$$

3 然後，我們把兩個數值加到一起：40 元 +46 元 =86 元。

$$40元 + 46元 = 86元$$

4 最後，我們只需要減去我們一開始加上的 3 分即可：86 元 -3 分 =85.97 元。

$$86元 - 3分 = 85.97元$$

5 所以，39.98 元 +45.99 元 =85.97 元。

$$39.98元+45.99元=85.97元$$

找零

當我們付錢時，知道還能找回多少零錢很重要。我們要做的就是找到商品價格與我們所付金額的差值，然後把金額加到一起。如果金額的貨幣單位不一樣，我們一開始要先進行單位換算。

1 看一看這些動物，如果我們用 10 元買 3 隻倉鼠和 1 隻兔子，計一計還能找回多少零錢？

倉鼠每隻
80 分

2 我們先要計算出買這些動物總共要花多少錢。我們知道 80 分就是 0.80 元，所以：
$(0.80×3) +2.70=2.40+2.70=5.10$。買這些動物總共要花費 5.10 元。

3 現在我們可以來計算花 10 元買這些動物找回的零錢了。先湊成最近的整元數，把 5.10 元加上 90 分得到 6 元。

4 然後計算要加上幾元可以使其達到 10 元。加上 4 元即能達到總數 10 元。

5 現在，我們再把這兩個數值加在一起：4 元 + 90 分 =4.90 元。

兔子每隻
2.70 元

6 所以，我們用 10 元買完動物後得到的零錢是 4.90 元。

試一試

計算一下用了多少錢

您能以元為單位，算出這些商品的總費用嗎？記得轉換數值以確保它們是同一個單位。

每個 50 分　每瓶 1.70 元　每瓶 80 分

答案見第 319 頁

GEOMETRY

在幾何學中，我們會學習線、角、圖形、
對稱以及空間。在大自然中，我們可以看
到很多的幾何圖案，比如水晶的形狀以及
對稱的雪花。幾何學在日常生活中也有很
多其他用途—舉個例子，在導航中我們會
用到它；在設計和建築結構中，比如建築
橋樑、房屋的時候也會用到它。

甚麼是線？

我們把線稱為一維線，它們有長度卻沒有厚度。

一條線連接兩點。在幾何學中，線既可以是直的，也可以是彎的。線有長度，可以測量，但沒有厚度。

1 請看 A 與 B 之間的這條線，它告訴我們兩點之間最短的距離。

2 這條曲線繞樹彎曲，使得 A 與 B 之間的距離要大於直線。

求證

這張地圖上顯示了 A 與 B 兩點之間三條可能的路線。有一個很容易的辦法可以證明兩點之間直線路程最短。

1 路線 1 是一條筆直的小路，從 A 點沿着此路拉一根繩子到 B 點，在繩子碰到 B 點的時候做上記號。

2 現在對路線 2 做同樣的事情，在繩子碰到 B 點的時候做上標記。繩子上新的標記要長出許多，所以路線 2 一定要比路線 1 長。

3 現在沿着路線 3 也就是河流拉一根繩子。這次您在繩子上所做的記號最遠，所以路線 3 是最長的。

水平線和垂直線

我們用不同的名字來描述線，比如它們的方向，或者它們與其他線的關係。水平線從一邊到另一邊都是水平的，而垂直線則是上下垂直的。

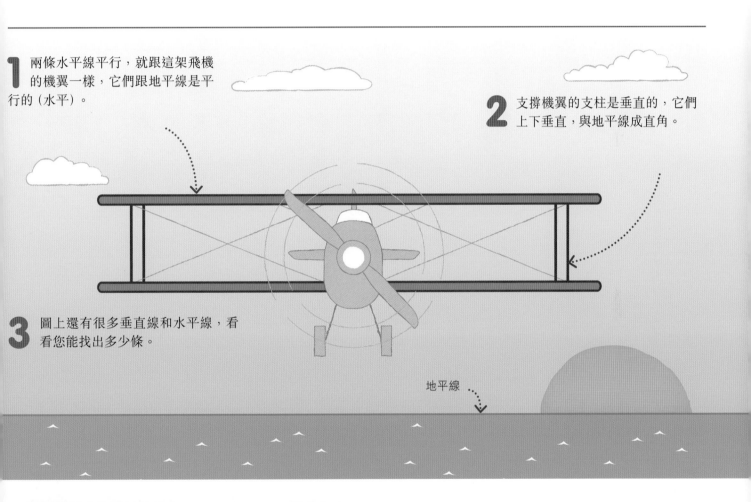

1 兩條水平線平行，就跟這架飛機的機翼一樣，它們跟地平線是平行的（水平）。

2 支撐機翼的支柱是垂直的，它們上下垂直，與地平線成直角。

3 圖上還有很多垂直線和水平線，看看您能找出多少條。

地平線

現實世界的數學

到底是不是水平線？

有些東西必須要保持水平，比如書架，又或者是房屋牆壁上的磚層。如果一條道路有輕微的斜坡，那麼車子就會一直溜到底，除非我們拉住手掣。

斜線

傾斜的直線稱為斜線。斜線既不是垂直的也不
是水平的。

直線可以是水平的、垂
直的或者是斜的。

1 看這幅圖上的滑索,它是由水平
線、垂直線以及斜線組成的。

圖形裏的對角線

在幾何學中,圖形裏的斜線稱為對角
線。對角線是圖形內的直線,它連接
兩個不相鄰的角。

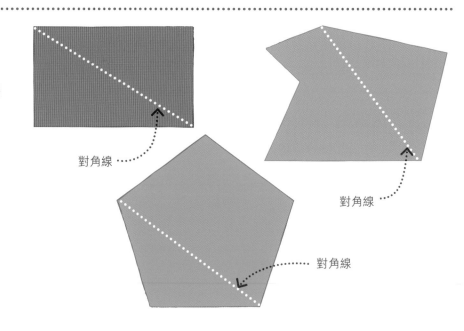

對角線

對角線

對角線

1 這裏有一些內對角線的例子。每個圖形
上都有一條對角線。

2 圖形的邊越多,裏面的對角線就會
越多。

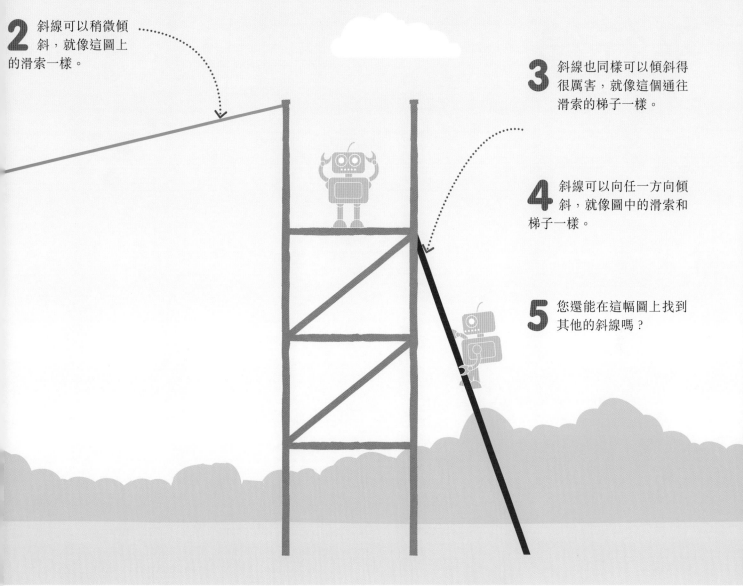

2 斜線可以稍微傾斜，就像這圖上的滑索一樣。

3 斜線也同樣可以傾斜得很厲害，就像這個通往滑索的梯子一樣。

4 斜線可以向任一方向傾斜，就像圖中的滑索和梯子一樣。

5 您還能在這幅圖上找到其他的斜線嗎？

試一試

用對角線製作圖案

畫一個正六邊形（6 條邊相等的圖形），或者就用右邊這個圖形。用尺子和鉛筆從一個角到另一個角連接對角線。右圖已經畫出了三條白色的對角線，請把所有的對角線都畫出來，您能數出一共有多少條對角線嗎？翻到 320 頁檢查您是否做對了，然後給其上色，製成圖案。

答案見第 320 頁

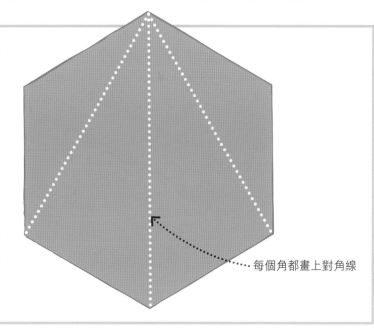

每個角都畫上對角線

平行線

當兩條或兩條以上的線的長度無限延伸且它們之間的距離完全一樣時，它們被稱為平行線。

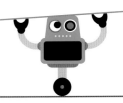

您不可能只畫出一條平行線，因為平行線總是有兩條或者兩條以上。

1 平行線
這些滑雪痕是平行的，不管您把雪痕延伸多長，它們都不會相交。

即使線無限延伸，平行線也永遠不會相交。

2 非平行線
這兩條雪痕並非平行線。沿着雪痕往遠處看，兩條線之間的距離並不相同。如果雪痕一直延伸，最後將會相交。

在這一端，非平行線將會越走越遠。

3 平行曲線
平行線可以像雪痕一樣成波浪狀或曲折狀。重要的是它們之間的距離總是相等，並且永不相交。

4 當線平行時，我們給它們標上這樣的小箭頭：

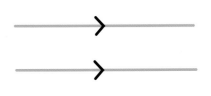

試一試

它們是平行線嗎？

右邊的場景是由多條平行線與非平行線組成的，您能把它們都認出來嗎？

答案見第 320 頁

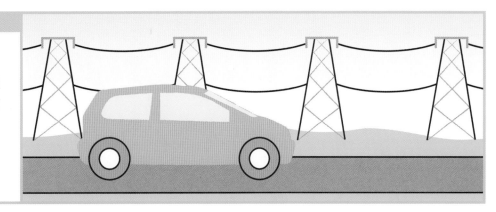

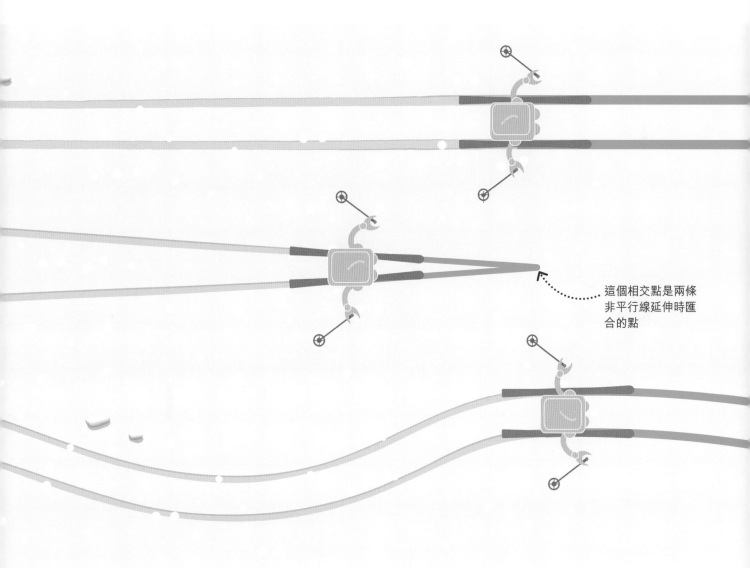

這個相交點是兩條非平行線延伸時匯合的點

5 平行線並非只能是一對—兩條以上的直線也可以相互平行。平行線也不一定要長度相等。

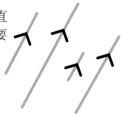

6 連接成圓的線也可以是平行的，就像這些以同一中心為基點的圓，叫作「同心圓」。

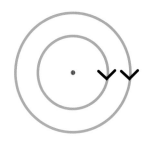

垂線

垂線成對出現，當兩條直線相互成直角時，我們把它稱為垂線。有關直角的內容可以在第 232 頁找到。

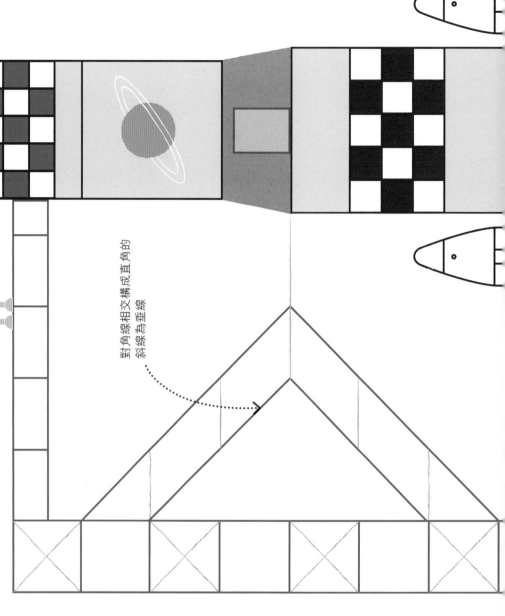

對角線相交構成直角的斜線為垂線

1 看這幅圖中處於發射台上的火箭，您可以看到平行線、垂直線和斜線。其中有些線是互相垂直的。

我們用這樣的角符號標記直角

2 當垂直線與水平線像這樣相交時，我們說它們相互垂直，把其相交構成的角叫作「直角」。

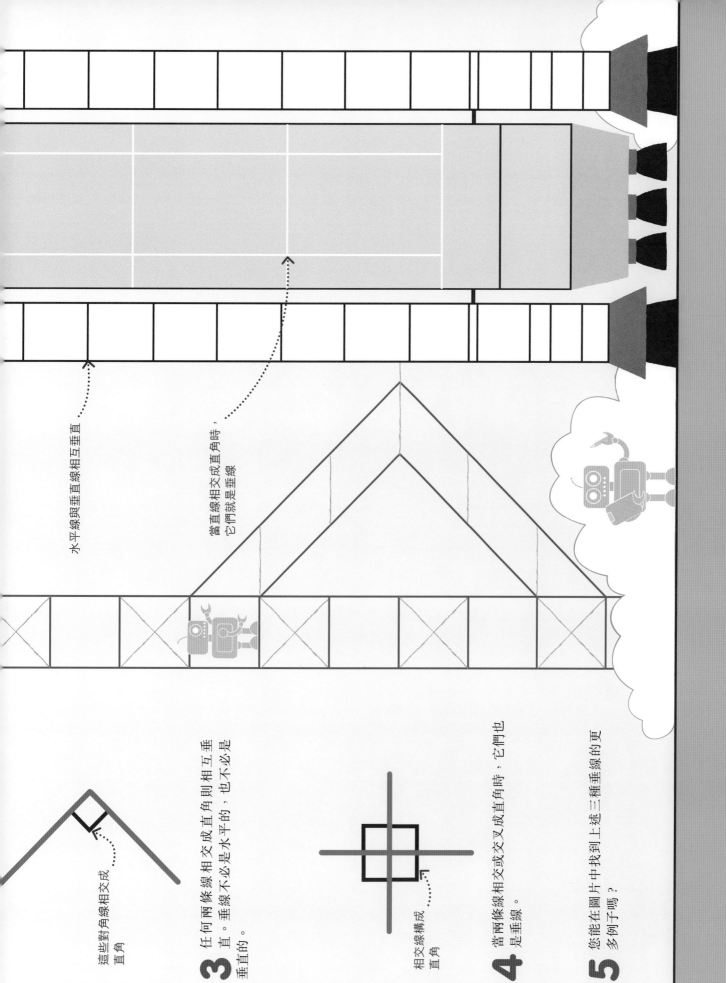

水平線與垂直線相互垂直

當直線相交成直角時，
它們就是垂線

這些對角線相交成
直角

3 任何兩條線相交成直角則相互垂
直。垂線不必是水平的，也不必是
垂直的。

相交線構成
直角

4 當兩條線相交或交叉成直角時，它們也
是垂線。

5 您能在圖片中找到上述三種垂線的更
多例子嗎？

平面圖形

平面圖形是平的，就像我們在紙上或者電腦屏幕上畫的圖形一樣。平面圖形又叫 2D 圖形，2D 也稱二維，因為其圖形有長和高或者長和寬，但是沒有厚度。

多邊形和非多邊形

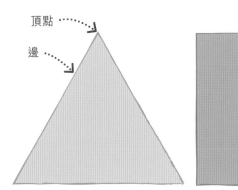
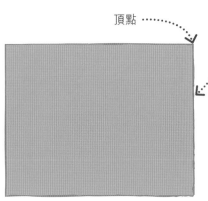
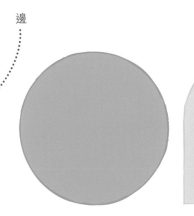

頂點

邊

頂點

邊

1 多邊形
多邊形是由三條或三條以上的邊和角組成的直邊圖形。兩條線相交成角的點叫作「頂點」。

2 非多邊形
其他還有一些平面圖形是由曲線組成的，像上面的圓，或者其旁邊的由曲線和直線共同組成的圖形。

多邊形的描述

我們通常用短橫線標記多邊形的邊，以表示哪些邊是相等的。

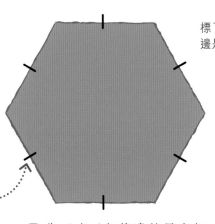
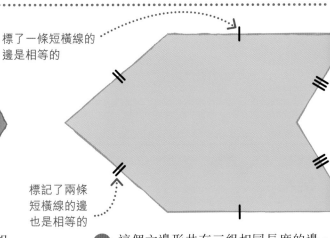

標了一條短橫線的邊是相等的

每條邊上都標了一個短橫線，表明它們長度相等。

標記了兩條短橫線的邊也是相等的

1 為了表示每條邊的長度相等，六邊形（六角形）的六條邊上都標上了一條短橫線。

2 這個六邊形共有三組相同長度的邊。第一組標記了一條短橫線，第二組標記了兩條短橫線，第三組標記了三條短橫線。

正多邊形和不規則多邊形

多邊形是由直邊組成的二維圖形。正多邊形邊長相等，角度相同。不規則多邊形的邊長與角度都不相同。

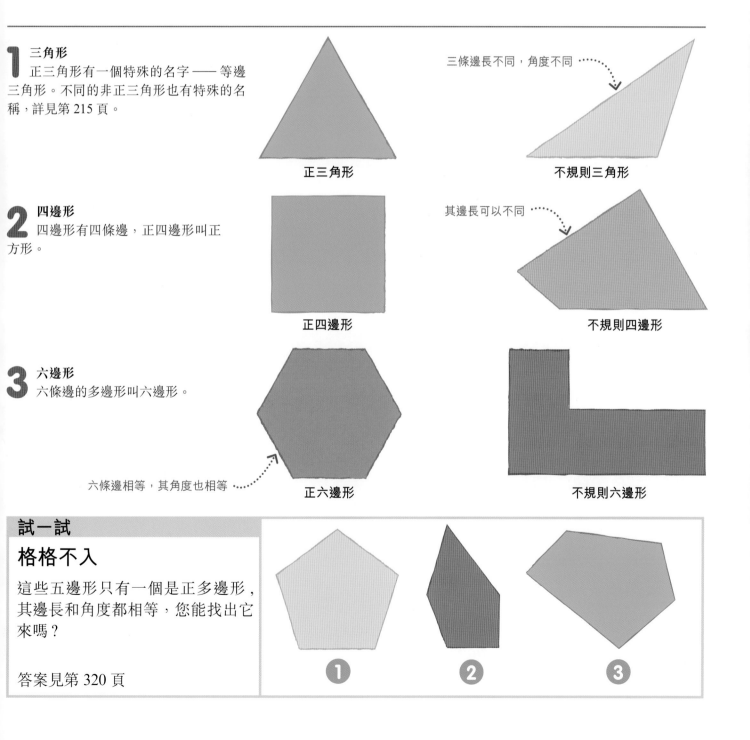

1 三角形
正三角形有一個特殊的名字 —— 等邊三角形。不同的非正三角形也有特殊的名稱，詳見第 215 頁。

三條邊長不同，角度不同

正三角形　　不規則三角形

2 四邊形
四邊形有四條邊，正四邊形叫正方形。

其邊長可以不同

正四邊形　　不規則四邊形

3 六邊形
六條邊的多邊形叫六邊形。

六條邊相等，其角度也相等

正六邊形　　不規則六邊形

試一試

格格不入

這些五邊形只有一個是正多邊形，其邊長和角度都相等，您能找出它來嗎？

答案見第 320 頁

① ② ③

三角形

三角形是多邊形的一種。三角形有三條邊、
三個頂點和三個角。

三角形是有三條直邊和
三個角的多邊形。

三角形的組成部分

在幾何學中,我們給予三角形的不
同部位以不同的名稱。

1 **邊**
組成三角形的三條直
線叫作邊。

2 **點**
三角形的角,也就
是兩條線相交的地方,
叫作點。

3 **底邊及頂點**
底邊是支撐三角形的邊。
頂點是三角形中最高的點,與
底邊相對。

頂點

底邊位於底部

全等三角形

兩個或兩個以上擁有等邊、等角的三
角形叫全等三角形。右邊這些三角形
的方向雖然不同,但它們依然全等。

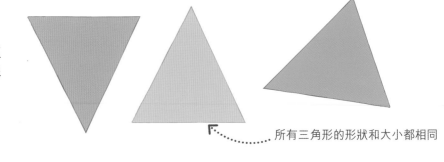

所有三角形的形狀和大小都相同

三角形的種類

根據邊長和角度的不同，我們給予三角形不同的名字。第 240～241 頁
有詳細的關於三角形的角度的知識。

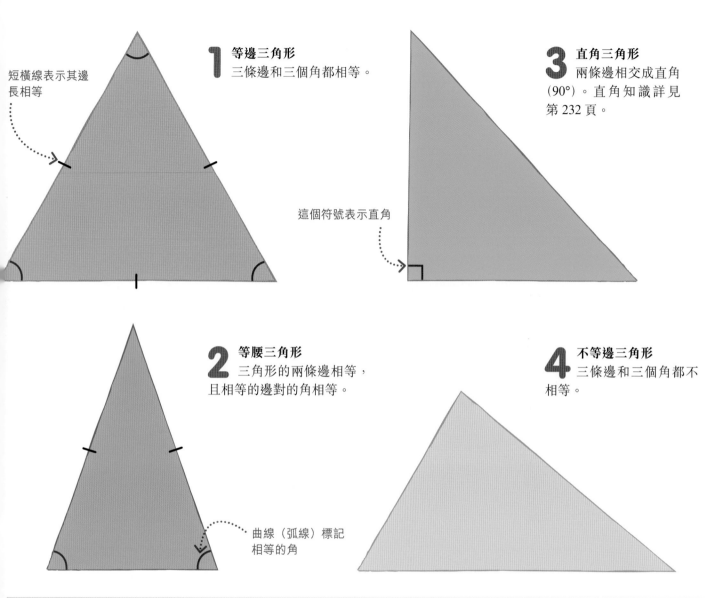

短橫線表示其邊長相等

1 等邊三角形
三條邊和三個角都相等。

2 等腰三角形
三角形的兩條邊相等，且相等的邊對的角相等。

曲線（弧線）標記相等的角

3 直角三角形
兩條邊相交成直角（90°）。直角知識詳見第 232 頁。

這個符號表示直角

4 不等邊三角形
三條邊和三個角都不相等。

試一試

三角形測驗

這幅圖包含了不同種類的三角形。您能分別找出等邊三角形、等腰三角形、不等邊三角形和直角三角形嗎？

答案見第 320 頁

四邊形

四邊形是有四條直邊、四個點和四個角的多邊形。

四邊形的邊是直的，您找不到一個四邊形的邊是彎曲的！

四邊形的類型

這兒有一些最常見的四邊形。

對邊用短橫線標記，表示它們長度相等。

平行邊用同樣的箭頭標記

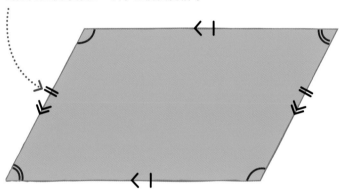

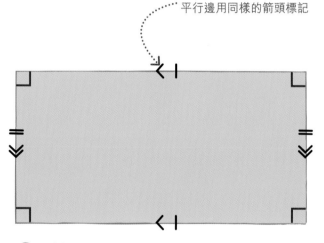

1 平行四邊形
平行四邊形有兩組互相平行的邊，其對角和對邊都相等。

2 長方形
長方形的對邊長相等，且相互平行，其四角都是直角。

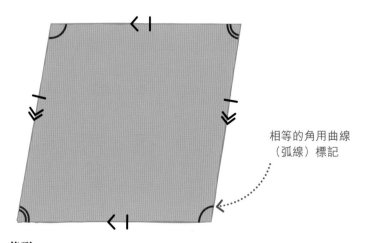

相等的角用曲線（弧線）標記

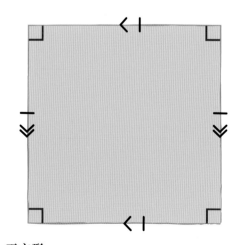

3 菱形
菱形四邊相等，對邊平行，且對角相等。

4 正方形
正方形四邊相等，四個角都是直角。正方形的對邊平行。

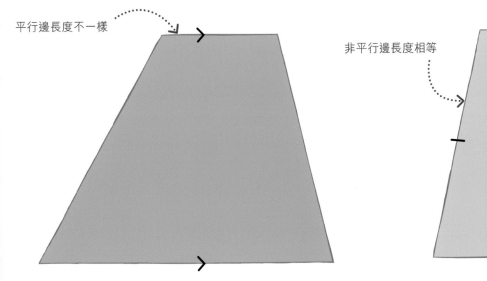

平行邊長度不一樣

5 梯形
梯形有一對平行邊，又叫作不規則四邊形。

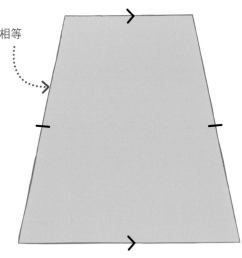

非平行邊長度相等

6 等腰梯形
等腰梯形與普通梯形不同的地方在於它的兩條腰長度相等。

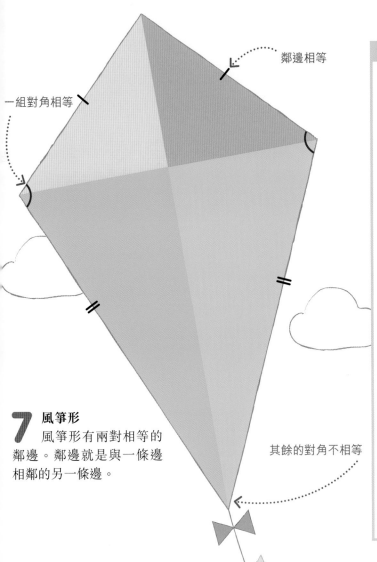

鄰邊相等

一組對角相等

7 風箏形
風箏形有兩對相等的鄰邊。鄰邊就是與一條邊相鄰的另一條邊。

其餘的對角不相等

試一試

圖形的歪斜

看一看下面的正方形和菱形。菱形看起來像是正方形的歪斜版本，好像是把正方形側向推了一下。現在再來看長方形，如果您以同樣的方法把它歪斜一下，會得到甚麼樣的圖形呢？

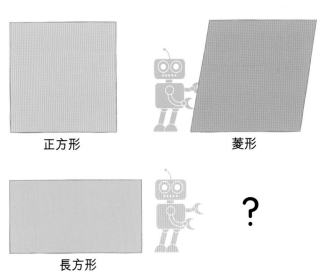

正方形　　　　　　　　　　菱形

長方形　　　　　　？

答案見第 320 頁

多邊形的命名

多邊形以其邊數和角數命名。這兒有一些最常見的多邊形。

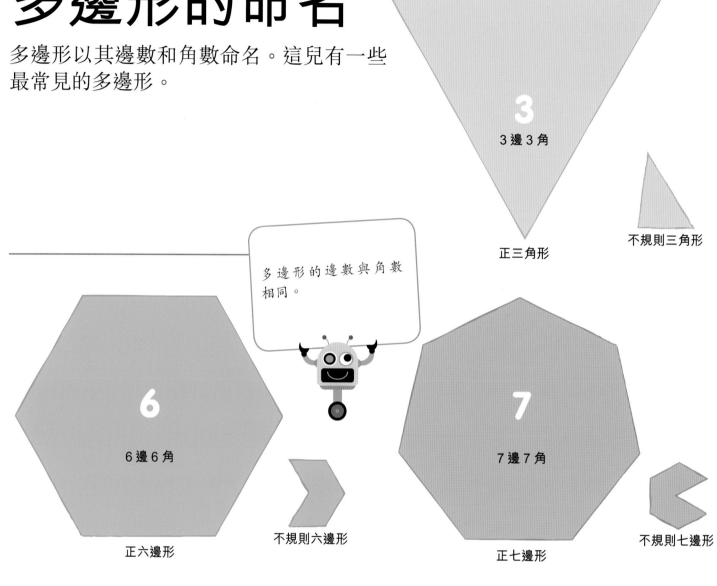

3

3 邊 3 角

正三角形

不規則三角形

多邊形的邊數與角數相同。

6

6 邊 6 角

正六邊形

不規則六邊形

7

7 邊 7 角

正七邊形

不規則七邊形

10

10 邊 10 角

正十邊形

不規則十邊形

現實世界的數學

六邊形中的蜂蜜

為了儲存自己釀造的蜂蜜，一些蜜蜂會用自己體內產生的蠟做成蜂巢。蜂窩狀細胞是正六邊形，它們完美地結合在一起，為蜂蜜建造了一個堅固且節省空間的存儲空間。

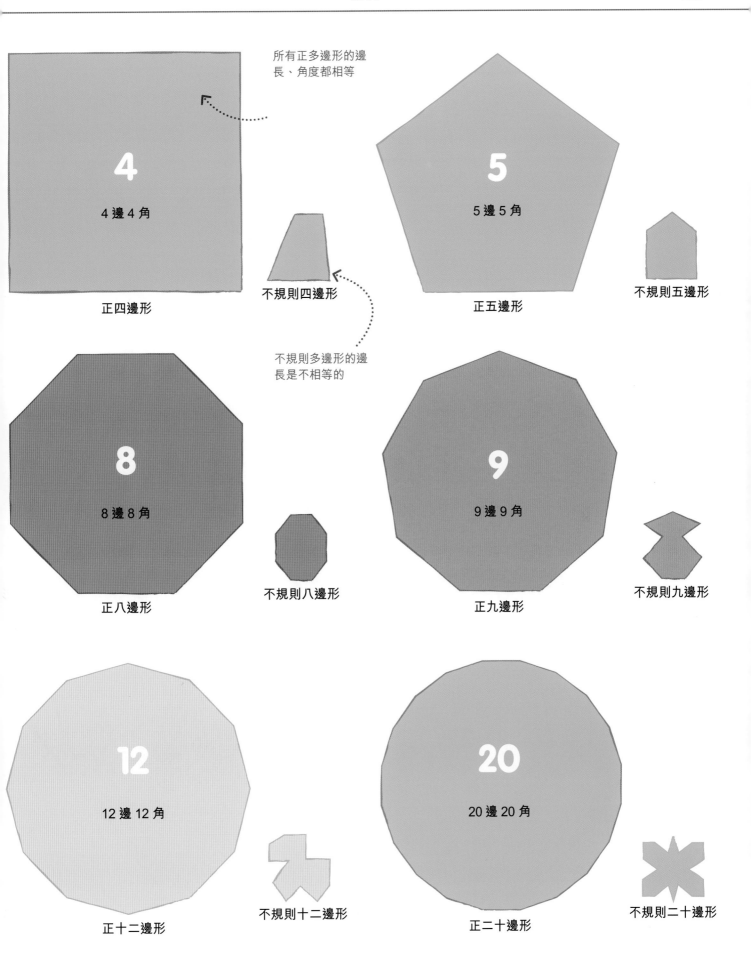

所有正多邊形的邊長、角度都相等

4

4 邊 4 角

正四邊形

不規則四邊形

不規則多邊形的邊長是不相等的

5

5 邊 5 角

正五邊形

不規則五邊形

8

8 邊 8 角

正八邊形

不規則八邊形

9

9 邊 9 角

正九邊形

不規則九邊形

12

12 邊 12 角

正十二邊形

不規則十二邊形

20

20 邊 20 角

正二十邊形

不規則二十邊形

圓

圓是二維圖形，它是以圓心為定點，圍繞一周而成的封閉曲線。其曲線上任意一點到圓心的距離都相等。

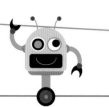

從圓心出發，到圓上任意一點的距離都相等。

圓的部分

下圖展示了圓最重要的部分。這上面有些部分有着特殊的名稱，不會出現在其他二維圖形上。

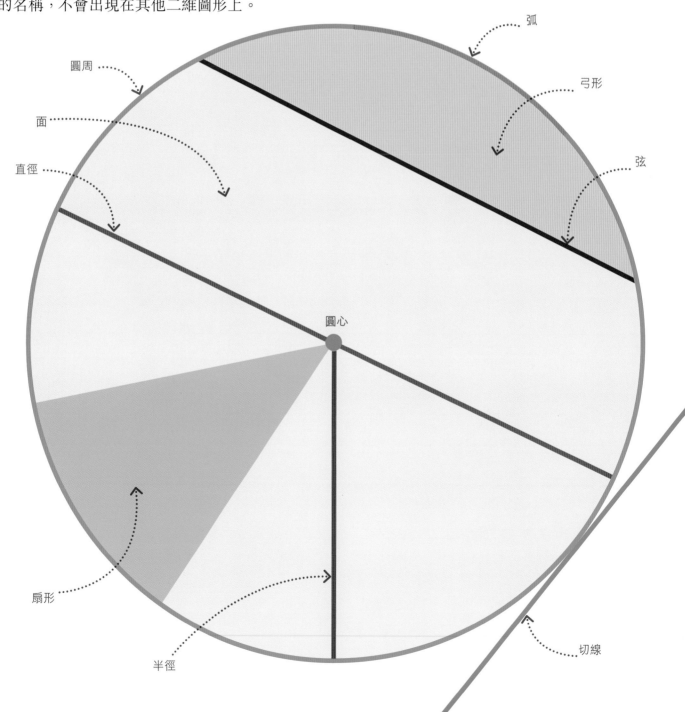

1 圓周
圓一圈的長度，是指圓的周長。

2 半徑
從圓心到圓周的直線。

直徑把圓分成兩半

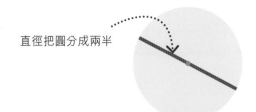

3 直徑
從圓的一邊穿過圓心到另一邊的直線。直徑是半徑的兩倍。

4 弧
圓周上的任何部分都叫弧。

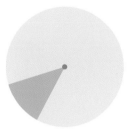

5 扇形
由兩條半徑和一個圓弧組成的部分。

6 面
圓周內的空間量。

7 弦
不穿過圓心，連接圓周上兩點的線。

8 弓形
介於弦和弧之間的空間。

9 切線
與圓只有一個交點的直線。

試一試

測量直徑

我們無法用尺子來測量圓周，因為尺子無法測量曲線。但是，我們只要把圓的直徑乘以 3.14 就能得到任何圓的圓周。

答案見第 320 頁

用尺子測量其直徑

1 首先測量這個輪子的直徑，然後把它的直徑乘以 3.14，就可以計算出圓的周長。

2 現在用一條線繞圓一圈，再用尺子測量線的長度，您能得到相同的答案嗎？

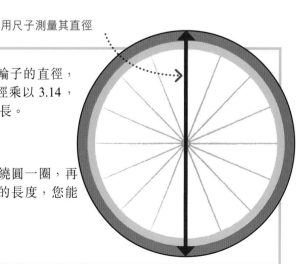

立體圖形

立體圖形（或三維圖形）是指有長、寬、高的圖形。立體圖形可以是實心的，像岩石塊一樣；也可以是空心的，比如足球。

所有的立體圖形都是三維的，有長、寬和高。而平面圖形只有長和寬，或者長和高。

1 看看這幅圖上的花房
它由平面、連接線和交點組成。在幾何學中，這些被稱為面、棱和頂點。

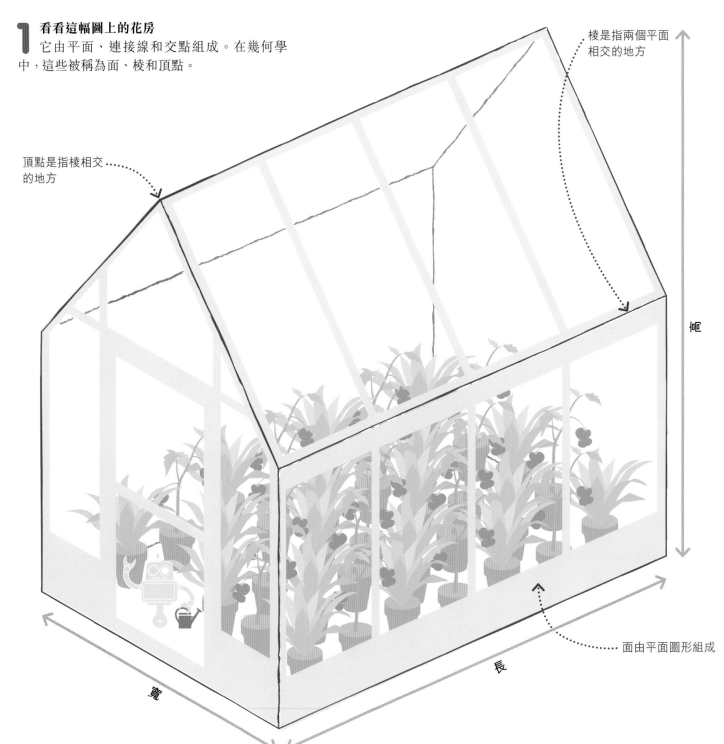

棱是指兩個平面相交的地方

頂點是指棱相交的地方

高

寬

長

面由平面圖形組成

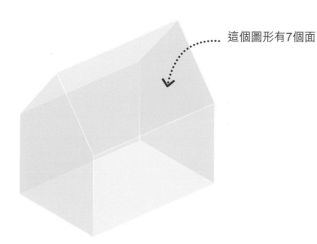

這個圖形有7個面

2 面

立體圖形的表面由叫面的平面圖形組成，面可以是平的，也可以是曲的。

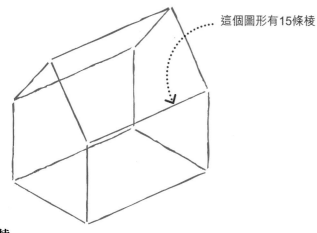

這個圖形有15條棱

3 棱

立體圖形的棱是由兩個平面或多個平面相交所組成的。

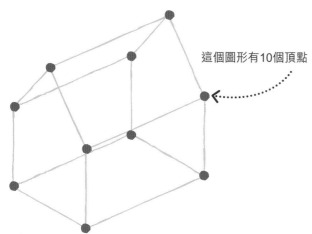

這個圖形有10個頂點

4 頂點

兩條或兩條以上棱相交的地方叫頂點。

試一試

找一找面

您能在下面的立體圖形上找出所有的面、棱、頂點嗎？

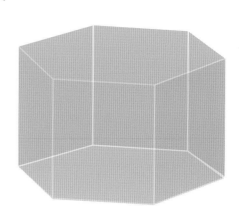

答案見第 320 頁

現實世界的數學

立體的世界

所有擁有長、寬、高的東西都是立體的。即使是再小的東西，就像厚度小於 1mm 的一張紙也是有高度的，所以，它也是立體的。一個複雜的圖形，就像下面花盆裏的植物，儘管很難測量其尺寸，但它也是立體的。

立體圖形的種類

立體圖形可以是任何形狀，也可以是任何大小，這兒有些您
將在幾何學中經常遇到的圖形，讓我們一起看一看。

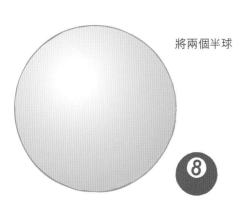

將兩個半球的平面合在一起可以組成一個球

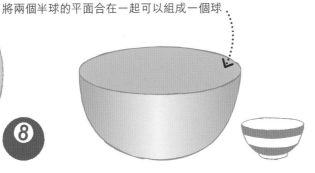

相對面是相同的長方形

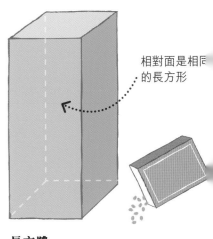

1 球體
球體是圓實心的，只有一個面，沒有棱和頂點，其表面的任何一點到球體中心的距離相同。

2 半球
半球就是半個球體，它有一個平面和一個曲面。

3 長方體
長方體是有 6 個面的像盒子一樣的形狀體。它有 8 個頂點和 12 條棱，其相對面是相等的。

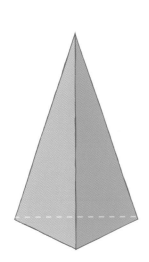

頂點

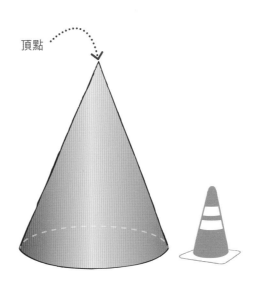

圓面

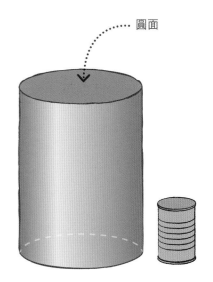

5 三角金字塔
三角金字塔又叫四面體，它有 4 個面、4 個頂點、6 條棱。在日常生活中，這種形狀的物體不太常見。

6 圓錐體
圓錐體有一個圓底和一個曲面，其基部中心正上方的點為頂點。

7 圓柱體
圓柱體有兩個相同的圓面，這兩個圓面由一個曲面連接。

除了球體——它沒有棱和頂點，大多數立體圖形都由面、棱和頂點組成。

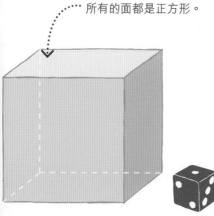

所有的面都是正方形。

4 立方體

立方體是一種特殊的長方體。它也有 6 個面、8 個頂點和 12 條棱，但是它的棱都是相等的，且其面都是正方形。

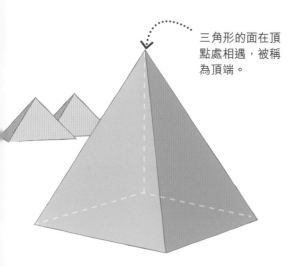

三角形的面在頂點處相遇，被稱為頂端。

8 方形金字塔

方形金字塔的底部為正方形面，其餘面為三角形。它有 5 個頂點和 8 條棱。

正多面體

正多面體是由一樣大小、形狀的正多邊形組成的立體圖形。在幾何學中，只有 5 種正多面體，它們以古希臘數學家柏拉圖的名字命名，叫作「柏拉圖立體」。

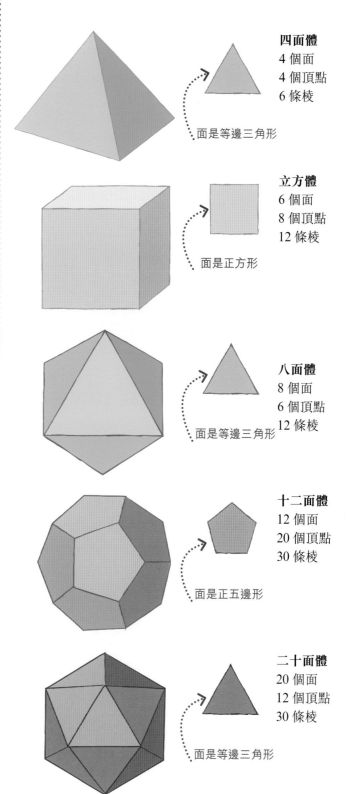

四面體
4 個面
4 個頂點
6 條棱

面是等邊三角形

立方體
6 個面
8 個頂點
12 條棱

面是正方形

八面體
8 個面
6 個頂點
12 條棱

面是等邊三角形

十二面體
12 個面
20 個頂點
30 條棱

面是正五邊形

二十面體
20 個面
12 個頂點
30 條棱

面是等邊三角形

棱柱

棱柱是一種特殊的立體圖形。它是多面體，也就是說它的所有的面都是平面，其兩端的面也是大小相等、形狀相同，並且相互平行的。

棱柱的棱長和形狀都是相同的。

找棱柱

看一看這幅圖上的營地，我們已經標出了一些棱柱，您能把其他的棱柱都找出來嗎？您應該可以找到八個棱柱。

帳篷形狀的兩端是平行三角形，所以我們把它叫作「棱柱」。

這顆棉花軟糖是棱柱——它平行的兩端是正方形

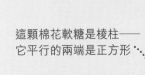

橫截面

如果您切下一塊棱柱使其平行於端面，那麼所得到的新的面就叫作橫截面，它與最初的平面形狀相同、大小相等。

所有橫截面的形狀都相同，大小都相等。

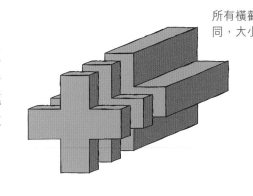

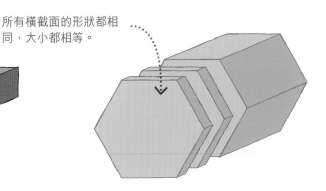

棱柱的種類

幾何學中有很多的棱柱,這兒是一些最常見的。

棱柱的側面都是平行四邊形

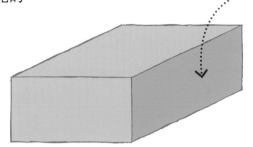

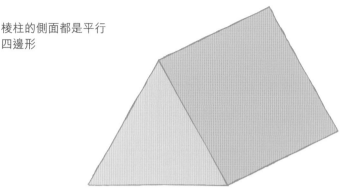

1 長方體
長方體是棱柱,其相對的端面是長方形,所以我們把它叫作矩形棱柱。

2 三角棱柱
三角棱柱就像帳篷,其端面為三角形。

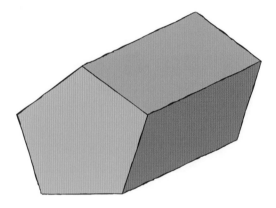

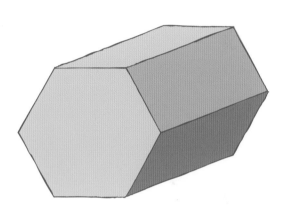

3 五棱柱
五棱柱的端面都是五邊形,還有 5 個長方形面。

4 六棱柱
六棱柱的平行端面為六邊形—有 6 條邊的多邊形。

試一試

找出非棱柱

右邊的圖形中有哪一個不是棱柱?檢查兩端是否有平行面。此外,如果您切下一塊圖形,使其平行於端面,那麼這些橫截面都會相同嗎?

答案見第 320 頁

展開圖

展開圖是平面圖形，可以將它們裁剪、摺疊，黏在一起後成為立體圖形。一些立體圖形，比如這頁書上的立方體，就可以做成很多不同的展開圖。

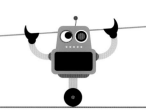

展開圖就是立體圖拆開成平面圖後的樣子。

立方體的展開圖

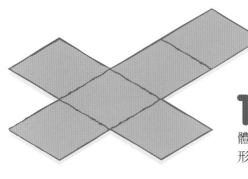

1 這個圖形由 6 個正方形組成，可以摺疊成一個立方體。在幾何學中，我們說這個圖形是立方體的展開圖。

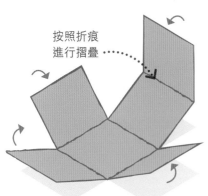

按照折痕進行摺疊

2 圖形沿着折線被分割成方形。沿着線摺疊起來時，折痕就成了立方體的棱。

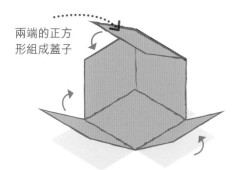

兩端的正方形組成蓋子

3 在正方形中心周圍的正方形是立方體的面，離正方形中心最遠的面將成為「蓋」。

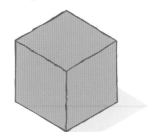

4 這個平面展開圖現在變成了一個立方體。

試一試

找到更多的展開圖

下面有 3 個立方體的展開圖。事實上，立方體的展開圖有 11 種之多，您能做出其他展開圖嗎？

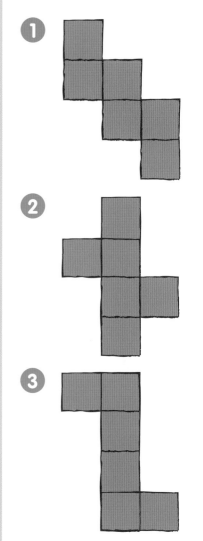

❶

❷

❸

答案見第 320 頁

其他立體圖形的展開圖

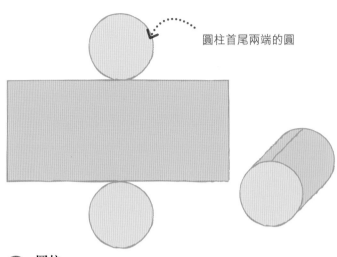

圓柱首尾兩端的圓

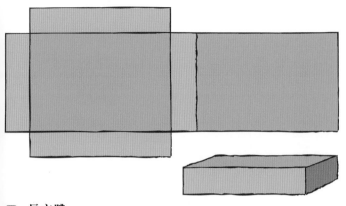

1 長方體
長方體的展開圖由 3 對不同大小的長方形組成

2 圓柱
圓柱的展開圖由 2 個圓和 1 個長方形組成

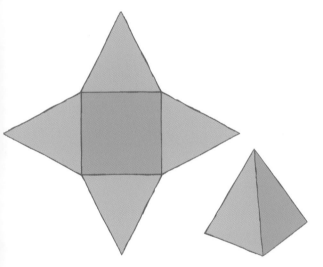

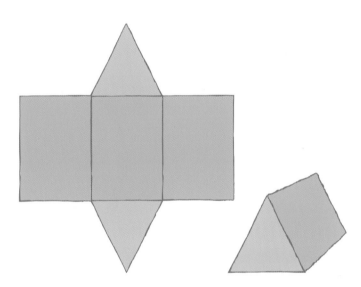

3 方形金字塔
方形金字塔的展開圖由 1 個正方形和 4 個三角形組成

4 三棱柱
三棱柱的展開圖由 3 個長方形和 2 個三角形組成

現實世界的數學

盒子需要糊頭

當我們為真正的立體圖形畫展開圖時，我們通常要留出糊頭。糊頭是指圖形邊上所加的襟翼，以便我們更容易地把盒子黏在一起。如果您把一個空的麥片盒拆開，您會看到糊頭可以將面板黏在一起，從而組成盒子。

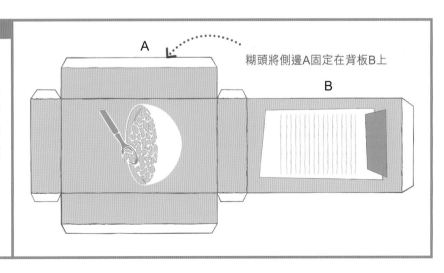

A

糊頭將側邊A固定在背板B上

B

角度

角度是從一個方向到另一個方向所轉動或旋轉的量度，也是兩條線從不同方向相交於一點所構成的夾角的量度。

角度是某物圍繞某一定點轉動的量的量度。

1 讓我們看看一些圍繞中心點的線。隨着它們的旋轉，就形成了角。

2 綠線的一端一直保持在中心，而另一端已經開始轉動了。

3 如果紫線轉到這兒，它就已經從開始轉了四分之一圈，我們把這叫作四分之一轉。

4 藍線從它開始的地方已經轉了一半，成為一條直線，我們把它稱為半轉。

5 如果讓這條線轉完一圈，就會回到它初始的地方，這就叫「全轉」。

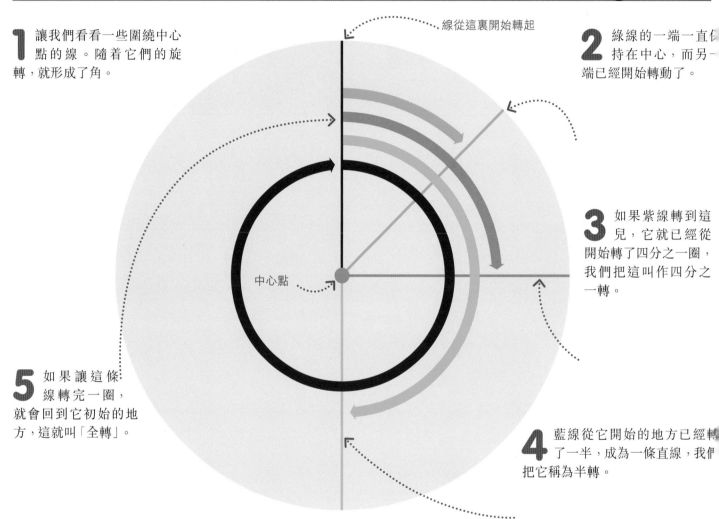

線從這裏開始轉起

中心點

角度的描述

角度由三部分組成，包括 2 條線（又叫角臂）和 1 個頂點（即兩條線相交的點）。在 2 條線之間，我們畫弧線表示角度，度數寫在角度裏面或者弧線旁邊。

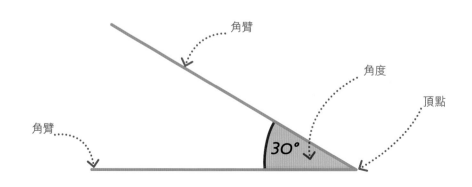

角臂

角度

頂點

角臂

30°

度數

我們用度數來精準地描述角度的量，也就是我們如何測量
角度的大小。度數的標記是一個小圈，就像這樣「°」。

1 右邊是一個被分成
360 份的全轉，每個
全轉都是 360°。

2 這是 1 度角 (1°)，
相當於 $\frac{1}{360}$ 個全轉。

3 這表示 10 度角
(10°)。我們可
以看到，這個角度比
1° 角要大上 10 倍。

4 這表示的是 100
度角 (100°)。

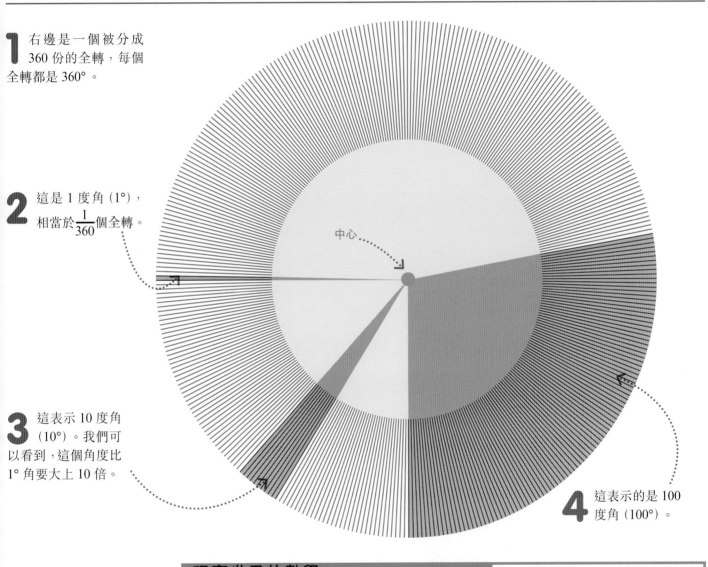

中心

全轉是 360°。

現實世界的數學

為甚麼是 360°？

有一種解釋全轉是 360° 的理論：古巴比倫
天文學家認為一年是 360 天，所以就把一個
全轉分為 360 個部分。

天
360

直角

直角在幾何學中是很重要的。事實上,它真的很重要,因此它有自己的符號!

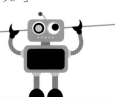

當您在角度裏畫直角符號時,並不需要在旁邊標上「90°」。

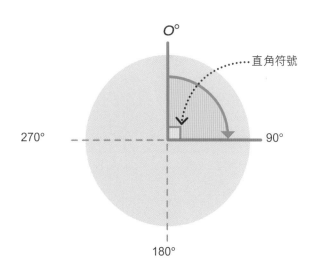

1 像這樣的四分之一轉就是 90°。我們可以把它叫作「直角」。當我們標記直角時,只需標上這樣的角符號:⌐,而不需要在符號旁邊寫上「90°」。

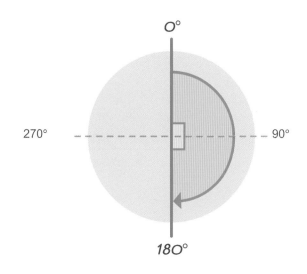

2 半轉是 180°。它也被稱作是平角,因為它是一條直線。您也可以把 1 個平角想像成是 2 個直角。

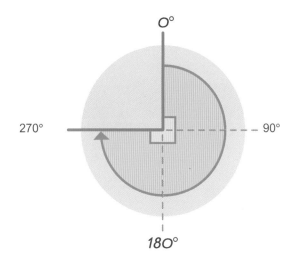

3 四分之三轉是 270°,由 3 個直角組成。

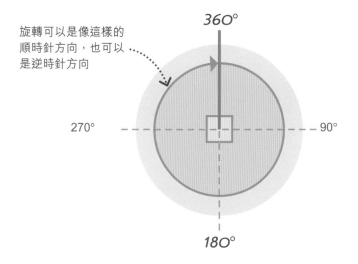

旋轉可以是像這樣的順時針方向,也可以是逆時針方向

4 全轉就是線旋轉一圈至開始的地方,它是 360°。1 個全轉由 4 個直角組成。

角的種類

同直角一樣，我們根據角度度數的不同，為其他的角取了不同的名字。

1 銳角
當角度小於 90° 時，我們把它叫作「銳角」。

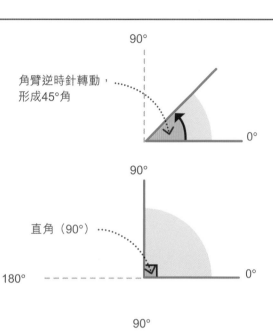

角臂逆時針轉動，形成45°角

2 直角
1 個四分之一轉恰好是 90°。我們把它叫作「直角」。

直角（90°）

3 鈍角
鈍角是大於 90° 但小於 180° 的角。

135°

4 平角
角度為 180° 的角叫作「平角」。

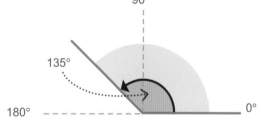

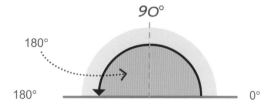

5 優角
角度在 180° 和 360° 之間的角叫作「優角」。

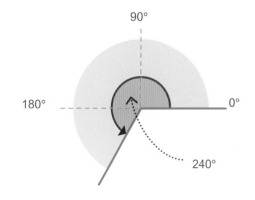

240°

直線上的角

有時候，簡單的規則能夠幫助我們計算出未知的
角度，其中的一個規則就是與直線有關的角度。

一條直線上的角加起來
總是180°。

1 如果我們把一條線自開始繞一個半圓，這條
線就會旋轉180°，使其成為一條直線。

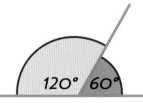

2 想像一下您的線在轉半圈的途中停了一下，
那麼就會創造出一條附加線，而由這條線分
隔開的 2 個角加起來就會是180°。

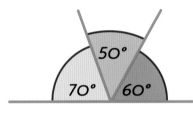

3 不管您在一條直線上創造多少個角，只要
所有線的起點是同一個，它們加起來就都
會是180°。

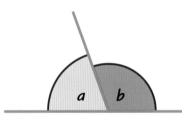

4 如果把一條直線上的角稱作 a 和 b，那麼我
們就可以把這一規則用下面的公式表示：

a + b = 180°

求一求直線上未知的角度

1 用我們剛剛學到的規則計算
出這條直線上未知的角度

2 我們知道這條直線上的 3
個角加起來是180°

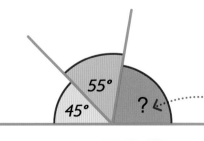

3 我們還知道一個角是 45°，另一個
角是 55°。把這兩個角的度數加在
一起：45°+55°=100°。

4 現在用 180° 減去上面兩個角的總
度數：180°-100°=80°。

5 所以，未知的角的度數為 80°。

點上的角

幾何學中的另一規則是：線繞點旋轉，轉到第一次與它自己重合時，轉過的角度是 360°。當線繞某一點旋轉時，這個規則可以幫助我們計算出未知角的度數。

線繞點旋轉一周形成的角加起來是360°。

1 我們知道，如果將一條線旋轉一圈至其開始的地方，就是做了一個全轉，它是 360°。

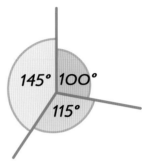

2 想像一下這條線在全轉時停頓了一下，創造了一條在同一點相遇的新線條。這些所有的角度加起來就是 360°。

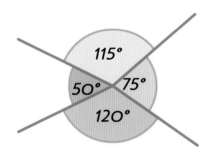

3 這次有 4 條線在同一點相遇，但不管有多少條線，這些角度加起來總是 360°。

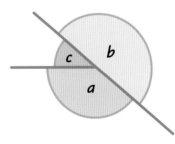

4 如果把在一點相遇的角度叫作 a、b 和 c，我們可以把這一規則用下面的公式表示：

$$a + b + c = 360°$$

求一求點周圍未知的角度

1 用我們剛剛學到的規則計算出這一點周圍未知的角度。

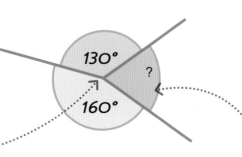

2 我們知道這點周圍的 3 個角加起來是 360°。

3 我們還知道一個角是 160°，另一個角是 130°。把這兩個角的度數加在一起：160°+130°=290°。

4 現在用 360° 減去上面兩個角的總度數：360°−290°=70°。

5 所以，未知角的度數是 70°。

對頂角

當兩條直線相交時，它們會形成兩組對頂角。我們可以用這一資料計算出未知的角度。

當兩條線相交時，對頂角的度數總是相等。

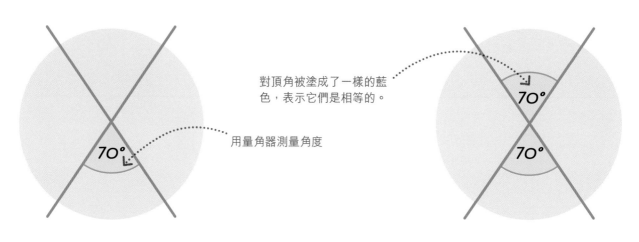

對頂角被塗成了一樣的藍色，表示它們是相等的。

用量角器測量角度

1 來看一看對頂角的特點。我們先畫兩條相交的直線，然後測量其底部的角度。

2 當我們測量頂部的角度時，我們發現，它同底部的角度是一樣的。所以，對頂角是相等的。

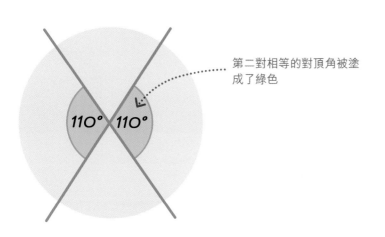

第二對相等的對頂角被塗成了綠色

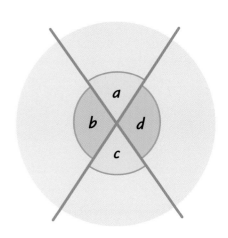

3 現在看一看另一組對頂角。通過測量發現它們也是相等的，都是110°。

4 如果我們把這些角分別稱作a、b、c和d，就可以像這樣寫出對頂角的關係：

$$a = c \qquad b = d$$

求一求未知的角度

當兩條線相交時，如果我們知道一個角的角度，那麼就可以計算出所有角的角度。

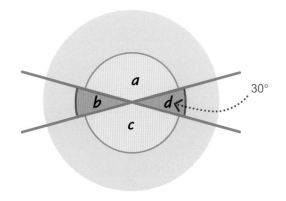

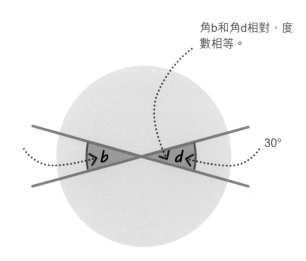

角b和角d相對，度數相等。

1 這兩條線相交，創造出兩組對頂角。我們知道有一個角是 30°。

2 角 b 和角 d 是對頂角，所以我們知道角 b 一定也是 30°。

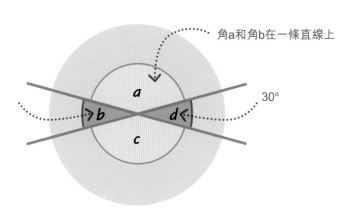

角a和角b在一條直線上

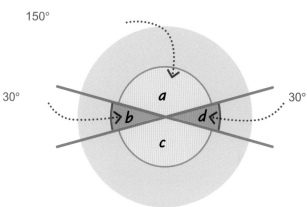

150°

3 我們可以利用一條直線上的角度和為 180° 來計算角 a 的度數。我們知道 a+b=180°，所以角 a 的角度是 180°-30°，即：a=150°。

4 角 a 和角 c 是對頂角，這意味着它們是相等的，所以角 c 也是 150°。

試一試

腦筋急轉彎

您能計算出這些未知的角度嗎？利用您知道的關於直角大小、直線上角的度數和為 180° 以及對頂角相等的知識。

答案見第 320 頁

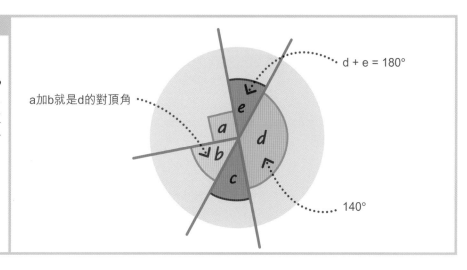

d + e = 180°

a加b就是d的對頂角

140°

使用量角器

使用量角器可以精準地描畫和測量角度。一些量角器的測量角度達到 180°，而另一些則可高達 360°。

放置量角器時要保證其中心在頂點上。

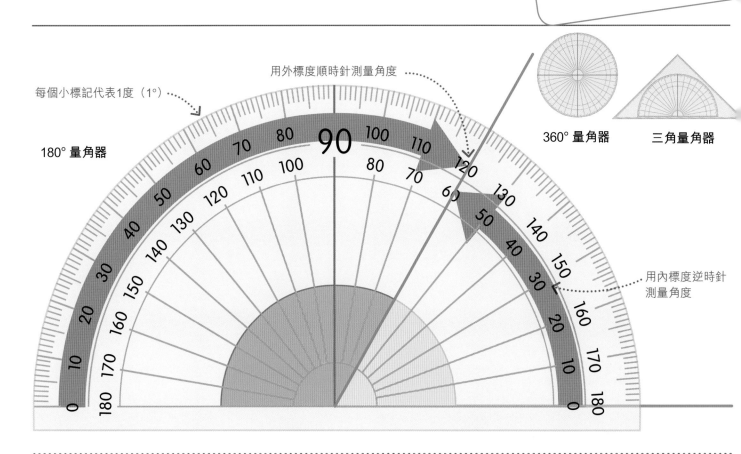

用外標度順時針測量角度

每個小標記代表1度（1°）

180° 量角器

360° 量角器　　　三角量角器

用內標度逆時針測量角度

畫角

使用量角器可以精準地畫出已知度數的角

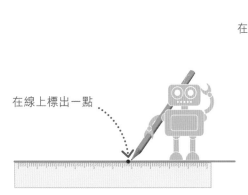

在線上標出一點

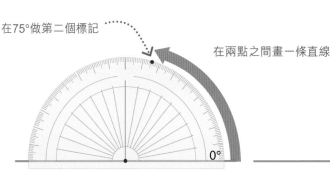

在75°做第二個標記

在兩點之間畫一條直線

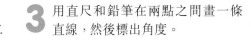

75°

1 這裏演示如何畫出 75° 角。用鉛筆和直尺畫出一條直線，在上面標出一點。

2 將量角器中心對準標記好的點。從 0° 讀起，在 75° 時標記第二個點。

3 用直尺和鉛筆在兩點之間畫一條直線，然後標出角度。

測量角度達 180°

我們可以用量角器測量任意兩條線之間的角度。

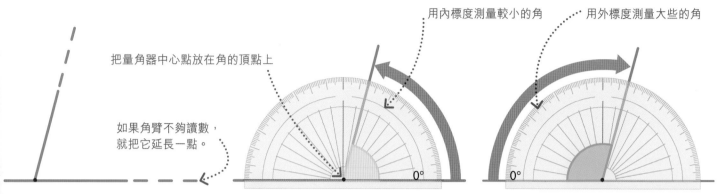

把量角器中心點放在角的頂點上

用內標度測量較小的角

用外標度測量大些的角

如果角臂不夠讀數，就把它延長一點。

1 如果有需要，可以用尺子和鉛筆延長角臂，這樣更容易讀出角的度數。

2 把量角器放在一條角臂上，讀出另一條角臂穿過量角器的地方的角度數。

3 要測量大些的角度，可以從量角器的另一邊的 0° 讀起。

測量優角

優角是大於 180° 的角。結合我們先前了解的計算角度的方法，也可以用 180° 量角器測量出優角的度數。

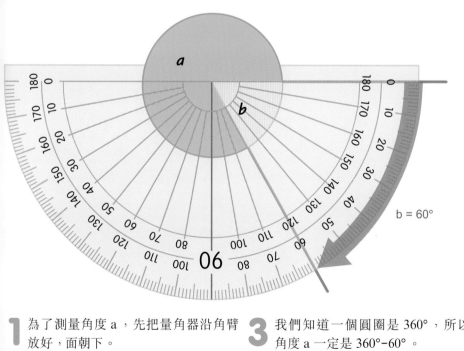

b = 60°

1 為了測量角度 a，先把量角器沿角臂放好，面朝下。

2 測量角度 b 時，我們發現它是 60°。

3 我們知道一個圓圈是 360°，所以角度 a 一定是 360°-60°。

4 所以，答案為 a=300°。

試一試

測量角度

測量下面的角度，鍛煉您使用量角器的能力。在測量之前先估算一下角度，這樣能夠確保您讀的度數是對的。

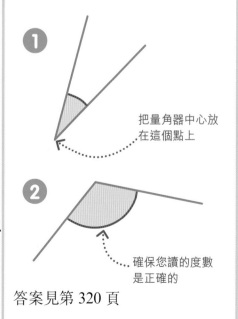

1 把量角器中心放在這個點上

2 確保您讀的度數是正確的

答案見第 320 頁

三角形的內角

我們根據角度和邊長的大小特徵給三角形命名。在第 214 頁我們已經學習了三角形的邊，現在讓我們進一步了解不同三角形的角度特徵。

在第 214 頁我們已經學習了三角形的邊

現實世界的數學

穩固的形狀

三角形在工程領域很有用，因為它穩定且很難變形。這個網格球頂是由三角形板做成的，它們一起使物體受力均勻，這樣的結構不但輕巧而且穩固。

三角形的種類

這些是我們在幾何學中常見的三角形。

> 這裏有四種三角形：等邊三角形、直角三角形、等腰三角形、不等邊三角形。

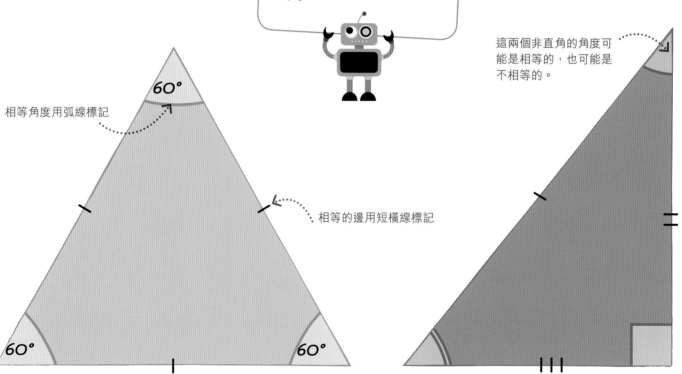

相等角度用弧線標記

60°

相等的邊用短橫線標記

60°　　　　60°

這兩個非直角的角度可能是相等的，也可能是不相等的。

1 等邊三角形
等邊三角形的不常用名稱是正三角形。它的 3 個角都是 60°，邊長也都相等。

2 直角三角形
直角三角形包括 1 個 90° 的直角。其餘 2 個角可能是相等的，也可能是不相等的，就像上面這個三角形。直角三角形可以有 2 條邊相等，也可以 3 條邊都不相等。

3 等腰三角形

等腰三角形的 2 個角相等，2 條邊相等。第三個角則可以是任意大小。

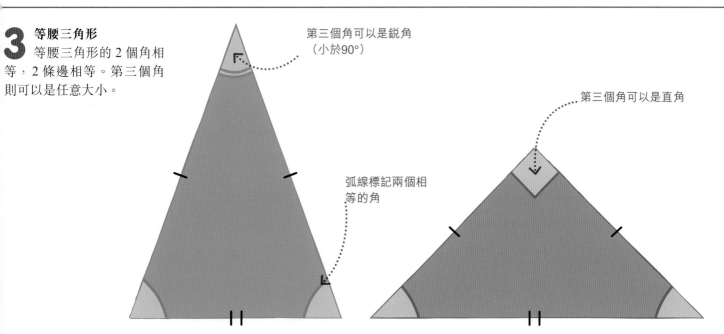

第三個角可以是銳角（小於90°）

第三個角可以是直角

弧線標記兩個相等的角

4 不等邊三角形

不等邊三角形的邊長和角度都不相等。它可以包含 1 個直角，也可以由銳角和鈍角組成。

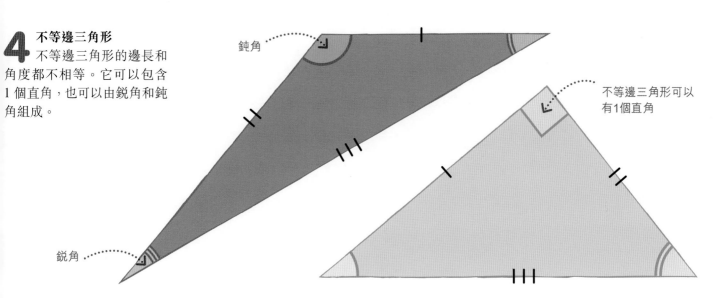

鈍角

銳角

不等邊三角形可以有1個直角

試一試

算一算角度

如果您知道一個三角形的類型，有時即使只知道其中一個角度，也可以計算出其他所有的角度。看看您是否能算出右邊三角形中兩個未知的角度，右邊所示的步驟在您被難住時可以幫助到您哦！

答案見第 320 頁

1 這是一個等腰三角形，所以我們知道 a 和 b 是相等的。

2 我們知道 a+b+c=180°。角度 c 是 40°，在 180° 中減去 40°，就是 a+b 的度數。

3 現在，如果我們把上面得出的答案除以 2，就能夠得出角 a 和角 b 的大小。

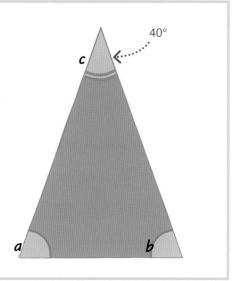

40°

c

a   b

三角形內角和的計算

三角形中的角的特殊之處在於它們加起來總是 180°。這既和邊長無關，也與角度是否相等無關——當我們把三角形的 3 個角的度數加起來時，總可以得到一樣的答案。

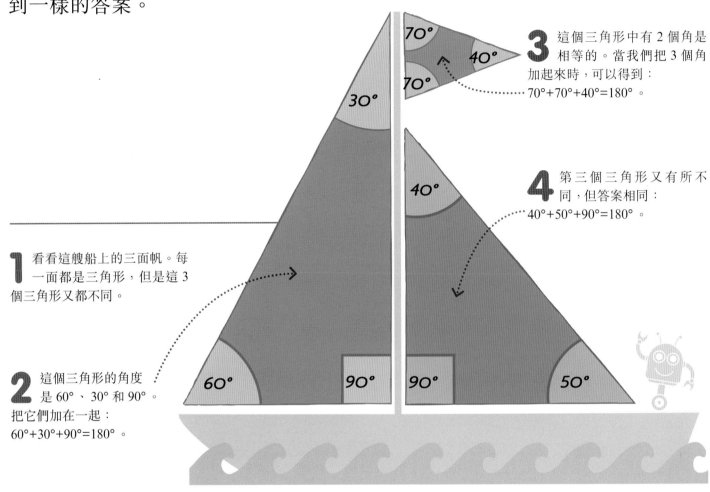

3 這個三角形中有 2 個角是相等的。當我們把 3 個角加起來時，可以得到：
70°+70°+40°=180°。

4 第三個三角形又有所不同，但答案相同：
40°+50°+90°=180°。

1 看看這艘船上的三面帆。每一面都是三角形，但是這 3 個三角形又都不同。

2 這個三角形的角度是 60°、30° 和 90°。把它們加在一起：
60°+30°+90°=180°。

證明一下

證明一個三角形內的角加在一起是 180° 的一個方法就是剪下三角形的三個角，看看它們到底能不能拼成一條直線，因為我們已經知道直線上的角度之和是 180°。

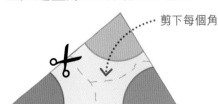

1 把三角形從紙上剪下來，其邊和角都可以不同。現在，剪下 3 個角。

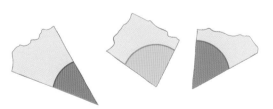

2 旋轉 3 個角，把它們放在一起。

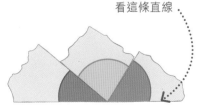

3 把 3 個角拼在一起，看看它們能否組成一條直線，我們就知道它是不是 180° 了。

求一求三角形內未知的角度

我們剛剛學的規則很有用。因為我們如果知道三角形內兩個角的大小，就能夠算出第三個角的大小。

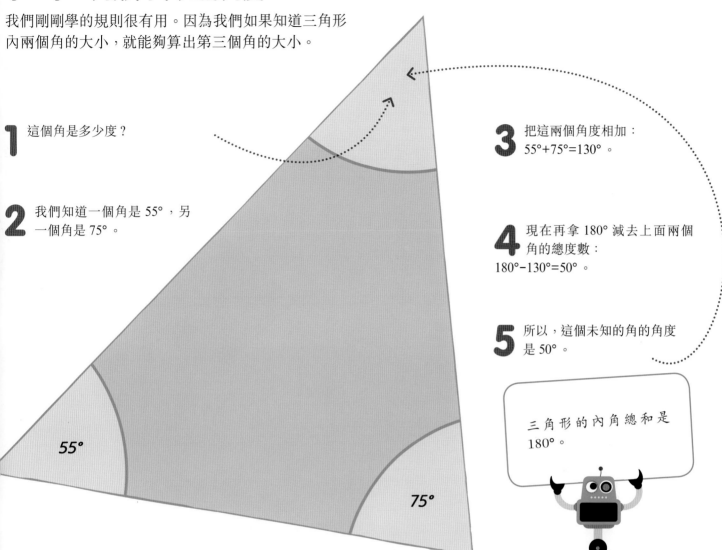

1 這個角是多少度？

2 我們知道一個角是 55°，另一個角是 75°。

3 把這兩個角度相加：55°+75°=130°。

4 現在再拿 180° 減去上面兩個角的總度數：180°−130°=50°。

5 所以，這個未知的角的角度是 50°。

> 三角形的內角總和是 180°。

55°

75°

試一試

求一求這個神秘的角度

現在用我們學到的方法計算這些三角形中未知的角度。

答案見第 320 頁

① ？ 40° 90°

② 73° 73° ？

48° ？

③ 30° 102° ？

④ 77° ？

四邊形的內角

四邊形的不同名字取決於邊和角的特性。我們在第 216~217 頁已經了解過四邊形的邊,現在讓我們了解四邊形內角度的關係。

> 所有的四邊形都有4個角、4條邊和4個頂點。

四邊形的種類

四邊形是有 4 條邊、4 個角的多邊形。這裏有一些幾何學中常見的四邊形。

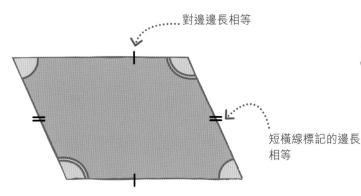

對邊邊長相等

短橫線標記的邊長相等

1 平行四邊形
平行四邊形的兩組對角相等。

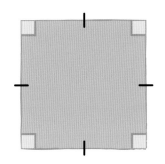

四條邊相等

3 菱形
菱形對角相等。菱形又叫「方塊」。

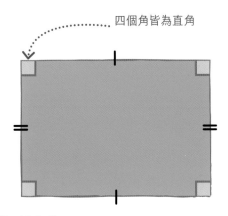

四個角皆為直角

2 長方形
長方形有 4 個直角,對邊平行且相等。

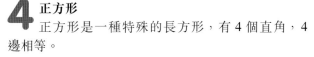

4 正方形
正方形是一種特殊的長方形,有 4 個直角,4 邊相等。

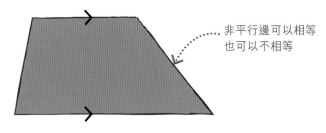

非平行邊可以相等也可以不相等

5 梯形
梯形有 2 個角大於 90°,有一組對邊平行。

四邊形內角和的計算

四邊形中的角加起來是 360°，有兩種方法可以證明這一點。

四邊形的內角和為360°。

---

1 做成三角形
一個四邊形可以像這樣分成兩個三角形。我們知道三角形裏的角相加為 180°。所以，四邊形裏的角加起來就是 2×180°=360°。

在兩個相對的頂點之間畫一條分割線

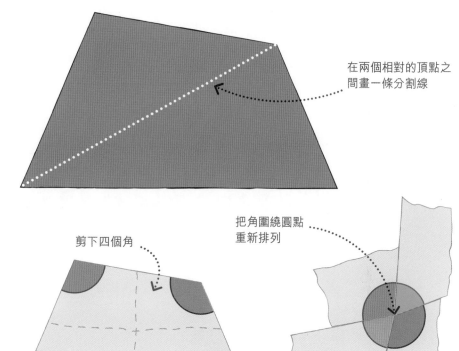

把角圍繞圓點重新排列

剪下四個角

2 把角組成一個圓點
您可以剪下四邊形的四個角，像這樣把它們圍繞圓點重新排列。我們知道圍繞圓點的角度是 360°，所以平行四邊形的內角加起來也是 360°。

求一求未知的角度

現在我們知道四邊形的角度加起來為 360°。我們可以利用這個事實計算四邊形中未知的角度。

1 看看這個圖形，計算下未知的角度是多少。

2 我們知道其中 3 個角度分別是 75°、95° 和 130°。把它們加在一起：75°+95°+130°=300°。

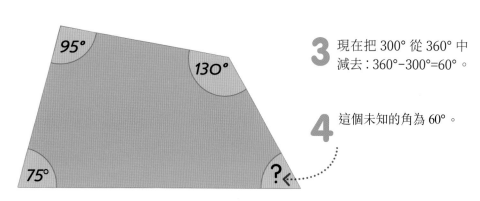

3 現在把 300° 從 360° 中減去：360°-300°=60°。

4 這個未知的角為 60°。

多邊形的內角

多邊形的名稱根據它的邊和角而定。我們在第 218~219 頁已經學了多邊形的邊。現在我們來了解一下多邊形的角。

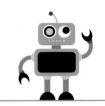

> 多邊形內角的總數取決於邊的總數。

邊越多，角越大

正多邊形中的所有角都是相等的。所以，如果您知道了其中一個角的度數，就能知道所有角的度數。看看這些多邊形，您會發現一個正多邊形的邊越多，其角就會越大。

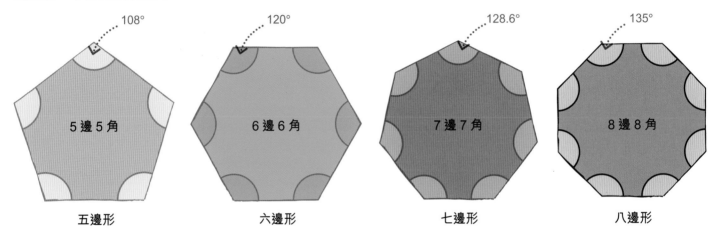

108°	120°	128.6°	135°
5 邊 5 角	6 邊 6 角	7 邊 7 角	8 邊 8 角
五邊形	六邊形	七邊形	八邊形

正多邊形與非正多邊形中的角

擁有相同數量的邊的多邊形，其角度相加也總是一樣的。讓我們看一看兩個不同多邊形中的角度。

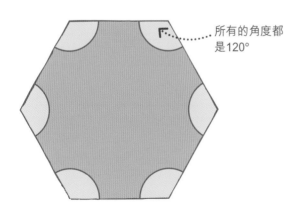

所有的角度都是120°

1 正六邊形
正六邊形裏的角度都是一樣大小。6 個 120° 的角加起來的總和是 720°。

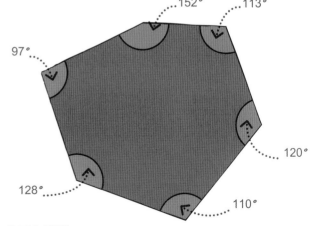

2 非正六邊形
在非正六邊形中，每個角的大小不同，但把它們加在一起時，其總數是 720° —— 與正六邊形一樣。

多邊形內角和的計算

要求多邊形內所有角度之和，我們既可以計算其包含的三角形，也可以利用特殊的公式。

計算三角形的個數

1 看看右邊這個五邊形，您可以把它分成 3 個三角形。

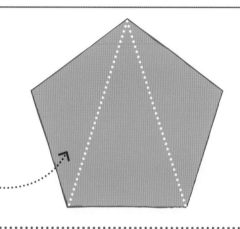

1個五邊形可以分成3個三角形

2 我們知道三角形的內角和是 180°。而五邊形是由 3 個三角形組成的，所以其角度加起來為 3×180°，也就是 540°。

利用公式

1 關於多邊形中角的規則：一個多邊形中能分出的三角形數量總是比其邊數要少 2 個。

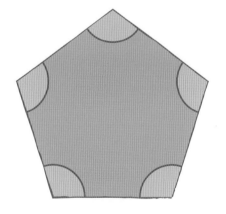

2 我們再看看這個五邊形。它有 5 條邊，也就是說它可以被分成 3 個三角形。

3 所以，我們可以這樣計算五邊形的內角和：
(5-2) ×180°=3×180°=540°。

4 這個公式適用於所有的多邊形。如果我們把邊長數稱為 n，那麼：
多邊形的內角和 =(n-2)×180°。

試一試
多邊形難題

結合您已經學過的關於多邊形角度的知識，計算出右邊這個非正多邊形的第七個角度。記住，如果您知道一個多邊形有多少條邊，您就可以計算出它的內角和。

答案見第 320 頁

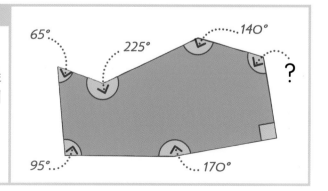

坐標

坐標幫助我們描述或找到一個點的位置，或者是地圖和網格上的地點。坐標是成對的，它告訴我們一個點離上下左右有多遠。

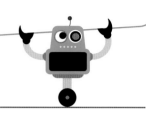

在一對坐標中，x坐標總是出現在y坐標之前。

坐標網格

1 這個網格叫坐標網格。它是由相交的水平線和垂直線組成的小方格。

2 網格上最重要的兩條線是 x 軸和 y 軸。我們用它們描述網格上點的坐標。

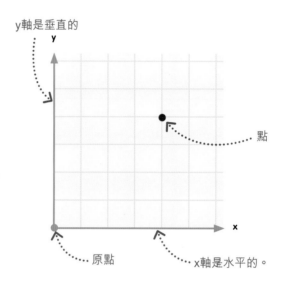

y軸是垂直的

點

原點

x軸是水平的。

3 x 軸是水平的，y 軸是垂直的。

4 x 軸與 y 軸在網格上相交的點叫作原點。

求點的坐標

網格上任意一點的位置都可以用坐標來描述。

A的x坐標是2,它是2個方格

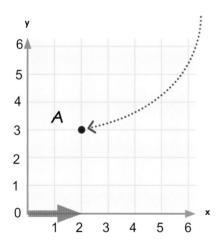

A的y坐標是3,它是3個方格

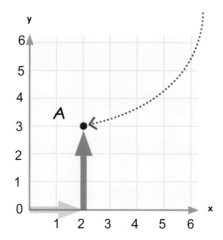

坐標在括號內

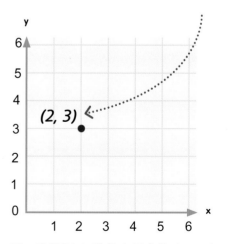

1 要找到 A 的坐標，首先我們要算出它在 x 軸上是多少個方格，它離原點是 2 個方格遠，所以 x 軸上的坐標是 2。

2 現在我們可以讀 y 軸，數一數其點在 y 軸上有多少個方格，它離原點的距離是 3 個方格，所以，我們說 y 坐標是 3。

3 我們把 A 點的坐標寫為（2，3），意思就是水平離 2 個格子、垂直離 3 個格子。我們把坐標寫在括號內。

坐標點的繪製

我們同樣可以利用坐標將點精確地繪製在網格上。

在網格上標記一個精確的地方叫作「繪點」。

原點的坐標是（0，0）

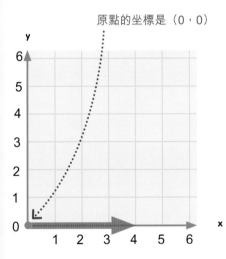

1 要繪製一個 (4,2) 的坐標，我們首先要沿着 x 軸數 4 個方格。

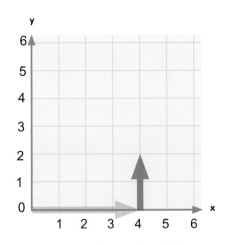

2 然後，我們再沿着 y 軸數 2 個方格。

有時候我們在點的旁邊寫上坐標

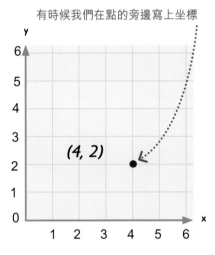

(4, 2)

3 現在我們用點來標記我們已經到達的地方。

試一試

找一找坐標

您能寫下 A、B、C、D 的坐標嗎？記得先寫 x 坐標，再寫 y 坐標。

答案見第 320 頁

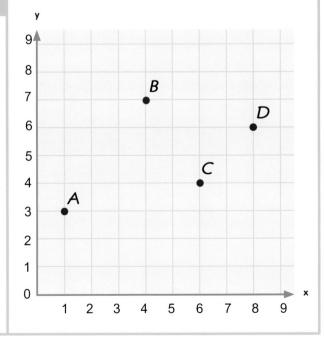

現實世界的數學

網格和地圖

坐標網格最常見的用途之一就是找到地圖上的位置。大多數地圖上都繪製了坐標網格。

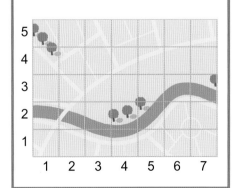

正坐標和負坐標

只要 x 軸和 y 軸保持在一條數軸上，它們就可以在零的任意一邊。在這種坐標上，點的位置可以用正、負坐標來描述。

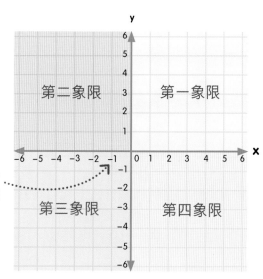

象限

當我們延長網格的 x 軸和 y 軸超出其原點時，就創造了 4 個不同的區域。它們分別被稱之為第一、第二、第三、第四象限。

坐標可以是正的，也可以是負的，取決於它們所在的象限。

繪製正、負坐標

根據網格上點的象限不同，其坐標可以是正坐標，也可以是負坐標，還可以是混合正、負坐標。

1 在第一象限，坐標都是正數。A 點沿 x 軸是 2 個格子，沿 y 軸上方是 4 個格子，所以其坐標是 (2，4)。

2 在第二象限，B 點在原點 (0，0) 的左方，距離是 2 個格子，所以 x 坐標是 -2。沿 y 軸上方是 3 個格子，所以 B 點的坐標是 (-2，3)。

3 在第三象限，C 點在原點 x 軸的左方、y 軸的下方，所以其坐標都是負數。坐標為 (-5，-1)。

4 在第四象限，D 點位於 x 軸右邊的第 6 方格，位於 y 軸下方的第 3 方格，所以其坐標是 (6，-3)。

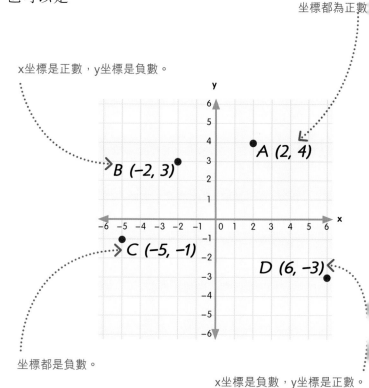

坐標都為正數

x坐標是正數，y坐標是負數。

坐標都是負數。

x坐標是負數，y坐標是正數。

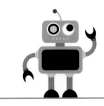

使用坐標繪製多邊形

我們先在頂點的坐標處畫上點，然後把點用直線連起來。這樣，網格上的多邊形就繪製好了。

記着，坐標上的正負數告訴我們將在哪個象限找到一個點。

如何在網格上繪製多邊形？

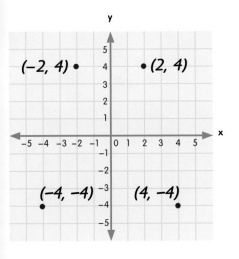

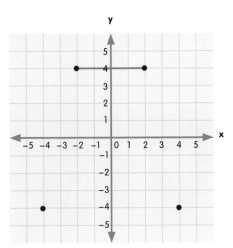

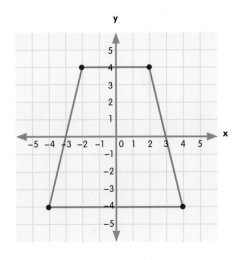

1 我們先在網格上繪製四個坐標對應的頂點：(2,4)，(-2,4)，(-4,-4)，(4,-4)。

2 用尺子和鉛筆把繪製好的四點相連。

3 將四點相連即可畫出一個梯形。

試一試

繪製難題

1 您能寫出右邊這個六邊形的頂點坐標嗎？

2 如果您把下面這些坐標繪製在一個網格中，然後再把 5 個點依次用直線相連，將會繪出甚麼樣的圖形呢？
(1,0)、(0,-2)、(-2,-2)、(-3,0)、(-1,2)

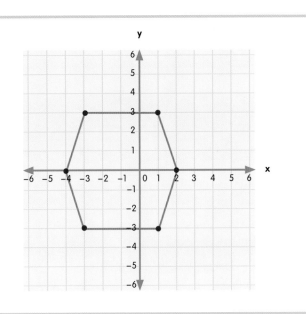

答案見第 320 頁

位置與方向

我們可以利用網格和坐標描述地圖上的位置。

地圖上如何使用坐標？

地圖常常用網格劃分，所以我們可以通過給方格網定坐標來確定一個地方。

1 地圖上的每一個方格都有一對特定的坐標來描述其位置。

2 第一個坐標告訴我們水平位置上有多少個網格。第二個坐標告訴我們垂直位置上有多少個網格。

垂直網格用數字標出 ⟶

這個方塊的坐標是B2 ⟶

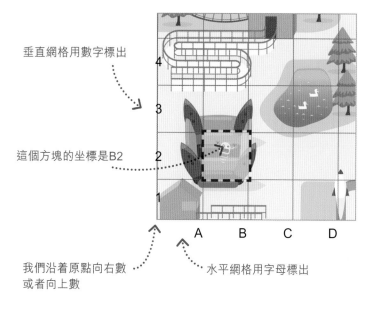

我們沿着原點向右數或者向上數 ⋯

水平網格用字母標出 ⋯

3 這張地圖的水平坐標使用的是字母，垂直坐標使用的是數字。通常，地圖的垂直坐標和水平坐標使用的都是數字。

F   G   H   I   J

4 我們可以通過地圖坐標找到通往天文世界、數碼城主題公園的路線。寵物園裏的羊位於第二個水平格、第十個垂直格,其坐標是 B10。

5 池塘裏的鴨子位於第四個水平格、第三個垂直格,所以它們的坐標是 D3。

6 要知道 A9 網格裏是甚麼,我們可以沿着原點向右數一個網格、向上數九個網格。這個網格裏面的是雪糕車。

試一試

找地點

看看您能否通過導航在地圖上找到甚麼。

1 在 G10 網格中您能找到甚麼?

2 現在再來找 H3,這個網格裏有甚麼?

3 您能給出坐了兩個機器人的桌子的坐標嗎?

答案見第 320 頁

指南針的方向

指南針是我們用來確定位置或者幫助我們往特定方向移動的工具。指南針上的指針總是指向北方。

指南針上的指針

指南針上的指針總是指向北方，我們可以根據指針向順時針方向偏轉的角度來測量方向。我們把這些方向叫作方位。

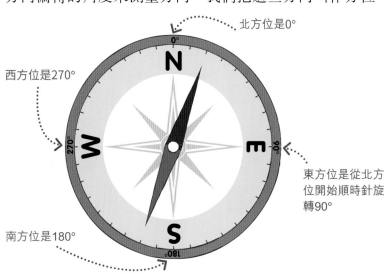

北方位是0°

西方位是270°

南方位是180°

東方位是從北方位開始順時針旋轉90°

1 指南針的主要方位是：北（N）、南（S）、東（E）和西（W）。我們把它們叫作基本方位。

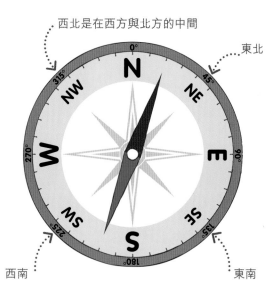

西北是在西方與北方的中間

東北

西南

東南

2 兩個基本方位之間有一個次要方位，一共有四個次要方位：東北（NE）、東南（SE）、西南（SW）和西北（NW）。

指南針和地圖的使用

大多數地圖都印有一個指向北方的箭頭。如果我們把指南針上的北方與地圖上的北方對齊，就可以在地圖上找到其他地點的位置，並且可以利用指南針從一個地方到達另一個地方。

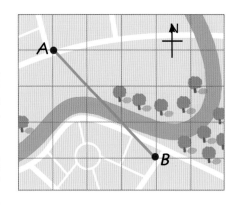

1 找到 A 點到 B 點的方向。首先，我們打開地圖，使地圖的北箭頭與指南針的北箭頭保持方向一致。

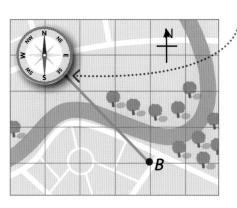

讀出直線與指南針相遇處的方位

2 現在我們把指南針覆蓋在 A 點上，可以看到 B 點是在 A 點的東南方。也就是說，我們可以利用指南針引導我們沿着東南方向從 A 點到達 B 點。

利用指南針導航

在虛擬樂園的安卓島地圖上練一練如何使用指南針進行導航。

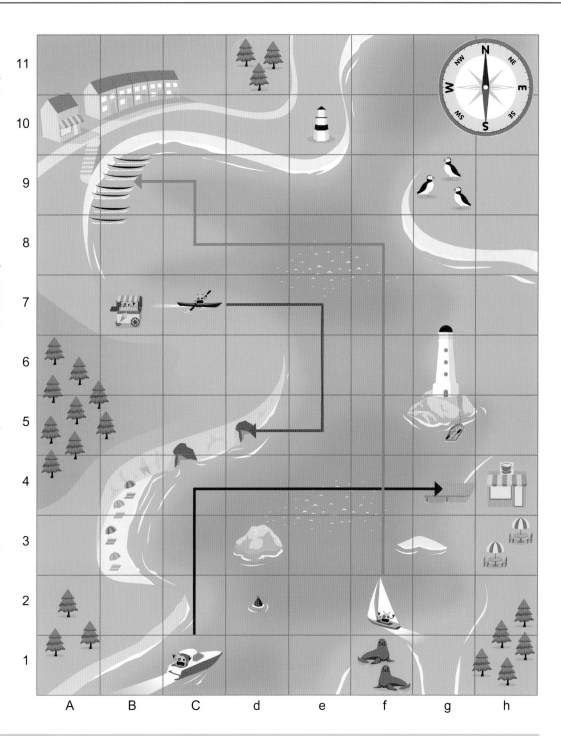

1 乘坐摩托艇到達咖啡館的路線：向北行駛 3 個網格，再向東行駛 4 個網格。我們把這條路線寫作 3N、4E。

2 划獨木舟前往洞穴的路線：2E、2S、1W。

3 乘坐快艇到達港口的路線之一：6N、3W、1N、1W。

試一試
拿起您的指南針

現在輪到您在安卓島上給自己導航了，您能寫出航行的路線嗎？

1 燈塔的主人想要買一個雪糕。您能提供一條路線，引導他開船前往雪糕車嗎？

2 您能指出乘坐摩托艇前往海雀島觀看海雀的路線麼？

3 如果快艇的航行路線是 1W、2N、2W、1S、1W，那麼它將到達哪裏？

4 如果獨木舟的航行路線是 3E、6S，最終將到達哪裏？

答案見第 320 頁

軸對稱

如果您可以在一個圖形上面畫出一條直線穿過它，把它分成完全相同且完全吻合的兩半，這個圖形就叫作「軸對稱圖形」。

對稱軸也被稱為「對稱線」或「鏡像線」。

有多少條對稱軸？

軸對稱圖形可以有一條、兩條或多條對稱軸。一個圓就有無數條對稱軸。

1 一條垂直對稱軸
　這個蝴蝶圖形只有一條對稱軸。對稱軸兩邊的圖形完全一樣。除了這條對稱軸外，您再在此圖上任意畫一條線，其兩邊都不會相同。

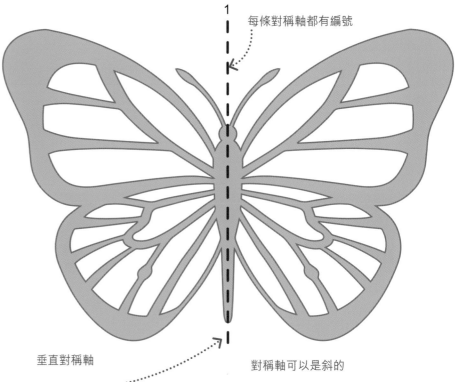

每條對稱軸都有編號

水平對稱軸　　　垂直對稱軸　　　對稱軸可以是斜的

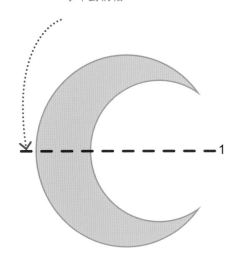

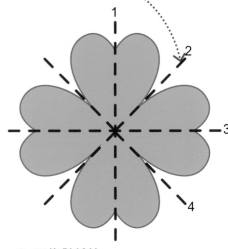

2 水平對稱軸
　這個圖形的上下兩部分完全一樣，互相對稱，其上半部與下半部是相互的鏡像。

3 兩條對稱軸
　這個圖形既有水平對稱軸又有垂直對稱軸。

4 四條對稱軸
　這個四葉草圖形有一條垂直對稱軸、一條水平對稱軸，還有兩條斜的對稱軸。

平面圖形的對稱軸

下面是一些常見圖形的對稱軸。

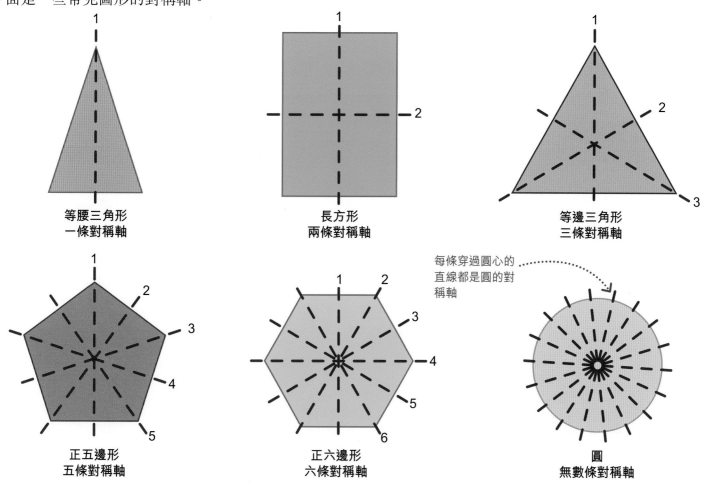

等腰三角形
一條對稱軸

長方形
兩條對稱軸

等邊三角形
三條對稱軸

正五邊形
五條對稱軸

正六邊形
六條對稱軸

每條穿過圓心的直線都是圓的對稱軸

圓
無數條對稱軸

不對稱

有些圖形是不對稱的，也就是說它們沒有對稱軸。在這些圖形上無論您沿哪條線對折，折線兩邊的圖形都不會重合。

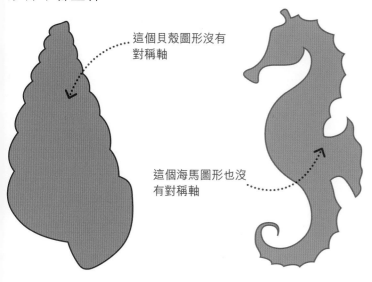

這個貝殼圖形沒有對稱軸

這個海馬圖形也沒有對稱軸

試一試

數字對稱

看看這些數字，它們分別有多少條對稱軸？答案要麼是一條，要麼是兩條，要麼是沒有對稱軸。

3 6
7 8

答案見第 320 頁

旋轉對稱

如果一件物體或一個圖形繞着一點旋轉一定角度（小於 360°）就可以
完全與原始圖形重合，那麼這個物體或圖形就是旋轉對稱。

旋轉對稱中心

物體旋轉的點被稱為旋轉對稱中心。

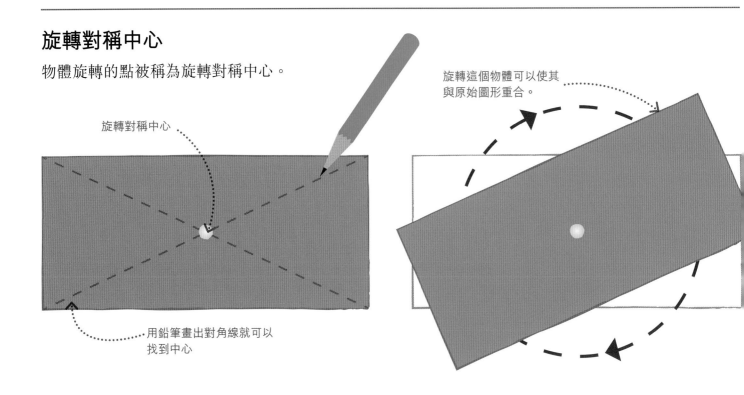

旋轉對稱中心

用鉛筆畫出對角線就可以
找到中心

旋轉這個物體可以使其
與原始圖形重合。

1 讓我們拿一張長方形卡片，然後用一根針穿過其中心，
也就是對角線相交的點。然後，我們沿長方形邊緣畫出
這個長方形的輪廓。

2 我們把長方形卡片繞着針旋轉，轉完半圈後，它就可以
完全與我們畫的輪廓重合。也就是說它有旋轉對稱中
心。再轉上半圈，這個長方形卡片就會回到原來的位置。

試一試

對稱還是非對稱？

右邊 4 個花的圖形
有 3 個是旋轉對稱
的。您能找出哪個
不是旋轉對稱的圖
形嗎？

① ② ③ ④

答案見第 320 頁

旋轉對稱階

一個圖形在旋轉一圈中與其輪廓重合的次數稱為旋轉對稱階。

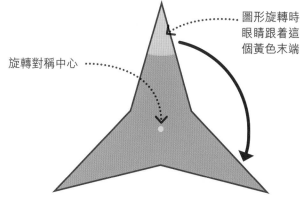

旋轉對稱中心

圖形旋轉時眼睛跟著這個黃色末端

1 讓我們看看這個三尖形能與它的輪廓重合多少次。首先,我們旋轉它直到其黃色末端碰到下一個點。

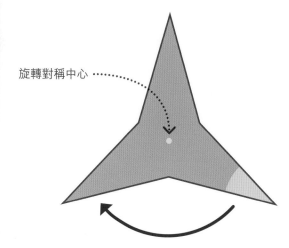

旋轉對稱中心

2 現在我們再次旋轉此圖形,直到黃色末端移動到下一個點。

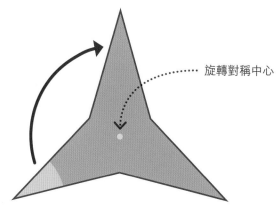

旋轉對稱中心

3 再旋轉一次,其黃色末端就會回到它開始的地方。這個圖形旋轉一圈會與自己重合 3 次,所以它的旋轉對稱階為 3。

平面圖形中的旋轉對稱階

下面是一些常見平面圖形的旋轉對稱階。

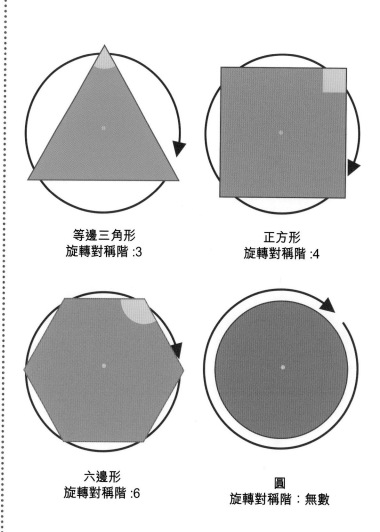

等邊三角形
旋轉對稱階:3

正方形
旋轉對稱階:4

六邊形
旋轉對稱階:6

圓
旋轉對稱階:無數

現實世界的數學

對稱的裝飾品

我們通常利用旋轉對稱圖形繪製裝飾圖案。軸對稱圖形和旋轉對稱圖形可以用來繪製建築物上的複雜圖案。

鏡像變換

在數學中，我們把物體大小和位置的改變叫作物體的變換。鏡像變換是一種常見的變換。

鏡像變換就是沿着虛線翻轉物體或形狀。

甚麼是鏡像變換？

物體或形狀沿着虛線翻轉，從而使其在虛線的另一邊形成鏡像。

1 原始的物體叫作「原像」。

2 鏡像變換沿着這條虛線發生，我們把這條虛線叫作「鏡像對稱軸」。

3 原始圖形或物體經過鏡像變換得到的圖形叫作「鏡像」。

鏡像對稱軸

一個圖形和它的鏡像總是在鏡像對稱軸的兩側。鏡像上的每個點到鏡像對稱軸上的距離與原像相同。鏡像對稱軸可以是水平的、垂直的，也可以是傾斜的。

鏡像對稱軸

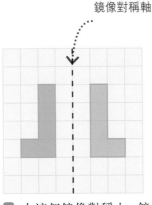

鏡像對稱軸可以是斜線

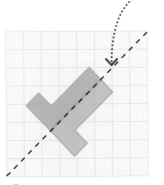

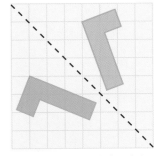

1 在這個鏡像對稱中，鏡像的長邊、原像的長邊都和鏡像對稱軸相平行。

2 這個鏡像對稱是沿着一條斜線發生的，原像的一條邊在鏡像對稱軸上。

3 在這個鏡像對稱中，兩個圖形沒有任何一條邊相互平行，也沒有一條邊位於鏡像對稱軸上。

繪製鏡像

使用網格或點紙可以精準地找出鏡像位置，讓您更容易畫出鏡像。

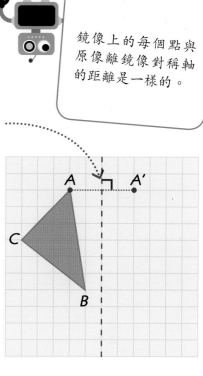

鏡像上的每個點與原像離鏡像對稱軸的距離是一樣的。

垂直鏡像對稱軸

鏡像對稱軸與穿過兩點之間的線形成一個直角

1 讓我們嘗試畫出這個三角形的鏡像。首先，在網格或點紙上畫一個三角形。把頂點分別標上 A、B、C。再畫一條垂直鏡像對稱軸。

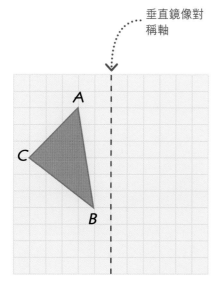

2 數數從 A 到鏡像對稱軸的網格。然後在鏡像對稱軸的另一邊數出同樣數量的網格，標上 A'。

3 用同樣的方法找到三角形鏡像的其餘兩個頂點，標記新點 B' 和 C'。

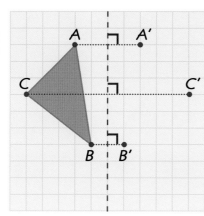

4 最後，畫線連接 A'、B' 和 C'。三角形 A'B'C' 就是三角形 ABC 的一個鏡像。

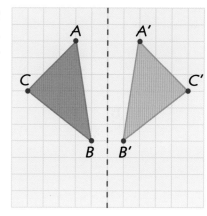

試一試

繪製一幅對稱圖

您可以利用鏡像變換繪製一幅對稱圖。在一張網格紙上畫一條水平線和一條垂直線，把其分成四個象限，把這個圖案臨摹到第一象限。然後將其沿着水平線和垂直線的鏡像都畫出來，最後使每一個象限都有圖案。

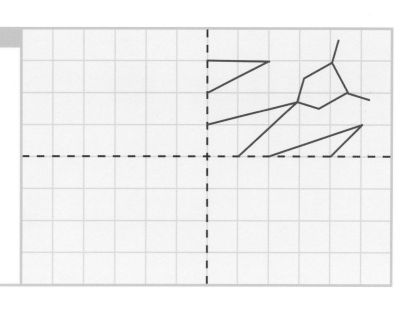

答案見第 320 頁

旋轉

旋轉是圖形變換的一種，即一個物體或圖形繞着其旋轉中心
旋轉。我們把圖形旋轉的角度叫作「旋轉角」。

旋轉中心

旋轉中心是定點，也就是說它是不動的。看看我們繞着不同的旋轉中心順時針將同一
圖形旋轉 90° 會發生甚麼。

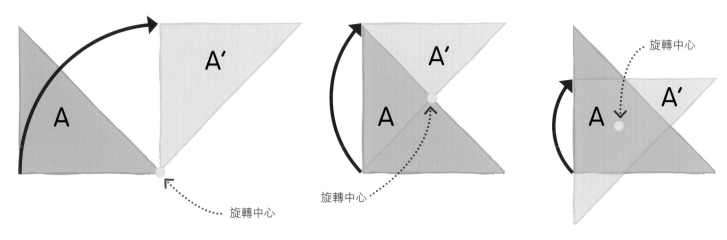

旋轉中心

旋轉中心

旋轉中心

1 首先讓我們繞着其中一個頂點旋轉
三角形 A，使其成為一個新的三角
形 A'。

2 如果我們把三角形 A 繞着其
最長邊的中心旋轉，新三角
形 A' 將有一半與原來的三角形 A
重合。

3 繞着三角形 A 的中心旋轉時，
新三角形 A' 的不同部分將會
覆蓋原來的三角形 A 的中間部分。

旋轉角

旋轉角是指物體或圖
形繞旋轉中心旋轉的
角度。當我們以不同
的角度旋轉風車葉輪
的時候，看看會發生
甚麼。

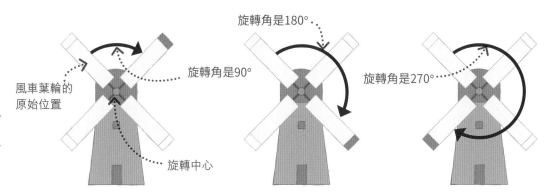

旋轉角是180°

旋轉角是90°

旋轉角是270°

風車葉輪的
原始位置

旋轉中心

1 風車葉輪旋轉了 90°，
或者說旋轉了 1 個直角。

2 這一次，風車葉輪旋轉
了 180°，或者說旋轉了
2 個直角。

3 現在，這個風車葉輪旋
轉了 270°，或者說旋轉
了 3 個直角。

旋轉圖形

我們可以繞着同一旋轉中心多次旋轉圖形，從而得到圖案。由於我們選擇的中心及旋轉角不同，右邊的「T」形就形成了多種圖案。

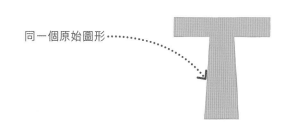

同一個原始圖形

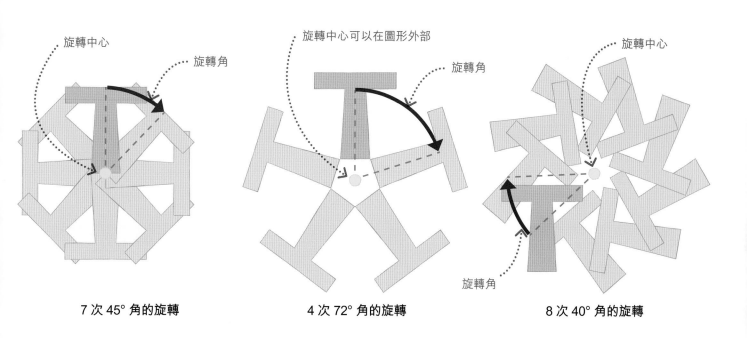

旋轉中心　旋轉角

旋轉中心可以在圖形外部　旋轉角

旋轉中心

旋轉角

7 次 45° 角的旋轉　　　　4 次 72° 角的旋轉　　　　8 次 40° 角的旋轉

試一試

畫出一個旋轉圖形

要畫出旋轉圖形，您只需要一根針、一把剪刀、一支鉛筆，以及一些卡片和紙。

1 在卡片上畫一個簡單的圖形，然後將其剪下。

2 拿針穿過剪下的卡片，並把這一點作為旋轉中心。

3 把卡片釘在紙上，並畫出輪廓。

4 將卡片旋轉一點點，然後再次畫出輪廓，不斷重複，直到您得到了想要的圖案。

平移

平移是指一件物體或圖形向上、向下或者向左右兩邊移動到一個新的位置。平移並不改變原始圖形的形狀和大小。

與鏡像變換和旋轉一樣，平移是圖形的另一種變換。

甚麼是平移？

與鏡像變換和旋轉一樣，平移是圖形變換的一種。在平移之後，圖形和原來看起來是一樣的，因為原始圖形並沒有鏡像變換、旋轉或者調整大小，它只是移到了一個新的位置。

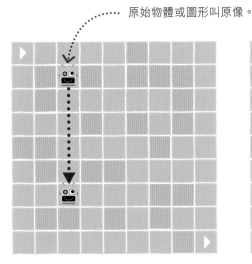

原始物體或圖形叫原像。

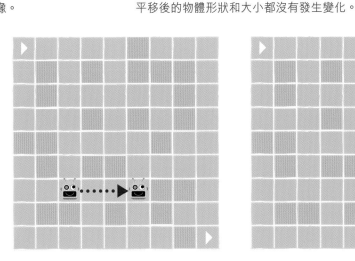

平移後的物體形狀和大小都沒有發生變化。

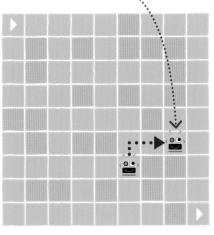

1 看看這個迷宮裏的機器人，它垂直向下移動了 5 個方格。

2 這一次，機器人平行向右移動了 3 個方格。

3 在這次平移中，機器人向上移動了 1 個方格，再向右移動了 2 個方格。

現實世界的數學

用於鑲嵌裝飾的平移

平移常常用來繪製鑲嵌裝飾的圖案，也就是將同樣的圖形不留縫隙地排列在一起。這個鑲嵌圖形是由紫色和橙色的貓頭圖形進行對角平移，使其交錯排列而得來的。

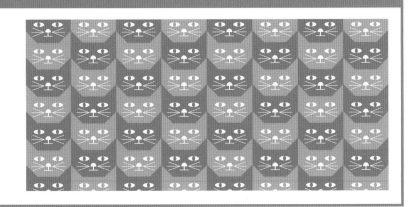

在網格上平移圖形

當我們在網格上平移圖形時，可以用平移了幾個「單位」來描述這個圖形所平移的網格數量。讓我們來平移一個三角形吧！

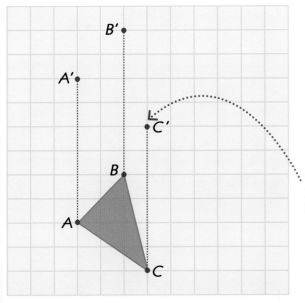

新三角形與原始三角形大小和形狀都相同

標記出從每個原始頂點往上6個網格的新點

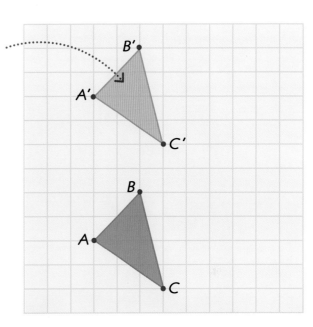

1 要進行對角平移，可以將每個頂點向上數 6 個網格，再向右數 4 個網格，標出 3 個新點，再畫出新的三角形 A'B'C'。

2 現在用尺子和鉛筆將您標記的新點連接起來，得到新的三角形 A'B'C'。

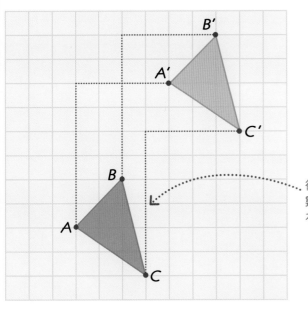

從每個頂點向上數6個網格再向右數4個網格

3 讓我們將此三角形向上移動 6 個網格。首先我們標記出頂點 A、B、C。然後我們從各個頂點數 6 個網格，標記出新點 A'、B'、C'。

試一試

三角形的平移

在下面的幾何板上，這個三角形可以進行多少種不同的平移？我們已經為您展示了一種平移，現在輪到您了。

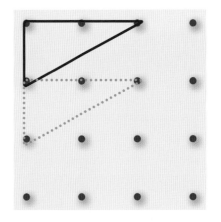

答案見第 320 頁

統計

STATISTICS

統計就是收集數據，並從中找出一些有用
的信息。而組織和分析大量數據最直觀的
方式就是將數據可視化，比如畫出曲線
圖。我們也可以通過統計來計算出某事情
發生的概率或可能性。

數據處理

統計經常被叫作數據處理。「數據」就是信息。統計包括數據的收集、組織,以及呈現(展示),還包括對數據的理解,即試着去理解它能夠告訴我們甚麼。

1 我們可以通過調查來收集數據。在調查中,我們問人們問題,然後記錄他們的答案。這兩個做調查的機器人正在詢問一個班的學生,了解他們更喜歡哪種水果。

2 如果一個問題有幾種答案,它們也可能被列在調查問卷上。每個答案旁邊會有一個對鈎框,這樣就能夠快速且方便地記錄答案。

3 調查問題經常被寫在一張表格上,叫作「調查問卷」。這是機器人的調查問卷,即讓孩子們在 5 種水果之中挑選自己最喜歡的水果。

4 在進行數據處理之前,孩子們提供的答案叫作「原始數據」。

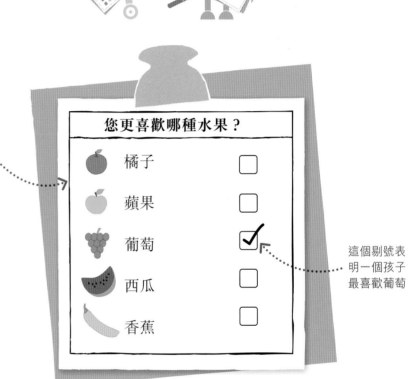

您更喜歡哪種水果?

🍊	橘子	☐
🍎	蘋果	☐
🍇	葡萄	✔
🍉	西瓜	☐
🍌	香蕉	☐

這個剔號表明一個孩子最喜歡葡萄

投票

另一個收集數據的方式是投票。比如您問一個問題,然後回答的人通過舉手給出答案,然後您數出舉手的人數。這些機器人在為它們是更喜歡螺母還是螺釘而投票。

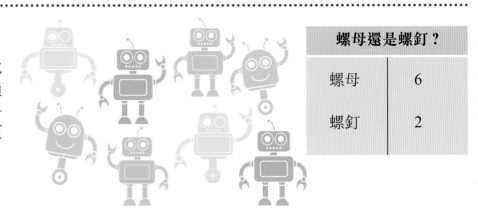

螺母還是螺釘?	
螺母	6
螺釘	2

我們如何處理數據？

數據被收集後，需要被組織和展示。表格、圖表和曲線圖都是讓數據易於閱讀與理解的呈現形式。

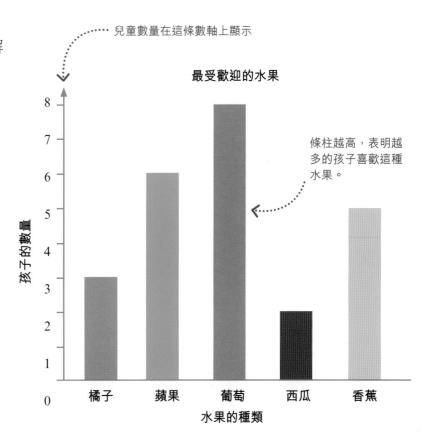

兒童數量在這條數軸上顯示

最受歡迎的水果

條柱越高，表明越多的孩子喜歡這種水果。

最受歡迎的水果	
水果的種類	孩子的數量
橘子	3
蘋果	6
葡萄	8
西瓜	2
香蕉	5

1 這個表格叫作「頻數表」，顯示的是偏愛某種類型水果的孩子的數量。

2 條形圖也叫柱狀圖，是一種不需要大量詞語和數字就可展示數據的圖表。

數據組

集合是由數據匯集而成的集體。它可以是一堆數字、詞語、人、事件或東西的匯集。集合可以被分成更小的組，這些更小的組叫作「子集」。

1 被機器人詢問喜歡甚麼水果的一個班的學生是一個集合。這個班一共有 24 名學生，男孩女孩都有。

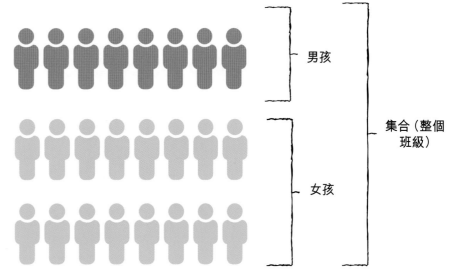

男孩

女孩

集合（整個班級）

2 8 個男孩（紅色）是整個班級的子集。16 個女孩（綠色）也是一個子集。他們一起組成了整個班級。

計數符

當我們收集數據時，可以用計數符來快速計算，比如記錄調查問卷的答案。計數符是一條線段，表示一件東西被計算在內。

每數完一件東西，您就標記一個計數符。

1 畫一個計數符來表示您記錄的每個結果。每到第五個計數符，就在前面四個上畫一條斜線。右邊是用計數符表示的數字 1~5。

2 把計數符五個五個分成一組，可以幫助您快速計算出總數。首先計算出所有表示 5 的計數符，然後加上其餘數。右邊是表示 18 的計數符。

3 下面這個計數圖就是用計數符來表示調查結果的。

每一個計數符表示一個小孩

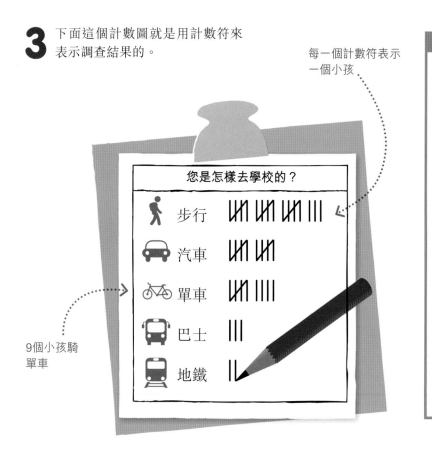

9個小孩騎單車

現實世界的數學
其他計數符

世界各地的計數符各有不同，中國是用五筆畫的「正」字作為計數符的。

在南美洲的部分地區，用四條線畫成一個正方形來計算，然後在其中畫一條斜線，用於表示計數符 5。

頻數表

頻數表是一種總結一組數據的方式。它明確地向您展示每個數字、事件，或者是物品在一組數據中出現的次數。

頻數可以告訴您某件事情多久發生一次。

1 您可以通過計算計數圖裏的計數符來繪製頻數表，在單獨的一列寫下總數。

2 這個頻數表是以調查孩子們如何去上學為基礎的。頻數那一列是告訴您每種交通工具分別有多少孩子採用。

我們怎樣去上學		
交通工具	計數	頻數
🚶 步行	卌 卌 卌 Ⅲ	18
🚗 汽車	卌 卌	10
🚲 單車	卌 ⅢⅠ	9
🚌 巴士	Ⅲ	3
🚈 地鐵	Ⅱ	2

計算計數符，把總數寫在這一列。

3 頻數表並不總是一樣的。右邊這個表格的數據和上面表格中的數據一樣，但它不包括計數符。這就讓這個表格更易於理解。

去上學	
交通工具	頻數
步行	18
汽車	10
單車	9
巴士	3
地鐵	2

頻數僅用數字表示

博物館星期一閉館

4 一些頻數表把數字分隔開來，可以表達更多的信息。右邊的表格告訴您，一周之內的每天有多少成人和小孩參觀了恐龍博物館。它也同樣告訴您，恐龍博物館每天參觀者（成人＋小孩）的總數。

恐龍博物館的遊客數量	天	成人	小孩	總數
	星期一	0	0	0
	星期二	301	326	627
	星期三	146	348	494
	星期四	312	253	565
	星期五	458	374	832
	星期六	576	698	1274
	星期日	741	639	1380

卡羅爾圖

卡羅爾圖用來表明一組數據，比如一組人或數字是如何分類的。卡羅爾圖需要用標準來對數據進行分類。

卡羅爾圖將數據分類在不同的框裏。

1 標準就是回答是或否的問題。讓我們用簡單的標準來對下面 12 種動物進行分類。我們將要用到的標準是：這種動物是鳥類還是甚麼？

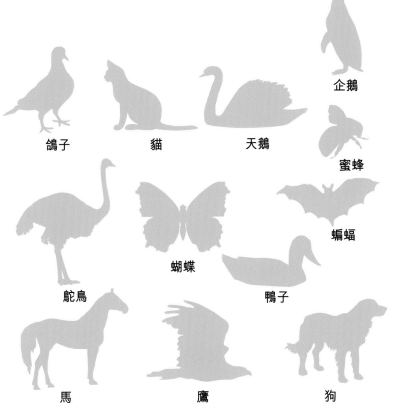

鴿子　　　貓　　　天鵝　　企鵝

蜜蜂

鴕鳥　　蝴蝶　　蝙蝠　　鴨子

馬　　　鷹　　　狗

2 採用是不是鳥類的標準，可以將 12 種動物分成兩類，從而畫出卡羅爾圖。我們把所有的鳥類放在左框，把不是鳥類的動物放在右框。

鳥類	非鳥類
鴿子	蝴蝶
鴨子	貓
企鵝	蝙蝠
鷹	蜜蜂
天鵝	狗
鴕鳥	馬

所有的動物都可歸入兩個框的其中一個

3 把這些動物用卡羅爾圖進一步分類，我們可以增加一個新的標準：這是可以飛的動物嗎？為了適用於任何一個框，一種動物現在必須同時滿足兩個標準。

是鳥類並且可以飛的動物

	鳥類	非鳥類
會飛的	鴿子 鷹 天鵝 鴨子	蝴蝶 蝙蝠 蜜蜂
不會飛的	企鵝 鴕鳥	狗 馬 貓

不是鳥類但可以飛的動物

不是鳥類也不可以飛的動物

是鳥類但不可以飛的動物

數字分類

卡羅爾圖可以對數字進行分類,並展示它們之間的關係。這個卡羅爾圖將數字 1~20 分類成偶數、奇數、質數和非質數。

1 第一列(黃色)顯示的都是質數。第二列(綠色)顯示的都是非質數。

1~20的質數子集

1~20的非質數子集

	質數	非質數
偶數	2	4 6 8 10 12 14 16 18 20
奇數	3 5 7 11 13 17 19	1 9 15

2 第一行(藍色)顯示的都是偶數。第二行(紅色)顯示的都是奇數。

	質數	非質數
偶數	2	4 6 8 10 12 14 16 18 20
奇數	3 5 7 11 13 17 19	1 9 15

1~20的偶數子集

1~20的奇數子集

3 所有不是質數的偶數都在右上角的方框中(橙色)。不是質數的奇數在右下角的方框中(粉色)。

	質數	非質數
偶數	2	4 6 8 10 12 14 16 18 20
奇數	3 5 7 11 13 17 19	1 9 15

1~20的非質數的偶數子集

1~20的非質數的奇數子集

4 唯一的偶質數 2 在左上角的方框中(黃色)。左下角方框中(綠色)的都是奇質數。

1~20的偶質數子集

	質數	非質數
鳥類	2	4 6 8 10 12 14 16 18 20
奇數	3 5 7 11 13 17 19	1 9 15

1~20的奇質數子集

韋恩圖

韋恩圖展示了不同數據集合之間的關係。它把數據分類到重疊的圓中，圓的重疊部分也就是集合的重合部分。

1 記住，集合是事物、數字或者一羣人的匯集。舉個例子，集合可能是您喜歡的食物集合，又或者是您家人的生日集合。右邊這八個朋友組成了一組，他們中的大多數人都有課後活動。

薩拉　　特莎　　斯蒂夫　　歐文　　彼得　　梅布爾　　沙希德　　羅娜

2 構成集合的每種事物或每個人被稱為該集合的元素。集合通常用圓來表示，右邊是這八個朋友的集合。

沙希德　　特莎

薩拉

羅娜

歐文　　梅布爾

彼得　　斯蒂夫

朋友集合

每個朋友都是集合中的一部分

3 朋友們參加三種課後活動：音樂課、美術課和足球訓練。我們可以根據他們參加的課後活動種類把這些朋友分成更小的集合。

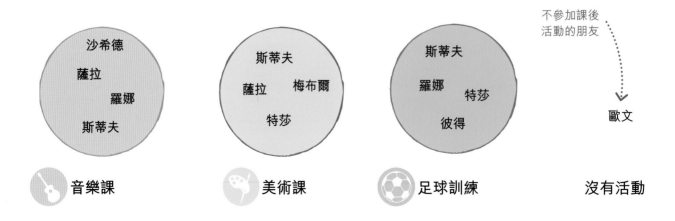

沙希德
薩拉
羅娜
斯蒂夫

斯蒂夫
薩拉　　梅布爾
特莎

斯蒂夫
羅娜
特莎
彼得

不參加課後活動的朋友

歐文

音樂課　　　　美術課　　　　足球訓練　　　　沒有活動

4 我們把參加足球訓練和音樂課的圓圈連在一起，讓他們的圓圈部分重疊。當我們把兩個集合相連時，它被叫作「並集」。現在我們就已經畫出了一個韋恩圖。

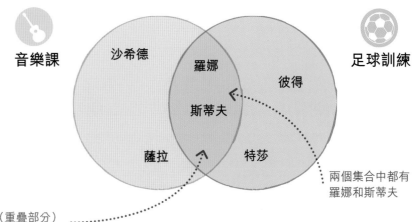

5 兩個集合重疊的地方是相交部分。它表明的是某人或某物屬於多組時的情況。右圖中這個相交部分表示的是羅娜和斯蒂夫兩種課後活動都參加。

相交部分（重疊部分）

兩個集合中都有羅娜和斯蒂夫

6 現在我們再把美術課集合與上面兩組集合相連，這三組就都部分重疊了。如果我們看相交部分，就可以看出哪些朋友參加了不只一種課後活動。

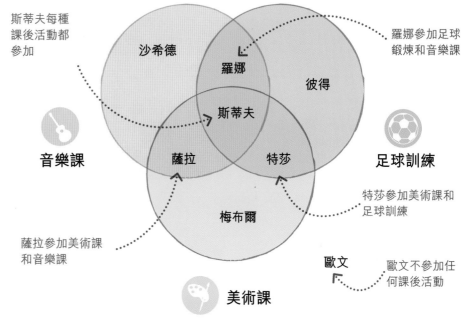

斯蒂夫每種課後活動都參加

羅娜參加足球鍛煉和音樂課

特莎參加美術課和足球訓練

薩拉參加美術課和音樂課

歐文不參加任何課後活動

7 這三組韋恩圖只包括八個朋友中的七個。歐文不參加任何課外活動，所以他不屬於其中的任何一個集合。

全集

全集是指被分類的所有人和所有物的集合，包括那些不在重疊的集合裏的人或物。

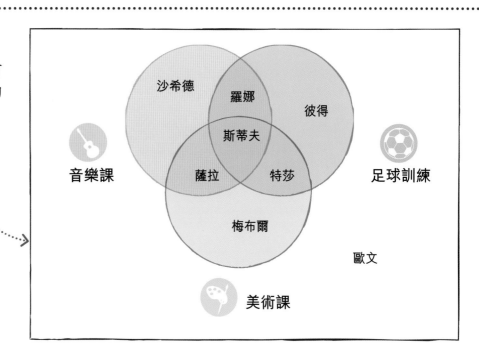

1 為了表示全集，我們在圖表中所有相交的圓的周圍畫一個方框。

2 這個方框必須包括歐文。儘管他不屬於任何一種課後活動的集合，但他仍然是被分類的一部分。

平均

平均是求一組數據的「中間」值。平均有助於您比較不同的數據集合，並使數據集合內的單個值更有意義。

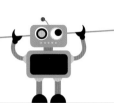

平均是求數據集合中最典型的值。

1 紅色足球隊的平均年齡是 10 歲。但不是所有的運動員都是 10 歲——有些是 9 歲，有些是 11 歲。但是 10 歲是整個隊的代表性年齡。

平均年齡 =10

運動員年齡

2 藍色足球隊的平均年齡是 12 歲。比較這兩個平均數，我們發現藍隊的年齡要普遍高於紅隊。

平均年齡 =12

3 平均還可以告訴我們一個個體值在數據集合中是具有代表性的，還是不常見的。舉個例子，紅隊的平均年齡是 10 歲，這就可以告訴我們三個年齡分別為 9 歲、10 歲和 11 歲的運動員是不是這個隊中的典型年齡。

9歲	10歲	11歲
隊中非典型年齡	隊中典型年齡	隊中非典型年齡

平均的類型

我們可以用三種不同的表示平均的值來描述一組數據。比如一羣長頸鹿的身高，它們可以用平均值、中位數和眾數來表示，每一組數據所傳達的重點都有所不同。但它們都是用單個值來表示整個組，詳見第 277~279 頁。

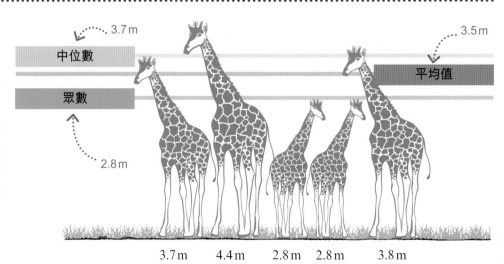

中位數 3.7 m

眾數

2.8 m

3.5 m

平均值

3.7 m   4.4 m   2.8 m   2.8 m   3.8 m

平均值

當人們談論平均時，通常會説到平均值。平均值是一組數據中的所有數據之和除以這組數據的總個數。

平均值是所有個體值之和除以個體數而得出的值。

1 我們來計算一下右邊五隻長頸鹿的平均身高。

2 我們先把所有長頸鹿的身高加在一起：
3.7+4.4+2.8+2.8+3.8=17.5。

3 現在用總身高除以長頸鹿的數量：17.5÷5=3.5。

4 所以，這些長頸鹿的平均身高是 3.5m。

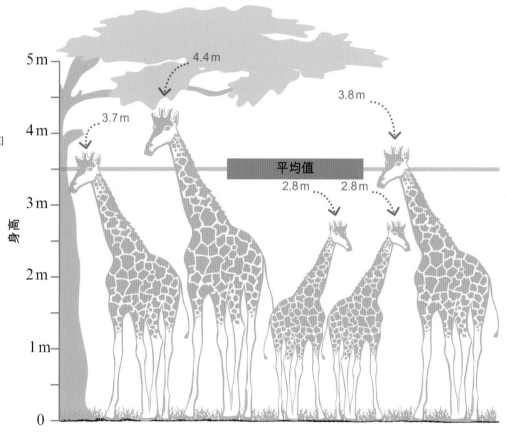

試一試
平均溫度是多少？

天氣預報通常會提到平均氣溫。右邊是一週中每天正午的溫度。讓我們計算出這周的平均溫度。

1 首先，把每天的溫度加起來。

2 計算一週總共有多少天。

3 用總溫度值除以一週的天數，就可以求出這週的平均溫度了。

18° 星期一

15° 星期二

22° 星期三

23° 星期四

20° 星期五

18° 星期六

17° 星期日

答案見第 320 頁

中位數

中位數就是當所有數值按照從小到大或者從大到小
的順序排好時的中間值。

中位數就是把所有數值按
順序排好之後的中間值。

1 再來看看這羣長頸鹿。
這一次，讓我們來計算
它們身高的中位數。

2 把長頸鹿的身高從低到
高按順序寫下：
2.8m、2.8m、3.7m、3.8m、
4.4m。

3 現在可以找出中間身高
是 3.7m，因為這裏有兩
個身高比它矮，也有兩個身
高比它高。

4 所以，這五隻長頸鹿的
身高中位數就是 3.7m。

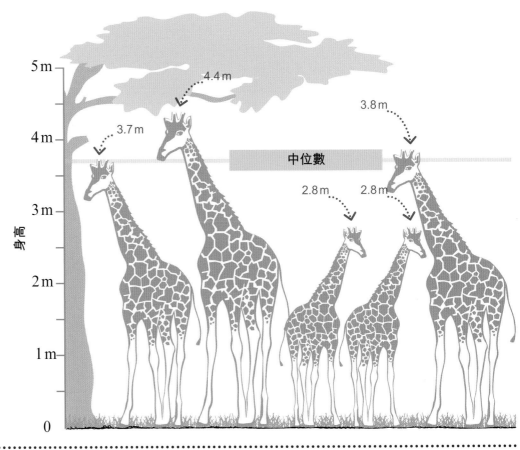

加上一隻鹿

如果另有一隻身高
4.2m 的長頸鹿加入
其中，將五隻鹿變成
了六隻，那麼會發生
甚麼呢？長頸鹿的數
量變成了偶數，沒有
中間值了。但我們仍
可以通過計算中間兩
個身高的平均值來算
出它們的中位數。

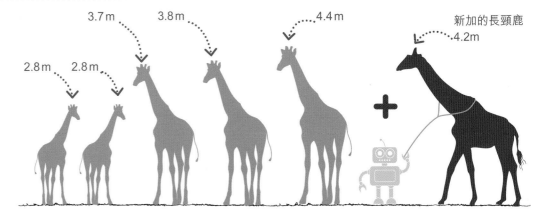

1 首先，讓我們把這六隻長頸
鹿按從矮到高的順序排列：
2.8m、2.8m、3.7m、3.8m、
4.2m、4.4m。

2 它們的中間身高為 3.7m
和 3.8m。現在讓我們計
算出它們的平均值：
(3.7+3.8) ÷2=3.75。

3 加上一隻長頸鹿
之後，身高的中
位數變成了 3.75m。

眾數

眾數是一組數據中出現次數最多的值。有時候一組數據中不只有一個眾數。

> 要找出眾數,只需找到最常出現的值。將數值按順序排列通常有助於我們找到眾數。

1 我們已經計算出了長頸鹿身高的平均值和中位數,現在,讓我們找出其眾數。

2 如果我們把身高的數值按從小到大的順序依次排列的話,就更容易發現它們最常見的值:
2.8、2.8、3.7、3.8、4.4。

3 然後我們從列出的數值裏找出出現次數最多的。這裏是2.8,它出現了兩次。

4 所以,這羣長頸鹿身高的眾數是2.8m。

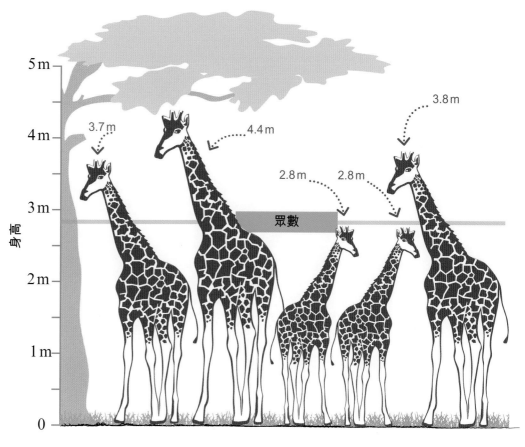

多個眾數

當有兩個或兩個以上的數值比其他數值出現次數更多時,它們就都是眾數。看一看,當我們額外加入一隻身高為4.4m的長頸鹿時會發生甚麼。

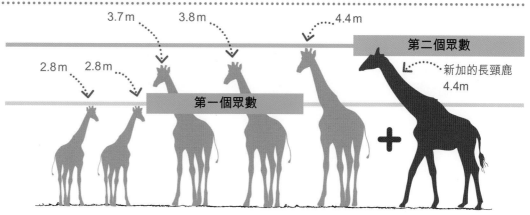

1 把長頸鹿身高的數值再次按順序排列:
2.8、2.8、3.7、3.8、4.4、4.4。

2 我們可以從列出的身高裏看到2.8m和4.4m都出現了兩次,而其他身高只出現了一次。

3 所以,這組長頸鹿的身高有兩個眾數:2.8m和4.4m。

極差

每一組確定的數據都有一個範圍。這個範圍就是一組數據中最小值與最大值之間的差值。在統計學上，這個範圍叫作「極差」。同平均數一樣，極差也可用來比較一組數據。

1 讓我們找出長頸鹿身高的極差。首先，我們把它們身高的數值從小到大依次寫下：2.8、2.8、3.7、3.8、4.4。

2 現在，找出最矮和最高的身高。它們分別是 2.8m 和 4.4m。

3 然後，用最高的身高減去最矮的身高：4.4−2.8=1.6。

4 所以，這組長頸鹿身高的極差是 1.6m。

身高

5m

4m　　3.7m　　4.4m　　3.8m　　極差

3m　　2.8m　　2.8m

2m

1m

0

試一試

擲骰子，找平均

如果您附近沒有一羣長頸鹿幫助您理解平均值的概念，不要着急，您也可以用骰子代替。要弄明白這些概念，您只需要用到兩個骰子。

1 擲下兩個骰子，寫下總點數。

2 像這樣做 10 次。

3 計算出擲出骰子的平均值、眾數、中位數和極差。

4 如果擲 20 次骰子呢？您能得到同樣的平均值、眾數、中位數和極差嗎？

要找到極差，只需用最大值減去最小值，其結果就是極差。

使用平均數

使用平均值、中位數還是眾數，取決於您的數據值和數據類型。如果平均值、中位數和眾數都一樣，那麼極差就會很有用。

如果一個值比其他值大很多或者小很多，就要避免用平均值。

1 如果一組數據中的值是均勻分佈的，就應該使用平均值。右邊是五個孩子的存錢，其平均值為總存款除以孩子人數：66.00÷5=13.20。

2 如果一個值相比其他值太高或者太低，使用平均值就容易造成錯誤。

3 舉個例子，如果勒羅伊的存款是 98.50 元，而不是 14.50 元，讓我們來看看會發生甚麼。現在的平均值是：150÷5=30.00，這就會使別人的存款看起來比實際存款要多出許多。這樣看來，最好還是用中位數（中間值）13.25 元。這個數更加貼近孩子們的實際存款數。

4 眾數（最常見的值）可以使用於不是數字的數據。舉個例子，在調查汽車顏色時，藍色可能是眾數。

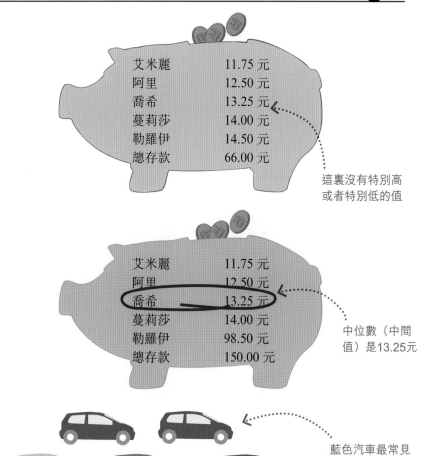

艾米麗	11.75 元
阿里	12.50 元
喬希	13.25 元
蔓莉莎	14.00 元
勒羅伊	14.50 元
總存款	66.00 元

這裏沒有特別高或者特別低的值

艾米麗	11.75 元
阿里	12.50 元
喬希	13.25 元
蔓莉莎	14.00 元
勒羅伊	98.50 元
總存款	150.00 元

中位數（中間值）是13.25元

藍色汽車最常見

使用極差

在數據集合的平均值、中位數和眾數相同的時候，可以用極差展示數據集合的差值。

1 兩個足球隊在五場比賽中的總進球數都是 20。兩個隊每場的平均進球數是 4（20÷5）。

2 每個隊進球數的中位數（中間值）也都是 4 分。同樣的，兩個隊進 4 球都有兩次，所以 4 也是眾數（出現次數最多的數）。

3 但是，兩隊進球數的極差是不同的。紅隊是 8-1=7，藍隊是 6-1=5。所以，紅隊的進球數波動幅度更大。

進球數	
紅隊	藍隊
8	6
4	5
4	4
3	4
1	1
合計：20	合計：20

象形圖

在象形圖中，用小的圖片或符號來表示數據。為了將數據劃分成組，圖片通常被放置在行或者列中。

在象形圖中，圖片就代表數字。

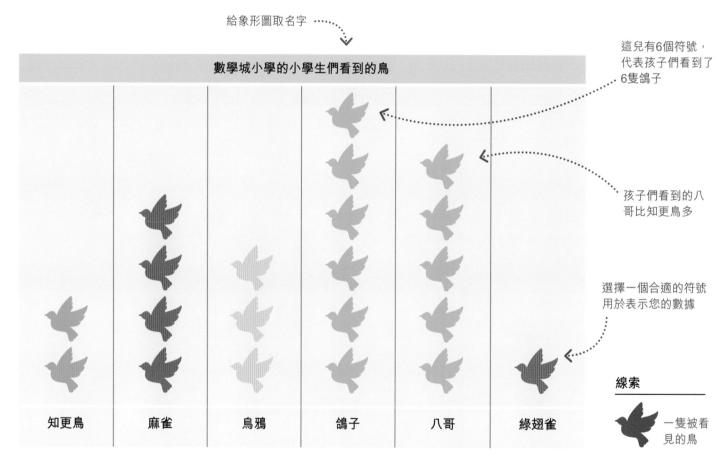

給象形圖取名字 ⋯⋯⋯

數學城小學的小學生們看到的鳥

| 知更鳥 | 麻雀 | 烏鴉 | 鴿子 | 八哥 | 綠翅雀 |

這兒有6個符號，代表孩子們看到了6隻鴿子

孩子們看到的八哥比知更鳥多

選擇一個合適的符號用於表示您的數據

線索

一隻被看見的鳥

1 讓我們看看這個簡單的象形圖。它顯示了小學生們看到的鳥的種類和數量的調查結果。

2 象形圖內顯示的數據是所有被看到的鳥。每一種鳥都是大集合中的子集，例如子集烏鴉。

3 象形圖必須要有一個線索，用於解釋這個符號或圖片代表的是甚麼。上圖的線索是一隻鳥的符號，代表一隻被看見的鳥。

4 數一數列中的符號，算出孩子們看到的各種鳥分別有多少。這個數字就是子集的頻率。例如，烏鴉出現的頻數是 3。

大數據的使用

當需要使用象形圖展示大數據時，每張圖片或符號可以代表多個。在下面的象形圖中，每個符號都代表兩個參觀圖書館的人。半符號代表一個人。

線索

　2人

16個超過60歲的人參觀了圖書館

數學小鎮圖書館的參觀者	
年　齡	人　數
超過 60 歲	
19~60 歲	
11~18 歲	
5~10 歲	
5 歲以下	

半符號代表一個人

1 要找到特定年齡段的參觀者人數，就數那一行的全符號，再把它乘以 2。如果是半符號就加 1。

2 有多少 11~18 歲 的人參觀了圖書館？這一行有四個全符號和一個半符號。所以：(4×2) +1=9。

試一試
製作象形圖

利用右邊的頻數表製作象形圖，看看勒羅伊在學校花了多少時間玩電腦遊戲。

1 設計一個符號或圖片用在您的象形圖上。它必須很合適並且易於理解。

2 您的符號要代表多少分鐘？您是用半符號還是全符號？

3 您要把符號排成垂直的一列還是水平的一行？

勒羅伊的遊戲時間	
星　期	遊戲時間（分鐘）
星期一	30
星期二	60
星期三	15
星期四	45
星期五	75

答案見第 320 頁

方塊圖

方塊圖是指用一個圖塊，通常是一個正方格來表示集合中的一個或一組數據。方塊圖是圖表的一種，圖中的方塊成列堆積。

方塊圖用堆積的方塊來表示數據。

1 這個計數表顯示的是孩子們最喜歡的水果的調查結果。讓我們用這些數據來製作一個方塊圖。

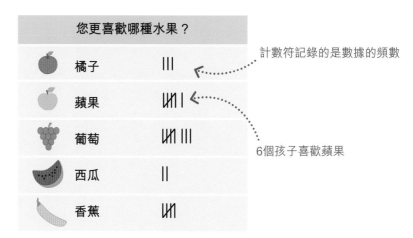

您更喜歡哪種水果？

🍊	橘子	‖‖
🍎	蘋果	卌丨
🍇	葡萄	卌‖‖
🍉	西瓜	‖
🍌	香蕉	卌

計數符記錄的是數據的頻數

6個孩子喜歡蘋果

2 每個計數符表示有一個孩子選擇了這種水果。

3 我們畫一個方塊，用於表示計數表上的每一個計數符號。所有方塊的大小都一樣。

4 我們把這些方塊成列堆砌。每列之間留出空隙。每列方塊的數量表示水果被選擇的次數（頻數）。

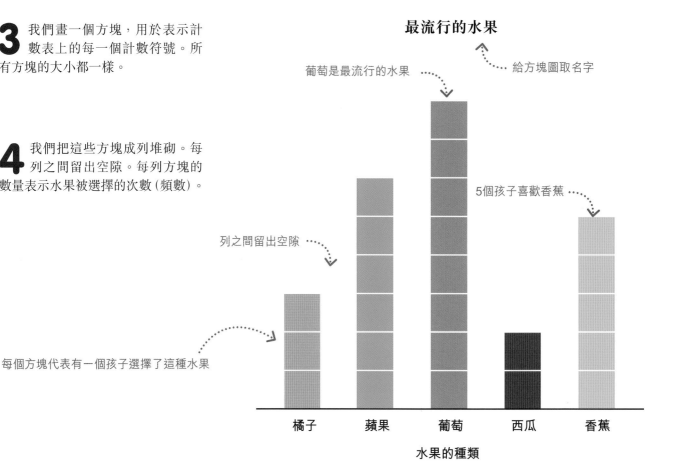

最流行的水果

葡萄是最流行的水果

給方塊圖取名字

5個孩子喜歡香蕉

列之間留出空隙

每個方塊代表有一個孩子選擇了這種水果

橘子　蘋果　葡萄　西瓜　香蕉

水果的種類

條形圖

條形圖用條或列表示羣或一組數據。條形大小表示數據頻數。條形圖又叫「條線圖」或者「柱狀圖」。

條的長度或高度表示頻數。

1 看看這個條形圖。這裏使用的是汽車顏色的調查數據。條的寬度相等，條與條之間用間隙隔開。

2 圖表由兩條叫作軸的線組成。汽車顏色條坐落在水平軸上。垂直軸上的刻度顯示了汽車數量（頻數）。

3 要找出有多少輛白色汽車，從白色條狀的頂部看向垂直軸，然後讀其刻度數（5）。

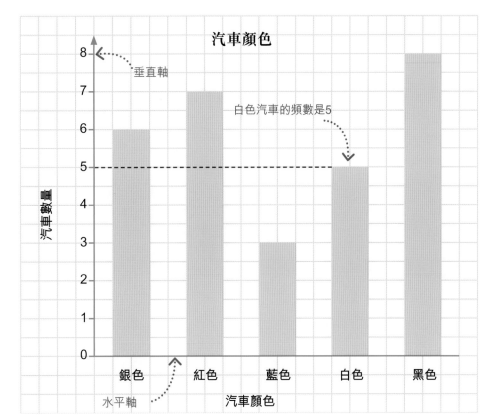

4 我們還可以用水平的條形重新繪製條形圖，即把圖表橫過來，而不是使其垂直。

5 現在，汽車顏色在垂直軸上，而汽車數量（頻數）可以在水平軸上讀出來。

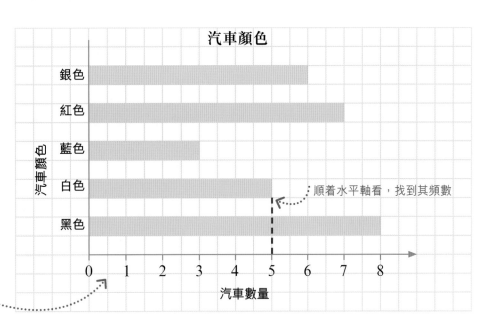

繪製條形圖

繪製條形圖需要一支鉛筆、一把尺子、一塊橡皮擦、一支彩筆（彩色鉛筆或者蠟筆），以及正方形紙或者表格紙。最重要的是，您需要一些數據。

在正方形紙上繪製條形圖。

1 讓我們使用右邊頻數表上的數據。它展示了一羣孩子使用樂器的情況。

2 最好把我們的條形圖畫在用小方格標示的紙上。這樣更容易標記刻度和畫出條狀。

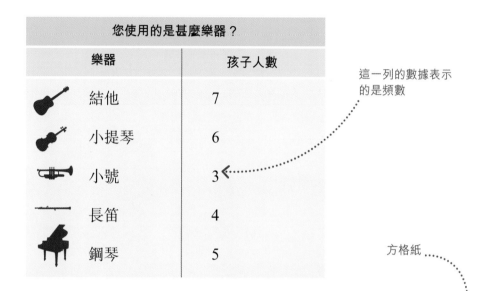

您使用的是甚麼樂器？	
樂器	孩子人數
結他	7
小提琴	6
小號	3
長笛	4
鋼琴	5

這一列的數據表示的是頻數

3 我們先畫一條水平線表示 x 軸，畫一條垂直線表示 y 軸。

4 然後在 x 軸上畫出標記，用於表示條的寬度，它代表不同的樂器。所有的條必須寬度相同，這裏我們畫 2 個小格子寬。

5 現在讓我們在 y 軸上增加刻度，用於表示孩子的人數。刻度代表的數字要能覆蓋圖表上的數字範圍，但又不會使條形圖看起來拉伸或者壓扁。這裏畫出 0~8 的數字刻度就可以了。

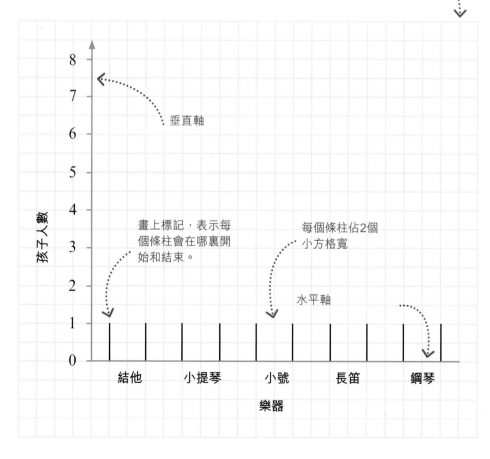

方格紙

垂直軸

畫上標記，表示每個條柱會在哪裏開始和結束。

每個條柱佔2個小方格寬

水平軸

孩子人數

0　1　2　3　4　5　6　7　8

結他　小提琴　小號　長笛　鋼琴

樂器

6 現在開始為樂器畫條柱。表上第一種樂器的頻數是 7，表示彈結他的孩子人數為 7。

7 在 y 軸上找到刻度 7。然後，我們在與 7 水平的、結他對應的格子上方畫一條短線。它必須精確地畫在我們在 x 軸上的結他條柱所做的標記的上方。這條短線長為兩個小方格，與標記之間的距離相同。

8 其他樂器同樣如此。

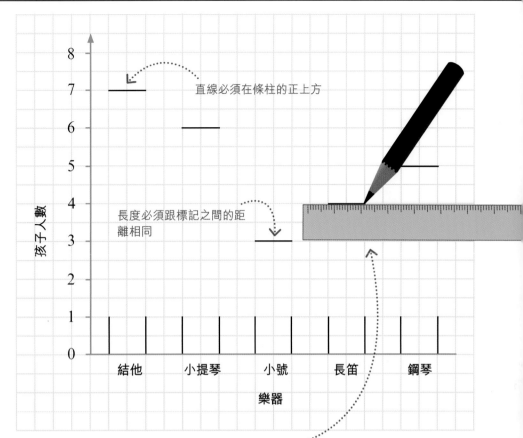

直線必須在條柱的正上方

長度必須跟標記之間的距離相同

用尺子保證所畫的線是直的

兩條垂直線遇着水平線形成一個條柱

給條形圖取名字

9 為了完成結他的條柱，我們順着 x 軸的兩個標記畫上兩根垂直線。這些線與我們剛畫的水平線末端連接起來。

10 其他樂器同樣如此。

11 最後，讓我們給條柱上色。條柱可以是同一種顏色。但不同的顏色更有助於理解。

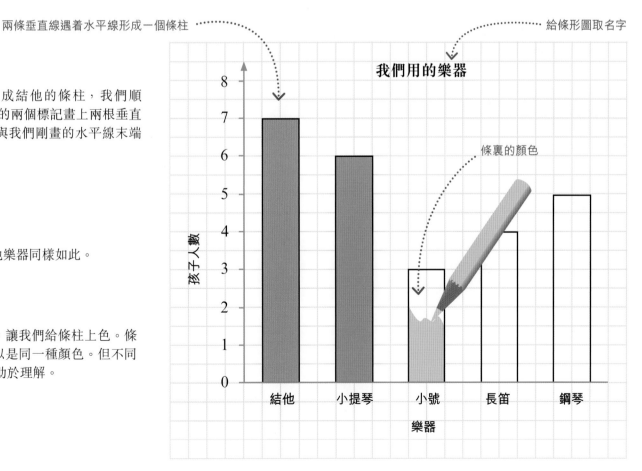

我們用的樂器

條裏的顏色

折線圖

在折線圖中，頻數用點標記。每個點都用直線與其鄰點相連。折線圖對展示隨着時間推移的數據很有用。

折線圖對展示隨着時間推移的數據很有用。

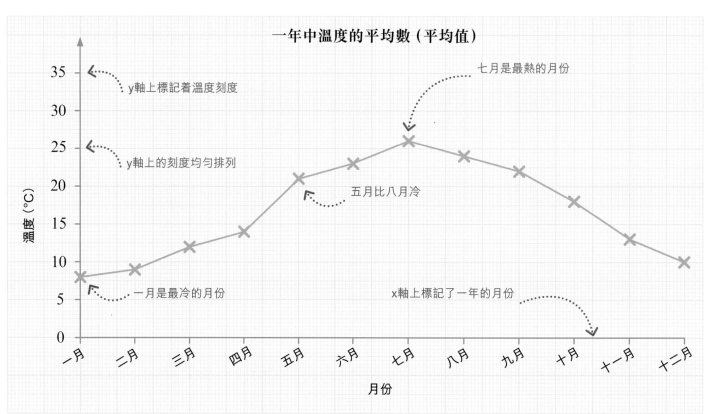

一年中溫度的平均數 (平均值)

y軸上標記着溫度刻度

y軸上的刻度均勻排列

七月是最熱的月份

五月比八月冷

一月是最冷的月份

x軸上標記了一年的月份

溫度 (°C)

月份

1 讓我們看看這張折線圖。上面展示的是數學鎮記錄的一年中的月平均溫度。

2 一年中的月份列在水平的 x 軸上，溫度刻度在垂直的 y 軸上。

3 每個月的平均溫度用「×」繪製。所有的點都被連成一條連續的線。

現實世界的數學

心臟監護儀

心臟監護儀可以記錄您心臟跳動的次數。當數據在屏幕上顯示或者打印出來時，它就像是一張由波動曲線組成的折線圖。

4 此圖讓我們更加容易地看出這一年的最高溫度和最低溫度，也可以幫助我們比較不同月份的溫度。

讀懂折線圖

這張圖告訴我們雅各布從 2 歲到 12 歲的身高變化情況。從 x 軸的年齡出發往上到達綠線，然後找到綠線對應的 y 軸身高，我們便能知道雅各布在不同年齡的身高是多少了。通過這張圖，我們還能知道雅各布在哪年長高了多少。

1 讓我們看看雅各布 6 歲時有多高。在 x 軸上找到 6，然後順着它往上看。

2 當我們到達綠線後，我們可以看到綠線上的這個點對應的 y 軸數值是 110。這就表明雅各布 6 歲時的身高是 110cm。

3 我們同樣可以計算出雅各布在 9 歲半時的身高。向上看，y 軸告訴我們雅各布這時的身高大概是 132cm。

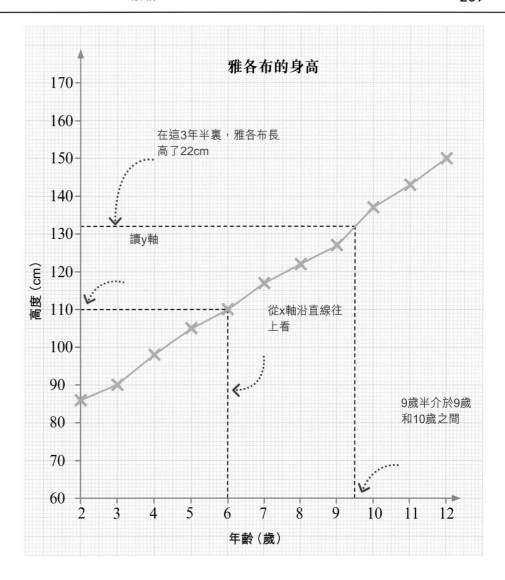

雅各布的身高

在這3年半裏，雅各布長高了22cm

讀y軸

從x軸沿直線往上看

9歲半介於9歲和10歲之間

高度（cm）

年齡（歲）

轉換圖

轉換圖用直線表明兩個單位是如何關聯的。

1 右圖的 x 軸上是千米，y 軸上是英里。這條直線讓我們從一個單位轉換到另一個單位。

2 要把 80 千米換成英里，我們只要順着 x 軸找到 80 千米。然後順着直線讀出 y 軸上是 50 英里。

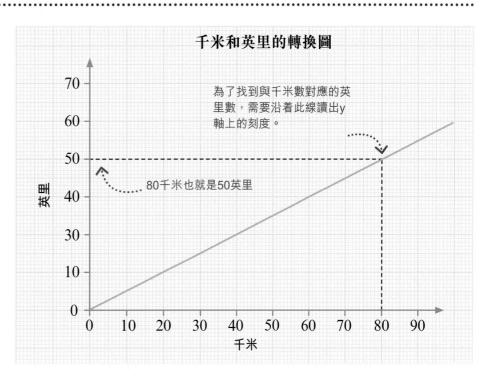

千米和英里的轉換圖

為了找到與千米數對應的英里數，需要沿着此線讀出y軸上的刻度。

80千米也就是50英里

英里

千米

繪製折線圖

繪製折線圖需要準備一支鉛筆、一把尺子、表格紙以及一些數據。
我們通常在圖中用叉表示數據點，然後把叉連成一條連續的線。

1 一班學生把每小時的室外溫度記
　錄下來作為科學實驗的一部分。
讓我們用這張表格裏的數據繪製折
線圖。

每小時的溫度	
時間	溫度（°C）
08:00	6
09:00	8
10:00	9
11:00	11
12:00	12
13:00	15
14:00	16
15:00	15
16:00	13

這列數字表示的是
每小時的溫度

2 我們將會用到標有小方格的特殊
　表格紙。因為它能幫助我們準確
地標記出數據並描線。

3 我們先要畫出 x 軸和 y 軸。時間
　總是沿着水平的 x 軸排列。我們
用此軸標記和寫下這一天中的時間，
從 08:00 開始。

表格紙

4 溫度隨着垂直的 y 軸變化。我
　們需要在 y 軸上標出包含最高
溫度和最低溫度的刻度範圍。這裏
標出 0~18°C 就可以了。每兩攝氏度
標記一下即可，不然數值之間會顯得
太密。

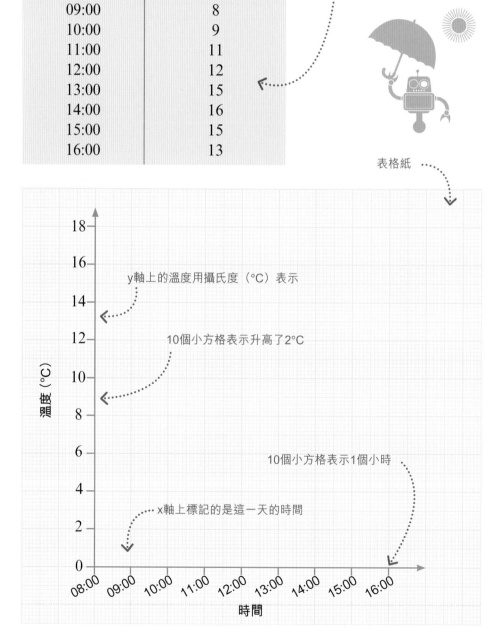

y軸上的溫度用攝氏度（°C）表示

10個小方格表示升高了2°C

10個小方格表示1個小時

x軸上標記的是這一天的時間

5 我們將在 x 軸上標記「時間」，y
　軸則是「溫度（°C）」。

6 現在，我們可以把數據繪製在表格上了。先把溫度依次排列起來，並在表格上找到其位置。

7 第一個溫度是在 08:00 上，為 6°C。我們順着 x 軸上的 08:00 沿 y 軸上升直到我們找到 6，用鉛筆畫個小叉標記其位置。

8 現在我們繪製下一個溫度，即 09:00 上的 8°C。我們順着 x 軸上的 09:00 標記往上，直到我們在 y 軸上找到 8，然後再畫一個小叉。

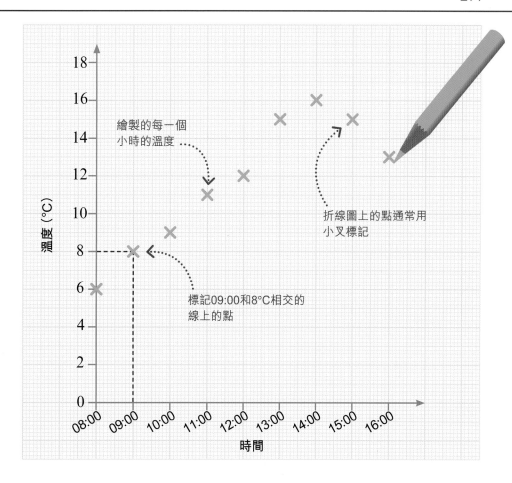

繪製的每一個小時的溫度

折線圖上的點通常用小叉標記

標記09:00和8°C相交的線上的點

9 繪製完所有溫度之後，用尺子將每個小叉用直線連接起來。表格上的所有小叉都要被連接成為一條不間斷的線。

10 給表格取一個名字，然後結束此次繪製。這樣每個人看到表格就能明白它是關於甚麼的。

折線表明瞭溫度是怎樣在早晨時開始上升、在午後開始下降的

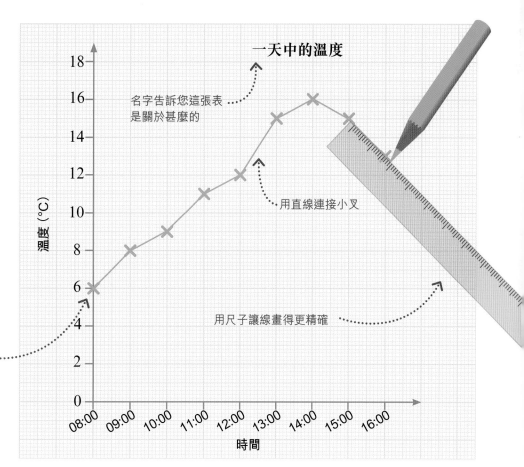

一天中的溫度

名字告訴您這張表是關於甚麼的

用直線連接小叉

用尺子讓線畫得更精確

餅狀圖

餅狀圖通過可視化的方式展示數據。它是用圓的切片（扇區）顯示數據的圖表。餅狀圖可用於比較一組相關數據的大小。

扇區部分越大，代表的數據越多。

1 看看右邊的餅狀圖。它顯示的是一羣孩子們説出的最喜歡看的電影類型。

2 儘管這張圖裏沒有數字，但我們仍然能夠理解它。扇區部分越大，代表越多的孩子選擇了該類型的電影。

3 我們可以通過餅狀圖來比較不同類型電影的受歡迎程度。這裏表示得很清楚，喜劇是最受歡迎的，科幻片是最不受歡迎的。

喜歡的電影類型

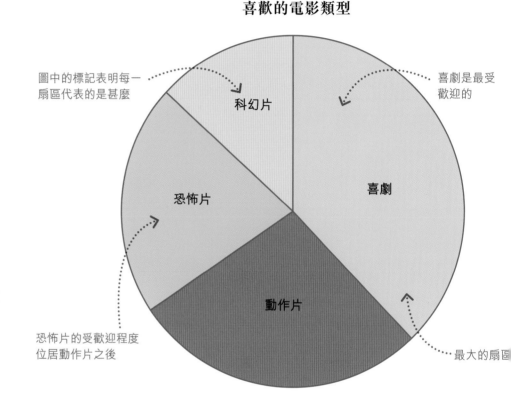

圖中的標記表明每一扇區代表的是甚麼

喜劇是最受歡迎的

恐怖片的受歡迎程度位居動作片之後

最大的扇區

科幻片

喜劇

恐怖片

動作片

標記扇區

有兩種標記餅狀圖的方法：顏色和文字。

顏色

🔘 科幻片

🔘 喜劇

🔘 恐怖片

🔘 動作片

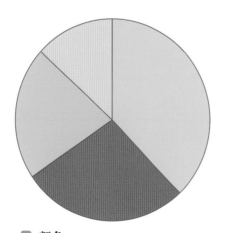

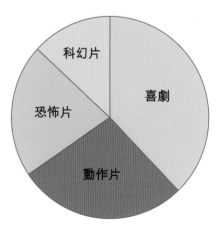

1 顏色
我們可以通過圓裏的顏色知道每個扇區代表的電影類型。

2 文字
我們可以在旁邊寫上文字，也可以像上圖這樣將文字寫在裏面。

餅狀圖的扇區

餅狀圖的圓（餅）代表所有的數據。其中的每一個切片或者扇區都是子集。如果我們將所有的扇區加起來，就得到了整個餅。我們可以將切片的大小用角度表示，或者用分數和百分比表示。

1 因為是一個圓，所以餅狀圖的角度就是 360°。構成餅狀圖的每個扇區都是這個大角度（360°）的一部分。

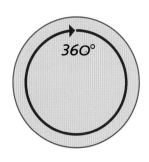

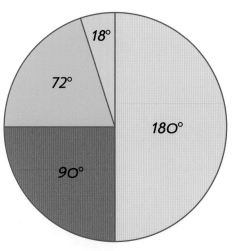

18° + 72° + 90° + 180° = 360°

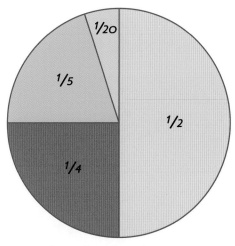

$1/20 + 1/5 + 1/4 + 1/2 = 1$

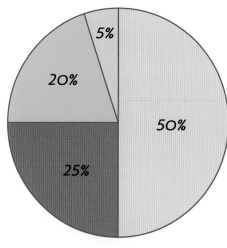

5% + 20% + 25% + 50% = 100%

2 角度
扇區的角度（°）是從中心測量的。所有扇區的角度加起來總是 360°。

3 分數
每個扇區同樣也是餅狀圖的一部分。舉個例子，一個 90° 角的扇區代表四分之一。同樣的，所有的分數加起來等於 1。

4 百分比
整個餅狀圖的扇區同樣可以用百分數來表示。一個 90° 的扇區就是 25%。同樣的，將百分數加在一起就是 100%。

試一試
餅狀圖謎題

這裏有兩個問題需要解決。餅狀圖內扇區的角度加起來總是 360°；而用百分比表示時，加起來就是 100%。

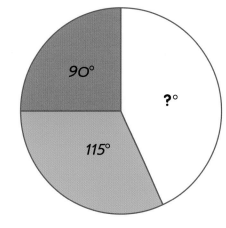

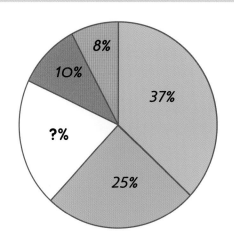

1 您能算出這個餅狀圖中第三個扇區的角度嗎？

2 這個餅狀圖中未知扇區的百分比是多少？

答案見第 320 頁

繪製餅狀圖

我們可以根據頻數表上的數據，用圓規和量角器繪製餅狀圖。有一個公式可以幫助我們算出餅狀圖上每個扇區或切片的角度。

餅狀圖內所有扇區的角度加起來總是360°。

計算角度

繪製餅狀圖的第一步是計算出每個扇區的角度。

1 讓我們使用右邊頻數表上的數據繪製餅狀圖。餅狀圖的扇區代表的是不同的口味。

雪糕售賣	
口味	售出數量
檸檬	45
芒果	25
士多啤梨	20
薄荷	10
總數	100

頻數（每種口味售出的數量）

總頻數（雪糕售出總數）

2 要算出角度，我們只需將每種口味的頻數放入右邊的公式中即可。

$$角度 = \frac{頻數}{總頻數} \times 360°$$

3 表格中顯示有 100 份雪糕被賣出，其中 45 份是檸檬味的。我們可以在公式中用這些數據算出檸檬扇區的角度：45÷100×360°=162°。

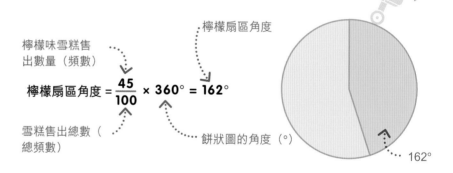

檸檬味雪糕售出數量（頻數）

檸檬扇區角度

$$檸檬扇區角度 = \frac{45}{100} \times 360° = 162°$$

雪糕售出總數（總頻數）

餅狀圖的角度（°）

162°

4 現在，將其他扇區按同樣的方法算出。然後，我們把所有的角度相加，檢查結果是不是 360°：162°+90°+72°+36°=360°。

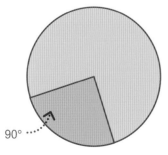

90°

$$芒果扇區角度 = \frac{25}{100} \times 360° = 90°$$

72°

$$士多啤梨扇區角度 = \frac{20}{100} \times 360° = 72°$$

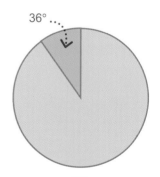

36°

$$薄荷扇區角度 = \frac{10}{100} \times 360° = 36°$$

繪製圖表

只要知道了餅狀圖中所有扇區的角度，就可以準備繪製餅狀圖了。我們只需用到一個量角器和一把圓規。

1 用圓規精確地畫出一個圓。一定要保證所畫的圓夠大，以便後面塗色和寫字。

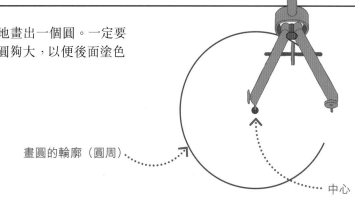

畫圓的輪廓（圓周）

中心

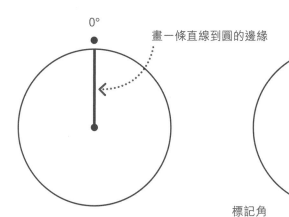

畫一條直線到圓的邊緣

0°

2 畫一條從中心到圓的直線，把它標記成 0°，然後通過它測量我們的第一個角度。

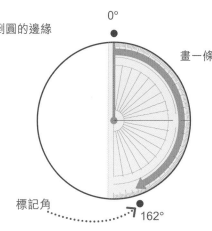

0°

標記角

162°

3 接着將量角器放在 0° 線上，然後用其刻度量出一個 162° 的檸檬扇區。

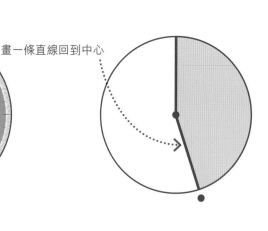

畫一條直線回到中心

4 然後我們從 162° 角畫一條直線回到中心。現在這個檸檬扇區就完成了，我們給它上色吧。

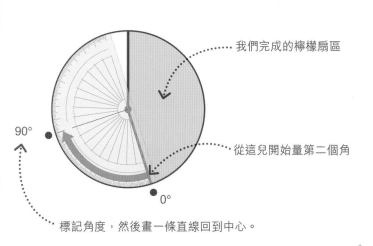

我們完成的檸檬扇區

從這兒開始量第二個角

90°

0°

標記角度，然後畫一條直線回到中心。

5 現在我們將量角器與檸檬扇區的下邊緣對齊，測量芒果扇區的 90° 角。完成此扇區後再給其上色。

售賣的雪糕種類

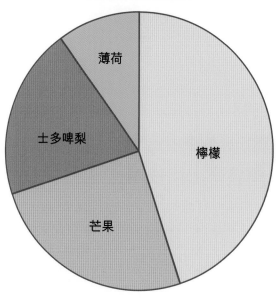

薄荷

士多啤梨

檸檬

芒果

6 我們用同樣的方法畫出其他扇區。為了完成餅狀圖，最後要寫上文字和標題。

概率

概率是測量某事發生的可能性的。它通常被叫作或然率。如果某事有很高的概率，它就很有可能發生；如果某事的概率很低，那麼它就不怎麼可能發生。概率通常用分數表示。

概率是指某事發生的可能性。

1 讓我們想想拋硬幣。它們只有兩種可能性：要麼正面朝上，要麼背面朝上。

正面　　　背面

一個硬幣有兩種可能性

2 正面朝上的概率是多少呢？因為您既可能得到正面朝上，也可能得到背面朝上，所以您得到正面朝上和背面朝上的機會是均等的，或者說是均勻的。

3 當您擲骰子時，它可能有 6 種結果。所以要擲到特定數字（比如 3）的概率，要比擲硬幣得到正面朝上的概率低。

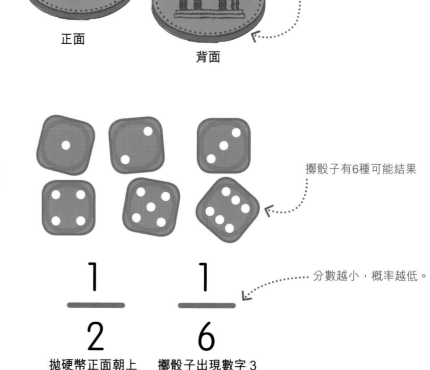

擲骰子有6種可能結果

4 概率通常用分數表示。拋硬幣有二分之一的概率得到正面朝上，所以我們把它寫成 $\frac{1}{2}$。擲骰子出現數字 3 有六分之一的機會，所以我們把它寫成 $\frac{1}{6}$。

$$\frac{1}{2} \qquad \frac{1}{6}$$

拋硬幣正面朝上　　擲骰子出現數字 3

分數越小，概率越低。

現實世界的數學

我應該帶上雨衣嗎？

氣象學家（氣溫科學家）進行預測時，他們會在計算中加入概率。為了預測會不會下雨，他們會看一看前天相似的情況，比如說大氣氣壓和溫度。他們計算下了多少天的雨，然後計算今天下雨的概率。

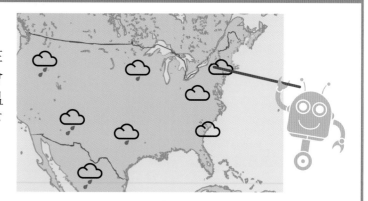

概率比例

所有的概率都可以標在概率測量直線上。這條直線上的概率比例從 1 到 0。確定事件的概率是 1，不可能事件的概率是 0，其餘事件則介於 0 和 1 之間。

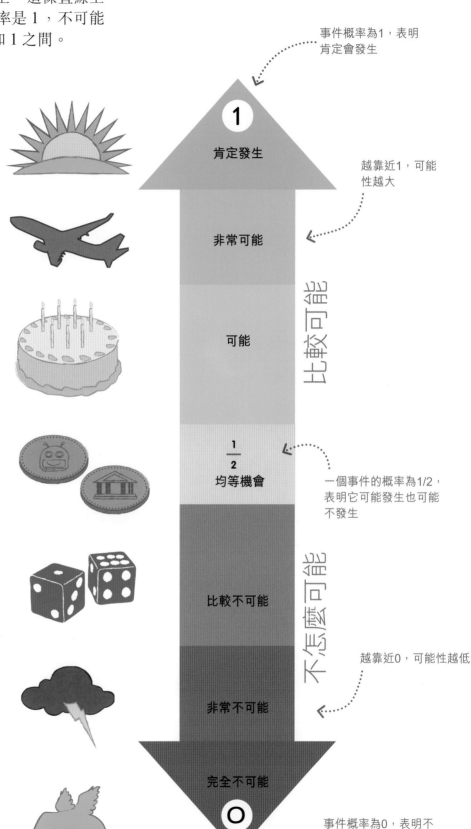

1 我們可以確定太陽明天早上會升起，所以它的概率為 1，位於概率測量直線的最上面。

2 此刻，世界上很有可能有一架飛機正在飛行。

3 本週學校裏的學生和工作人員至少有一人過生日。

4 拋硬幣時我們得到正面朝上或者背面朝上的機會是均等的。均等機會位於概率測量直線的中點。

5 擲兩顆骰子時不太可能同時擲到 6。正如您從棋盤遊戲中知道的那樣，這種情況不會經常發生。

6 您幾乎不會被閃電擊中。儘管有可能發生，但可能性非常小。

7 飛象在概率測量直線上的得分是 0。大象沒有翅膀，所以您不可能看到一頭會飛的大象。

事件概率為1，表明肯定會發生

越靠近1，可能性越大

一個事件的概率為1/2，表明它可能發生也可能不發生

越靠近0，可能性越低

事件概率為0，表明不可能發生。

肯定發生

非常可能

可能

$\dfrac{1}{2}$ 均等機會

比較不可能

非常不可能

完全不可能

比較可能

不怎麼可能

計算概率

我們可以使用簡單的公式計算出事件發生的概率。這裏的公式以分數表示概率。我們也可以把分數轉換成小數或者百分數。

1 右邊是一個裝有 12 個水果的盒子。它裏面隨機排列有 6 個蘋果和 6 個橘子。如果我們把眼睛閉上，那麼挑選出蘋果的概率是多少呢？

2 用下面的公式可以算出挑選出蘋果的概率：

$$\frac{我們感興趣的結果數}{所有可能的結果數}$$

3 我們可以像這樣畫出公式。這個公式的上面意味着有多少蘋果可以從盒子裏拿出來 (6)，而下面是可以被挑選的水果總數 (12)。

4 所以，我們有十二分之六的機會挑到蘋果。用分數表示就是 $\frac{6}{12}$，化簡後是 $\frac{1}{2}$。

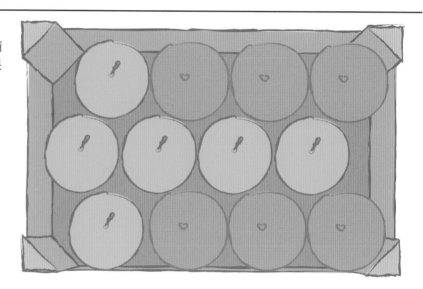

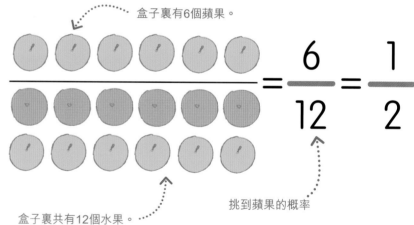

盒子裏有6個蘋果。

$$= \frac{6}{12} = \frac{1}{2}$$

盒子裏共有12個水果。

挑到蘋果的概率

現實世界的數學

沒有預料到的結果

概率並不總是精準地告訴我們將要發生甚麼。右邊這個旋轉的物體有六分之一的機會是紅色的邊緣着地。如果我們旋轉 6 次，會期待至少有 1 次是紅的着地，但最終結果可能 6 次都是紅的，也可能沒有一次是紅的。

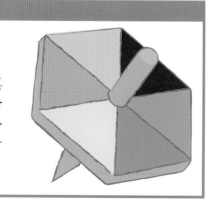

您可以用分數、小數或百分數來表示概率。

小數和百分數

概率通常用分數來表示，也可以用小數和百分數來表示。

1 右邊盒子裏的 12 個蛋糕有 3 個是朱古力味的，有 9 個是香草味的。閉上眼睛，我們有十二分之三的機會選到朱古力蛋糕。

9個朱古力蛋糕，3個香草蛋糕。

2 用分數表示，其概率就是 $\frac{3}{12}$。我們可以將其化簡成 $\frac{1}{4}$。現在我們把 $\frac{1}{4}$ 轉換成小數來表示概率：$1\div4=0.25$。要將小數變成百分數，我們只需簡單地乘以 100% 就可以：$0.25\times100\%=25\%$。

3個朱古力蛋糕，9個香草蛋糕。

3 讓我們看看盒子裏如果是 9 個朱古力蛋糕和 3 個香草蛋糕會發生甚麼。

4 現在，挑選朱古力蛋糕的概率是 $\frac{9}{12}$，或者 $\frac{2}{4}$，也就是 0.75 或者 75%。

試一試

擲骰子的概率

擲骰子是理解概率的好方式。擲骰子是很常見的棋盤遊戲，如果您知道一定組合發生的概率，就有可能提高您的遊戲技巧。

1 當您同時擲兩個骰子時，最有可能擲出的總點數是多少？寫下所有可能的總點數，然後找出最有可能的。

2 兩個最不可能出現的總點數是多少？

3 最有可能和最不可能的總點數出現的概率是多少？

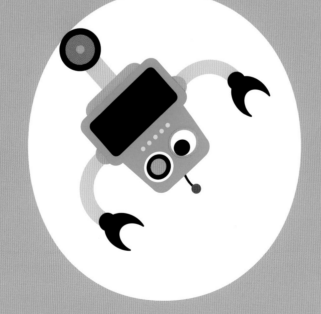

代數

b

ALGEBRA

在代數中，我們用字母或其他符號代替數字，這使得研究數字以及它們之間的聯繫更容易——比如研究它們是如何組成一個數列的。運用代數我們也可以得出一些有用的規則。這些規則被稱作公式，利用公式能更容易地解決數學問題。

方程

等式是一個包含等號的數學式子。我們可以用數字來列等式，也可以用字母或其他符號來代替這些數字。用字母或其他符號代替數字的等式就叫作方程。這一數學分支就是代數。

等式平衡

等式必須始終平衡 —— 等式中等號左右兩邊的值始終相等。通過右邊這個加法等式，我們來學習方程。

等式的兩邊是平衡的—— 它們是相等的

三大運算定律

等式必須始終遵循三大運算定律。在第 154~155 頁中，我們已經在不含未知數的算式中學習了如何運用這些運算定律。如果用字母代替數字，我們也可以用代數表示這些定律。

1 交換律

這個定律告訴我們，以任何順序把數字相加或者相乘，所得的結果都是一樣的。我們觀察一下交換律在下面這個加法運算中是如何運用的，然後用代數寫出定律。

運算定律確保方程左右兩邊相等。

交換數字得到相同的答案

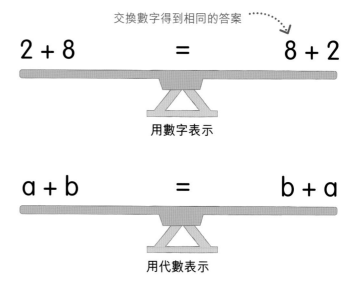

$$2 + 8 = 8 + 2$$

用數字表示

$$a + b = b + a$$

用代數表示

代數方程

在代數中，我們要用到一些專有名詞。代數方程與數字等式稍微有些不同。

在代數中，我們可以用字母代替未知數，這個未知數稱為變量。	b
表示 a 與 b 相乘時，不再寫成 a×b，而是簡寫成 ab，我們省略乘號是因為它與字母 x 太相像了。	ab
當數字與字母相乘時，我們把數字寫在前面。	4ab
數字、字母或者它們的乘積叫作項。	2b
由數學符號分隔開的兩個或兩個以上的項叫作表達式。	4 + c

2 結合律

請記住，括號告訴我們應該先計算哪一部分。這條定律告訴我們，在計算加法或乘法時，把括號放在哪裏並不重要 —— 答案不會改變。看看下面這個加法計算。

3 分配律

這是一個乘法運算定律。它表示將括號裏的一組數字相加，再乘以一個數，其結果與這個數跟括號裏的每個數相乘，再把得數相加是一樣的。下面是一個乘法分配律的示例。

先計算括號裏的加法，然後加上6等於13。

將括號裏的數字相加，然後把得數與5相乘。

先把括號裏的數字相乘，然後再把得數相加。

$$(3 + 4) + 6 = 3 + (4 + 6)$$

用數字表示

$$5 \times (2 + 4) = (5 \times 2) + (5 \times 4)$$

用數字表示

$$(a + b) + c = a + (b + c)$$

用代數表示

$$a(b + c) = ab + ac$$

用代數表示

解方程

可以將方程重新排列，以便求出未知數或變量的值。

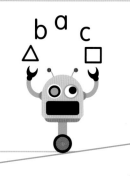

用圖形或字母代表變量都是可以的。

簡單方程

在代數中，可以用字母或符號代表變量。我們已經知道，方程的兩邊必須始終相等。那麼，如果變量都在等號的一邊，我們只需在等號的另一邊進行運算，以便求出與變量相等的值。

1 含符號的方程
　　右邊的兩個方程是用符號代表未知數，只需進行簡單的乘法或除法運算就能得出答案。

圖形代表未知數

$\triangle = 12 \times 7$

$\triangle = 84$

$\square = 72 \div 9$

$\square = 8$

2 含字母的方程
　　右邊的兩個方程是用字母代表未知數。這些方程可以用同樣的方法求解，我們只需依據數學符號進行運算即可。

字母代表未知數

$a = 36 + 15$

$a = 51$

$b = 21 - 13$

$b = 8$

現實世界的數學

日常生活中的代數

在日常生活中也會用到代數，只是我們沒有發覺而已。如右圖所示，我們想要買 3 瓶果汁、2 盒麥片和 6 個蘋果，就可以用代數方程來計算一共需要花費多少錢。

a = 18 元

b = 9 元

c = 4 元

1 我們可以寫出一個方程：3a+2b+6c= 總價。

2 現在用上面的價格替換字母：
$(3 \times 18) + (2 \times 9) + (6 \times 4) = 96$
（元）。

整理方程

如果變量與其他的項混合排列在方程的一邊，那麼求出變量的值就更難了。題目中碰到這樣的情況，我們就需要整理方程，使變量單獨位於方程的一邊。解方程的關鍵是確保方程始終是平衡的。

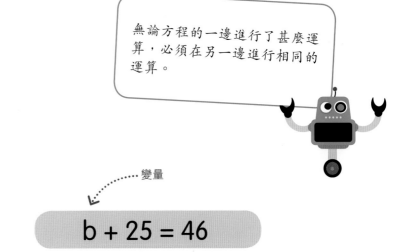

無論方程的一邊進行了甚麼運算，必須在另一邊進行相同的運算。

1 看看右邊這個方程。我們可以通過簡單的幾個步驟分離出字母 b，並求出它的值。

變量

$$b + 25 = 46$$

2 先在方程的兩邊同時減去 25，並重新寫出方程。我們知道 25 減去 25 等於零，就可以說這兩個 25 相互抵消了。

25和–25相互抵消

$$b + 25 - 25 = 46 - 25$$

3 方程的一邊只剩下字母 b，現在我們就可以通過計算方程的右邊求出 b 的值。

現在變量就是方程的主體

$$b = 46 - 25$$

4 計算 46–25，得到 21。所以 b 的值就是 21。

$$b = 21$$

5 我們可以用 21 代替原來方程中的字母，驗算答案是否正確。

方程的兩邊平衡

$$21 + 25 = 46$$

試一試

未知變量的值

您能整理這些方程並找到未知變量的值嗎？

1 $73 + b = 105$

3 $i - 34 = 19$

2 $42 = 6 \times \square$

4 $7 = \triangle \div 3$

答案見第 320 頁

通項公式與數列

數列是一組遵循某種規律排列的數字（見第 14~17 頁）。通過公式寫出數列的排列規則，不需要把整個數列寫出來，我們就可以求出數列中任意一項的值。

數字規律

數列遵循特定的規律或規則，數列中的每一個數字叫作一個項。數列中的第一個數字稱為第一項或首項，第二個數字稱為第二項，以此類推。

在這個數列中，每一項比前面一項多2。

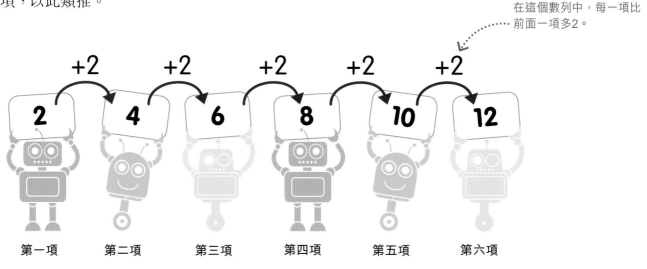

| +2 | +2 | +2 | +2 | +2 |

| 2 | 4 | 6 | 8 | 10 | 12 |

| 第一項 | 第二項 | 第三項 | 第四項 | 第五項 | 第六項 |

第 n 項

在代數中，數列裏未知的項稱為第 n 項 —— 這個 "n" 代表未知值。我們可以通過寫出一個數列的通項公式，求出數列中任意一項的值。

未知項就叫作第n項

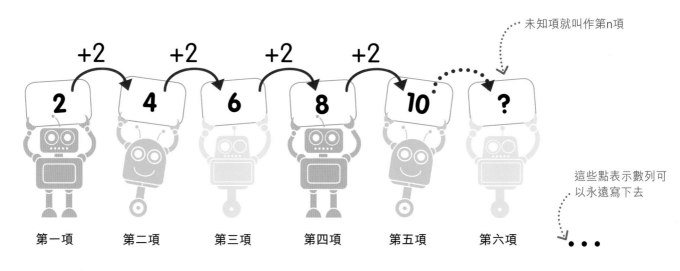

| +2 | +2 | +2 | +2 |

| 2 | 4 | 6 | 8 | 10 | ? |

| 第一項 | 第二項 | 第三項 | 第四項 | 第五項 | 第六項 |

這些點表示數列可以永遠寫下去

簡單數列

要求出數列的通項公式，我們需要觀察這些數字的排列規律。有一些數列的規律顯而易見，所以可以很容易地發現它的規律並寫出通項公式。

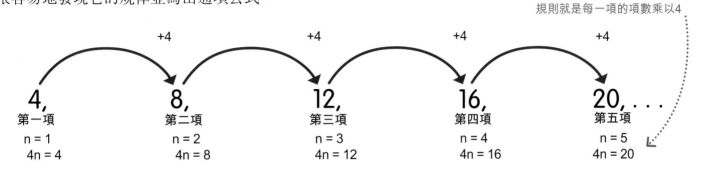

規則就是每一項的項數乘以4

| +4 | +4 | +4 | +4 |

4,	8,	12,	16,	20, . . .
第一項	第二項	第三項	第四項	第五項
n = 1	n = 2	n = 3	n = 4	n = 5
4n = 4	4n = 8	4n = 12	4n = 16	4n = 20

1 這個數列是由 4 的倍數組成的，因此，我們可以說第 n 項就是 4×n。在代數裏，我們寫成 4n。

2 那麼，如果要求出第 30 項的值，我們只需在通項公式中用 30 代替 n，並計算 4×30=120。

兩步公式

有一些數列遵循兩步公式，如乘法和減法或乘法和加法。

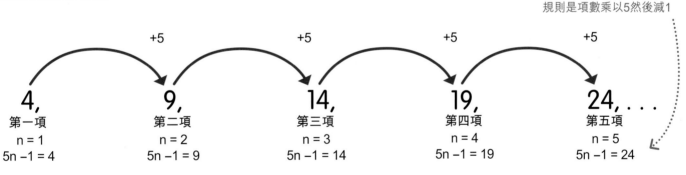

規則是項數乘以5然後減1

| +5 | +5 | +5 | +5 |

4,	9,	14,	19,	24, . . .
第一項	第二項	第三項	第四項	第五項
n = 1	n = 2	n = 3	n = 4	n = 5
5n −1 = 4	5n −1 = 9	5n −1 = 14	5n −1 = 19	5n −1 = 24

1 這個數列的通項公式是 5n−1。因此，要求出這個數列的任意一項，我們需要先計算乘法，再計算減法。

2 如果要求出這個數列的第 50 項，我們用 50 代替通項公式中的 n，然後計算 5×50−1=249。所以，第 50 項是 249。

試一試

求數列的項

右邊數列的通項公式是 6n+2，您可以運用通項公式將這個數列繼續寫下去嗎？

答案見第 320 頁

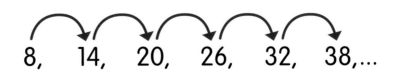

8, 14, 20, 26, 32, 38, . . .

1 寫出這個數列中接下來的 5 個數字。

2 求出第 40 項的值。

3 求出第 100 項的值。

公式

公式是求出某些數值的規則。我們用數學符號和字母組合寫出公式，用於表示一個數或一個量。

在公式中，我們可以用字母代替文字。

寫出它們的公式

公式就像是一個秘訣，只是在公式中我們使用符號或字母代替文字。一個公式通常包括三個部分：一個主體、一個等號、一個數字與字母的組合（包括公式使用條件的說明）。我們來看一個最簡單的公式，長方形的面積公式，這個公式就是：面積＝長×寬。運用代數，我們可以把它寫成 $A = Lw$。

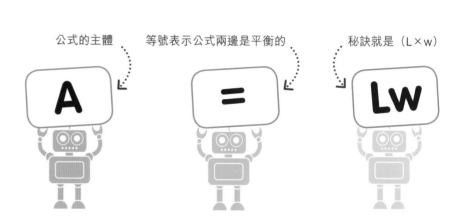

公式的主體

A

等號表示公式兩邊是平衡的

=

秘訣就是（L×w）

Lw

用字母表示公式

當公式用字母而不是文字表示時，那麼我們需要弄清楚不同的字母代表甚麼。右邊是一些用來表示測量值的字母。

在寫公式時，我們通常可以省略乘號。

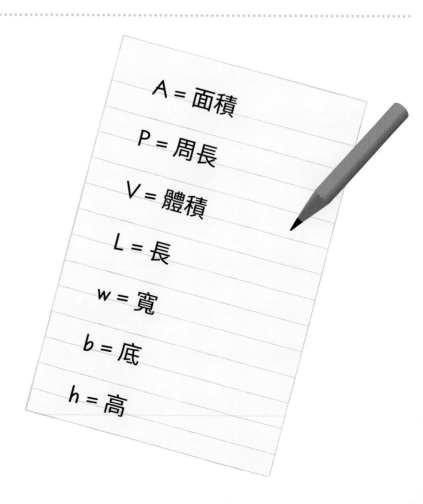

A = 面積

P = 周長

V = 體積

L = 長

w = 寬

b = 底

h = 高

公式的運用

在數學中，我們用公式求出確切的值。如果我們知道公式一邊的變量的值，那麼就可以求出公式中主體的值。

寬 3m

面積就是這個游泳池所佔的平面空間

長 5m

1 我們用真實的測量值來代替公式 A=Lw 中的字母，可以得到 A=5×3。

2 長和寬相乘等於 15。所以，這個長方形游泳池的面積是 15m²。

常見的公式

以下是一些常見圖形的面積、周長和體積計算公式。

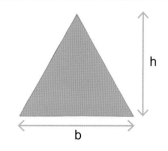

三角形的面積 $= \frac{1}{2} bh$

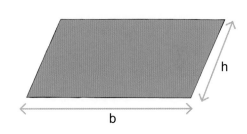

平行四邊形的面積 $= bh$

周長就是圍繞在圖形外的長度

體積是立體圖形內部所佔的空間

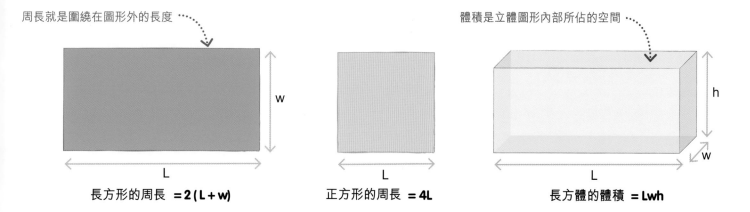

長方形的周長 $= 2(L+w)$

正方形的周長 $= 4L$

長方體的體積 $= Lwh$

術語表

x軸

用於表示網格或圖表中某點位置的水平線。

y軸

用於表示網格或圖表中某點位置的垂直線。

一畫

一位數

從 0 到 9 的數字。一位數可以組成更大的數字。例如，58 由 5 和 8 兩個一位數組成。

二畫

二維（2D）

有長和寬或長和高兩個維度，但是沒有厚度。

十進制小數

與十進制有關的小數，簡稱小數，是用一個小數點將整數部分與小數部分隔開。小數點的右邊是十分位、百分位等。例如，四分之一（$\frac{1}{4}$）寫成小數是 0.25，表示有 0 個一、2 個十分之一和 5 個百分之一。

三畫

三角形

有三條直邊和三個角的平面圖形。

三維（3D）

有長、寬和高三個維度。所有的立體圖形都是三維的—即使是一張很薄的紙。

千米（km）

公制中長度的單位，1 千米等於 1000 米。

千克（kg）

公制中質量的單位，1 千克等於 1000 克。

子集

較大集合的一部分。*參見集合*。

四畫

不等邊三角形

邊或角不相等的三角形。

不對稱圖形

非中心對稱或軸對稱的圖形

比例

一個總體中各個部分的數量佔總體數量的比重。

比率

是將一個數或量與另一個數或量相比。它被寫成比例號（:）分開的兩個數。

切線

與曲線或圓周只有一個交點的直線。

中位數

將一組數按從小到大的順序排列，最中間的那個數就是中位數。

水平

從一邊到另一邊，而不是向上或向下。

升（L）

測量容積的公制單位。

化簡（分數）

把分數化為它的最簡形式。例如，您可以把 $\frac{14}{21}$ 化簡成 $\frac{2}{3}$。

反射

將原始對象轉化成鏡像的一種變換。見變換。

分子

分數中上面的那個數，如 $\frac{3}{4}$ 中的 3。

分母

分數中下面的那個數，如 $\frac{3}{4}$ 中的 4

分配律

一種運算法則，例如 $2 \times (3 + 4) = (2 \times 3) + (2 \times 4)$。

分解

把數字分成其他更容易計算的數字。例如，36 可以分解成 $30 + 6$。

分數

不是整數的數，如 $\frac{1}{2}$、$\frac{1}{4}$ 和 $\frac{10}{3}$。

公分母

兩個或多個分數具有的相同的分母。*參見分母*。

公式

用數學符號表示的規則或表述。

公因數

兩個或多個數字共有的因數。*參見因數*。

公制

一種標準的測量單位的系統，包括米（度量長度）和千克（度量質量）。以公制單位為單位的不同的測量值可以通過乘或除以 10、100 或 1000 進行比較。

公倍數

兩個或多個不同的數字共有的倍數。例如，24 既是 4 的倍數又是 3 的倍數，所以它是這兩個數的公倍數。*參見倍數*。

方塊圖

用許多方塊表示數值的圖表。

五畫

正方形

由四條邊組成的平面圖形，並且每一條邊都相等，每一個角都是 90°。正方形是一種特殊的長方形。*參見長方形*。

正數

大於 0 的數。

可能性

某事發生或為真的概率。

平方單位

度量平面圖形面積的單位。*參見單位*。

平方數

如果把一個數乘以它本身，得到的結果就叫作平方數，如 $4 \times 4 = 16$。

平行四邊形

對邊平行且相等的四邊形。

平行

並排延伸，既不相互靠近，也不相互遠離。

平均值

將一組數相加，再除以這組數的個數，得出的結果就是這組數的平均值。

平均

求一組數據的典型值或中間值。*參見平均值、中位數和眾數*。

平角

恰好等於 180° 的角。

平移

不通過旋轉而改變圖形或物體的位置。平移並不會改變圖形或物體的大

小和形狀。

卡羅爾圖

用於將數據分類到不同框內的圖表。

四邊形

有四條直邊的平面圖形。

代數

在計算時使用字母或其他符號代表未知數字。

立方單位

用來測量立體圖形體積的單位,例如立方厘米。*參見單位。*

立方數

當一個數乘以它自己,然後再乘一次,得到的結果就叫作立方數。

立體圖形

在幾何中,任何 3D圖形都叫作立體圖形,包括空心圖形。

半徑

從圓心到圓周的任意一條線段。

六畫

百分數（%）

以100為分母表示的比例—比如百分之二十五（25%）也是就 $\frac{25}{100}$ 。

有效數字

數字中能影響數值的數字。

因數對

兩個因數相乘能得到更大的數,這兩個因數就叫作因數對。

因數

一個整數可以由兩個或多個其他數相乘得來,這些數就是這個整數的因數。例如,4和6都是12的因數。

全等

大小相等、形狀相同的圖形是全等圖形。

全集

包含您所研究的所有數據在內的集合。*參見集合。*

多面體

任意一個面為多邊形的立體圖形。

多邊形

任意一個有3條或3條以上的邊的平面圖形。比如三角形或平行四邊形。

交換律

一個運算法則,例如 1 + 2 等於 2 + 1 ,數字的順序並不重要。交換律適用於加法和乘法,不適用於減法和除法。

米（m）

公制中長度的主要單位,1米等於100厘米。

七畫

折線圖

將數據表示為用點連接着的線的圖表。它適用於展示測量值在一段時間內的變化,如溫度。

克（g）

質量單位,1千克等於1000克。

估算

求出與答案相近的答案。通常要對一個或幾個數字進行四捨五入。

位值制

我們記數的標準方法,數字中每個數字的值取決於它在這個數字中的位置。例如,120 中的 2 的位值是 20 ,但在 210 中它代表 2 個 100 。

坐標

描述網格中點、線或圖形的位置以及地圖中某個位置的一組數字。

角

從一個方向到另一個方向的轉動量

的量度。您也可以把它看作是兩條相交於一點的射線在方向上的差異。角是以度為單位測量的。*參見度。*

八畫

長方形

四條邊組成的平面圖形,它的對邊長度相等,並且所有角都是90°。

長方體

有六個面的像盒子一樣的形狀體,其中相對的面是相等的長方形。

長乘法

兩位或多位數字相乘的方法。它需要分步驟進行運算。

長除法

除以一個較大數字的除法,可以分為幾步進行運算。

直角三角形

有一個角是直角的三角形。

直角

90°的角,如垂直線和水平線形成的夾角。

直徑

連接圓周或球面上兩點並通過圓心或球心的線段。

非單位分數

分子大於1的分數,如 $\frac{3}{4}$ 。

周長

圍成圖形的邊的長度。

底

如果想像一個圖形坐在一個平面上,底就是這個圖形最下面的一條邊。

弧形

形成圓周的一部分曲線。

弦

穿過圓但不經過圓心的直線。

九畫

指南針

一種可以指示北方或其他方向的儀器。

括號

像（）和[ ]這樣的符號,用來將數字包括在一起。它有助於您判斷應該先計算哪一步。

相交

交叉（用於線和圖形中）。

相鄰

互相緊鄰,比如一個圖形中有相鄰的兩個角或相鄰的兩個面。

面積

平面圖形所佔空間的數量。面積以平方單位測量,比如平方米。

面

立體圖形的任意一個平面。

垂直

相交後形成直角的兩條線互相垂直。

重量

作用在物體上的重力的量。*參見質量。*

負數

比零小的數,如 -1 、-2 、-3 等。

計數符

通過畫線幫助您記錄下數了多少。

度

角的度量,一整圈是360°。

韋恩圖

在重疊的圓內顯示數據的圖表。重疊部分的數據是集合共有的。

十畫

真分數

小於 1 的分數,它的分子比分母小,例如 $\frac{2}{3}$ 。

格子法

在網格中沿着對角線相乘的方法。

原像

鏡像變換之前的圖像。

原點

網格中x軸和y軸的交點。

乘積

一個數與另一個數相乘時的得數。

值

某事物的數量或大小。

倍數

兩個整數相乘的乘積是這兩個整數的倍數。

逆時針方向

與時鐘上指針旋轉方向相反的方向。

容積

容器內部的空間量。

扇形

圓的一片,形狀類似於一片蛋糕。扇形的邊由兩個半徑和一段圓弧組成。

被除數

除法中被除以的數。

展開圖

可以摺疊成特定的立體圖形的平面圖形。

除數

除法中總數量要被平均分成的部分。

十一畫

球體

圓球形的立體圖形,它表面上的任意一點到中心的距離都相等。

頂點

圖形的頂端或尖頂。

帶分數

包括整數部分和分數部分,如 2 $\frac{1}{2}$ 。

梯形

只有一組對邊平行的四邊形。

眾數

一組數據中出現次數最多的數。

條形圖

將數據表示為不同長度或高度條柱的圖表。

假分數

大於等於 1 的分數,如 $\frac{5}{2}$,也可以寫成帶分數 2 $\frac{1}{2}$ 。參見帶分數。

斜線

既不垂直也不水平的傾斜直線。

毫升（mL）

容積的公制單位,1 毫升等於千分之一升。

毫米（mm）

長度的公制單位,1 毫米等於千分之一米。

毫克（mg）

質量的公制單位,1 毫克等於千分之一克。

商

一個數除以另一個數時得到的結果。

旋轉對稱

如果一個圖形圍繞一個點旋轉後能與它本身完全重合,那麼這個圖形就是旋轉對稱的。

旋轉

圍繞一個點或一條線轉動。

十二畫

華氏度

溫度的一種量度。在這種量度中,水在 212 華氏度時沸騰。

菱形

四條邊都相等的四邊形。菱形是一種特殊的平行四邊形,它的所有邊都相等。參見平行四邊形。

棱柱

兩端是相等的多邊形的立體圖形。它的橫截面有相同的大小和形狀。

軸對稱

如果您可以在一個圖形上面畫出一條直線穿過它,把它分成完全相等且完全吻合的兩半,這個圖形就叫作軸對稱圖形。這條直線就叫對稱軸。

軸

(1) 網格上的兩條主線,用來表示點、線和圖形的位置。參見x軸、y軸。

(2) 對稱軸。

最大公因數

兩個或多個數字的公因數中最大的一個。例如,8是 24 和 32 的最大公因數。

最小公倍數

所給數字的公倍數中最小的一個。例如,24 是 2、4 和 6 的公倍數,但 12 是它們的最小公倍數。參見倍數和公倍數。

最小公分母

不同分數的分母的最小公倍數。參見分母。

量角器

由扁平的塑料製成,可以用來測量和繪製角度的工具。

單位分數

分子為 1 的分數,如 $\frac{1}{3}$ 。

單位

用於度量的標準大小,如米 (長度單位) 或者克 (質量單位)。

等式

數學中表示兩個部分相等的式子,如 $2 + 2 = 4$ 。

等值分數

寫法不同但數值相同的兩個分數。例如, $\frac{2}{4}$ 等於 $\frac{1}{2}$ 。

等腰三角形

有兩條邊和兩個角相等的三角形。

等邊三角形

三條邊和三個角都相等的三角形。

順時針方向

與時鐘上指針旋轉方向相同的方向。

集合

一組事物,如文字、數字或物體的匯集。

鈍角

大於 90 °小於 180 °的角。

象形圖

將數據用小圖形排列的圖表。

象限

當網格被x軸和y軸分開時,網格的四分之一叫作象限。

結合律

一個運算法則。當您計算加法時,比如 $1 + 2 + 3$,無論您是先算 $1 + 2$ 還是先算 $2 + 3$,結果都一樣。結合律適用於加法和乘法,不適用於減法和除法。

十三畫

極差

一組數據從低到高包括的數值跨度。

圓周長

圍成一個圓的長度。

圓柱

由兩個相等的圓形底面和頂面夾着一個曲面的立體圖形。罐頭就是圓柱形的。

圓規

用來畫圓的工具。

圓錐

有一個圓形底面和向上慢慢變窄成一個頂點的側面的立體圖形。*參見頂點。*

運算符

對數字進行運算的符號，如+（加號）或×（乘號）。

十四畫

對角線

在一個圖形中連接兩個不相鄰的角或頂點的線。

對頂角

兩條線相交形成的相對的角。對頂角的度數總是相等。

對稱性

一個圖形或物體經過對折後得到完全相同的兩部分或旋轉後與原來的圖形完全重合，那麼就說它們具有對稱性。

對稱軸

平面圖形中能將其分成兩個相等部分的虛線。有一些圖形沒有對稱軸，有一些圖形有幾條對稱軸。

餅狀圖

將數據表示成圓的「切片」（扇形）的圖表。

十五畫

數列

按照一定規律一個接一個地排列的數字。

數字

用於計數或計算的值。數字可以分為正數和負數，還可以分為整數和分數。*參見負數、正數。*

數軸

用線上的點表示數字的水平線，用於計數和計算。最小的數寫在左邊，最大的數寫在右邊。

數據

被收集起來，可用於比較的信息。

質因數

質數的一個因數。見因數。

質量

物體中所包含的物質的量。*參見重量。*

質數

大於 1 且除了 1 和它本身外沒有其他因數的整數。

銳角

小於 90°的角。

餘數

當一個數不能完全除以另一個數時所剩下的數。

線段

直線的一部分。

十六畫

橫截面

沿着平行於端面的方向切割立體圖形形成的新的面。*參見面。*

整數

像 8、36 或 5971 這樣不是分數的數。

頻數

在統計學中，具有共同特殊特徵的人或事的數量。

噸

質量的單位，又稱為公噸，1 噸等於 1000 千克。噸也是一個傳統的英制單位，英制單位的 1 噸與公制單位的 1 噸差不多。

十七畫

優角

大於 180°小於 360°的角。

十八畫

轉動

繞着固定點旋轉，如鐘錶上移動的指針。

轉換系數

將一個測量值從一個單位化為另一個單位時，乘以或除以的數。例如，您測量出一個長度是多少米，要將它轉換成多少厘米，那就要乘以 100。

十九畫

鏡像對稱軸

又叫作鏡像線，恰好位於物體與鏡像的中間。

二十一畫

攝氏度

溫度的一種量度。在這種量度中，水在 100°C時沸騰。

攝氏溫標

攝氏度的另一個名稱。

二十三畫

體積

物體的三維尺寸大小。

變換

通過對稱、平移或旋轉來改變圖形或物體的大小或形狀。

變量

方程中的未知數。在代數中，變量通常用圖形或字母表示。

索引

x軸 248~250、286、290

y軸 248~249、286~287、290

一畫

一維線 204

二畫

二十面體 225

二維圖形 212~213

十二面體 225

十位 12~13

十進制貨幣 198

八面體 225

三畫

三角形 213~215、240

三角形的面積 172、309

三角形的平移 265

三角形內角 240、242

三角形數列 16

三角金字塔 224

三棱柱 229

大於號 21

小於號 21

小數加法 62、87

小數的四捨五入 61

小數乘法 124、127

小數排序 60

小數減法 63

小數點 13、58

小數 58、62~63、124

千米和英里的轉換圖 289

千米（km）160~161、163

千克（kg）182

千位 12~13

弓形 220~221

子集 269

四畫

五棱柱 227

五邊形數列 17

不規則八邊形 219

不規則多邊形 213

不規則二十邊形 219

不規則六邊形 218

不規則七邊形 218

不規則三角形 218

不規則十邊形 218

不規則十二邊形 219

不規則四邊形 219

不規則五邊形 219

不等邊三角形 215、241

不等邊三角形的周長 167

不對稱 257

比例尺 73

比例因子 73

比例 71~72

比值和分數 74

比值 70~71、74

比較小數 60

比較分數 48~50

比較分子的大小 48

比較符號 20~21

切線 220

日期 194

日曆 195

中位數 276、278、280~281

內角 246~247

水平線 205

牛頓（N）183

升序 23、49

升（L）178~179

分子 41、149

分母 41~42、149

分配律 155、303

分塊加法 83、85

分塊乘法 110

分塊除法 138~139

分塊減法 91~92

分數加法 52

分數的不同表示 74

分數乘法 54~55

分數除法 56~57

分數減法 53

分數牆 44

分數 40~42、45、74~75

分鐘 192~193

公分母 51

公式 308~309

公因數 29

公制 188~189

公倍數 30

月份 194~195

六邊形 213、246、259

方形金字塔 225、229

方形金字塔的展開圖 229

方程 302~305

方塊圖 284

五畫

未知邊長 171

正二十邊形 219

正十二邊形 219

正十邊形 218

正七邊形 218

正八邊形 219

正九邊形 219

正三角形 218、240

正五邊形 219

正六邊形 218

正方形 213、216~217

正方形的周長 166、309

正方形數 16

正方形旋轉對稱階 259

正四邊形 213

正多面體 225

正坐標 250

正數與負數 18

正數與負數的加減運算 18

正數 18~19

古巴比倫數字 10~11

古埃及數字 10

可能性 267、297

平方表 37

平方根 38

平方單位 168

平方數 36~38

平行四邊形 166、173、216、
　　244、309

平行四邊形的面積 173、309

平行四邊形的周長 166

平行線 208~209

平均值 277

平均數 276、280~281

平均 276

平面圖形 212

平面圖形的對稱軸 257

平移 264~265

卡羅爾圖 272~273

四面體 224~225

四捨五入 26~27、61

四捨五入保留有效數字 27

四邊形 216、244

四邊形內角 245

代數 301~303

用字母表示公式 308

立方單位 180

立方數 39

立方體 225

立方體的體積 180

立方體的展開圖 228

立體圖形 222、224、226

半徑 220~221

半球 224

加侖 189~191

加法口訣 82

加法對 82

加法 78~86

六畫

百分比 68、69

百分比的換算 68

百分比計算 66

百分數 64、65、68、71、74

有效數字 21

曲線 220

同分母的分數比較 48

同心圓 209

因數對 28、101

因數樹 35

因數 28~29、31

年 11、194~195

全等三角形 214

全集 275

多邊形 212~213、218、
　　246~247

多邊形的命名 218

多邊形的內角 246

交換律 154、302

米（m）160~161、163

七畫

找零 201

折線圖 288~291

克（g）182

求一個數列的一部分 47

估算 24~25

佔位符 11、13

位值網格 108

位值 12~13、22

位置與方向 252

位置 12

坐標網格 248

坐標點的繪製 249

坐標 248~250

角度 230

快速計數 24

八畫

表達式 303

長方形 216~217

長方形的面積 168

長方形的周長 166、309

長方體 224、227、229、309

長方體的體積 181、309

長方體的展開圖 229

長度計算 162~163

長度單位 161

長度單位的轉換 161

長度 160~162、189~190

長乘法 120~123

長除法 146~147

其他立體圖形的展開圖 229

直角三角形 172、215、240

直角符號 232

直角 210、216、232~233、241

直徑 220~221

直線上的角 234

直線 204、206

非多邊形 216

非單位分數 40~41、50、55

非單位分數的比較 50

物質 182~183

使用因數對的除法 134

使用坐標繪製多邊形 251

使用倍數的除法 130

使用最小公分母 51

使用量角器 238

使用數軸做加法 80

使用數軸做減法 92

使用數字網格做加法 81

往回計數 89

周長計算公式 166

周長 164~165

店主的加法 93、95

並集 275

弧線 216

阿拉伯數字 10~11

九畫

指南針的方向 254

指南針上的指針 254

英寸 189~191

英尺 189、191

英里 189~191

英制單位 188~191

英噸 188、191

相交部分 275

相交線 211

相交 236~237

柏拉圖 225

柏拉圖立體 225

厘米（cm）160~161

面積估算 169

面積計算公式 170、309

面積與周長的比較 176

面積 168、172~174、309

面 223

品脫 189~190

垂線 210~211

秒 192

重量 183

重複加法 99

重複減法 129、140

風箏形 217

負坐標 250

負號 18

負數 18~19

計算時間 196~197

計算器 156~157

計算 77、277、279

計數加法 79

計數表 284

計數符 270~271

度數 231

韋恩圖 274~275

降序 23

約分 46

約等於 24

約等號 24

十畫

格子法 126~127

原始數據 268

原像 260~261

原點 248~249

時間的計算 196

時間單位 195

時間單位的轉換 193、195

時間 192~193、195

時鐘 192~193

盎司 188、191

氣溫 187

乘方 152

乘法表 104~106

乘法規律與技巧 107

乘法網格 45、106

乘法 98~103

乘積 98

倍數計算 102~103

倍數 30~31

高度 160

容積的度量單位 178

容積 178

展開圖 228~229

除法表 132

除法網格 131

除法 128~132

除數 128

紙幣 199

十一畫

球體 224

規律 14~15

頂點 17、212、230、238

帶分數 42~43

梯形 217

眾數 276、279~281

符號 21、24、78、88

第n項 306

條形圖 269、285~287

假分數 42~43

貨幣的計算 200

貨幣單位 198

貨幣單位的轉換 198

貨幣 198~201

斜線 206~207

毫升（mL）178~179

毫米（mm）160~161

毫克（mg）182

商 131

旋轉角 262

旋轉對稱 258~259

旋轉對稱階 259

旋轉對稱中心 258~259

旋轉 230、262~263

通項公式 306~307

十二畫

項 303

華氏度（°F）186~187

菱形 216~217

棱柱 226~227

棱 222~223、228

軸對稱 256、259

最大公因數 29

最小公倍數 31

量角器 238、294~295

開放數組 111~112

開爾文 186

距離 160~161

單位分數 40

單位分數的比較 49

斐波那契數列 17

短乘法 116

短除法 142

等式 302

等於號 21、24

等於 20、88

等值分數 44~45

等效量 191

等腰三角形 215、241、257

等腰三角形的周長 167

等腰梯形 217

等邊三角形 167、215、240、257、259

等邊三角形的周長 167

集合的元素 274

鈍角 233

象形圖 282~283

象限 250

湊整數 200

減去 88

減法口訣 90

減法 88~91、96

測量角度 238~239

測量時間 192、194

測量優角 239

測量 159

溫度的計算 187

溫度計 186

溫度 186

畫角 238

發明數字 10

結合律 154~155、303

統計 267~268

絕對零度 186

幾何板 265

幾何 202

十三畫

極差 280~281

概率 296~299

圓的周長 221

圓周 221

圓柱體 224

圓規 294~295

圓錐體 224

圓 220~221

傾斜 207

運算順序 152~153

十四畫

對角線 207

對頂角 236~237

對稱軸 256~257

骰子的概率 299

算術法則 154

算盤 78

餅狀圖 292~295

複雜圖形的面積 174~175

網格方法 112~113

十五畫

標準 272

豎式加法 86~87

豎式減法 96

碼 189~190

磅 188、191

數列的規律 307

數列的通項公式 306

數列與圖形 16

數列 14~17、306~307

數字系統 10~11

數字的比較 20

數字的排序 22

數字網格 81

數字 11~12、17~18、22

數組 98、111

數軸 18、30、88、92、130

數據處理 268

數據組 269

質因數 34~35

質量的計算 184

質量相減 184

質量單位 182

質量單位的轉換 182

質量與重量 183

質量 182~184、191

質數 32~35

銳角 233

餘數轉化 148~149

餘數 128、130、139

調查 268、282、284

糊頭 229

寬度 160~161

線 204~211

十六畫

橫截面 226~227

整除性檢驗 135

整體計數 79

頻數表 269、271、283、286
　、294

噸 182

十七畫

檢查計算結果 25

螺旋線 17

點上的角 235

縮放乘法 100

縮放 72~73

十八畫

擴展長乘法 118~119

擴展長除法 144~145

擴展短乘法 114~115

擴展短除法 140、148

擴展豎式加法 84~85

擴展豎式減法 94~95

轉換圖 289

簡化數字 25

十九畫

羅馬數字 10~11、192

鏡像對稱軸 260~261

鏡像 260

二十一畫

攝氏度（°C）186

二十二畫

讀時 193

二十三畫

體積公式 309

體積 179

變量 303、309

二十五畫

鑲嵌 264

答案

數字

頁11 1) 1998 **2)** MDCLXVI 和 MMXV

頁15 1) 67, 76 **2)** 24, 28 **3)** 92, 90
4) 15, 0

頁19 1) 10 **2)** −5 **3)** −2 **4)** 5

頁21 1) 5123 < 10 221
2) −2 < 3
3) 71 399 > 71 000
4) 20 − 5 = 11 + 4

頁23 特里沃 1、貝拉 3、巴斯特 7、傑克
9、安娜 13、丹叔叔 35、媽媽 37、爸
爸 40、祖父 67、祖母 68

頁27 1) 170 cm **2)** 200 cm

頁31 8的倍數: 16, 32, 48, 56,
64, 72, 144
9的倍數: 18, 27, 36, 72,
81, 90, 108, 144
公倍數: 72, 144

頁35 以下是其中一個繪畫因數樹的
方法:

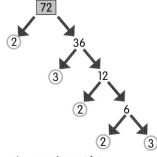

頁38 1) 100 **2)** 16 **3)** 9

頁47 18 隻雞

頁51 沃克答對的最多。他答對了
$^{25}/_{30}$，而齊克是 $^{24}/_{30}$。

頁57 1) $^1/_{12}$ **2)** $^1/_{10}$ **3)** $^1/_{21}$ **4)** $^1/_6$

頁61 特威格 17.24、布洛普 16.56、
格洛克 17.21、庫克 16.13、
扎格 16.01。
扎格的時間是最快的。

頁63 1) 4.1 **2)** 24.4 **3)** 31.8 **4)** 20.9

頁65 1) 25% **2)** 75% **3)** 90%

頁66 1) 75% **2)** 50% **3)** 40%

頁67 1) 20 **2)** 55 **3)** 80

頁69 1) 100元 **2)** 35元 **3)** 13.50元

頁73 霸王龍高 560 cm (5.6 m) 及
1200 cm (12 m) 長.

頁75 1) $^{35}/_{100}$ 簡約而為 $^7/_{20}$ **2)** 3%, 0.03
3) $^4/_6$ 簡約而為 $^2/_3$

計算

頁82 1) 100 **2)** 1400 **3)** 100 **4)** 1
5) 100 **6)** 8000

頁85 1) 823 **2)** 1590 **3)** 11 971

頁87 1) 8156 **2)** 9194 **3)** 71.84

頁90 1) 800 **2)** 60 **3)** 70 **4)** 70
5) 0.02 **6)** 0.2

頁91 377

頁93 1) 6.76元 **2)** 2.88元 **3)** 40.02元

頁95 1) 207 **2)** 423 **3)** 3593

頁99 1) 24 **2)** 56 **3)** 54 **4)** 65

頁101 1) 1,14 ; 2,7
2) 1,60 ; 2,30 ; 3,20 ; 4,15 ; 5,12 ;
6,10
3) 1,18 ; 2,9 ; 3,6
4) 1,35 ; 5,7
5) 1,24 ; 2,12 ; 3,8 ; 4,6

頁103 1) 28, 35, 42
2) 36, 45, 54
3) 44, 55, 66

頁105 52, 65, 78, 91, 104, 117, 130,
143, 156

頁108 1) 679 **2)** 480 000 **3)** 72

頁109 1) 1250 **2)** 30 **3)** 6930
4) 3010 **5)** 2.7 **6)** 16 480

頁111 1) 770 **2)** 238 **3)** 312 **4)** 1920

頁115 3072

頁117 1) 2360 **2)** 4085 **3)** 8217
4) 16 704 **5)** 62 487

頁131 1) 每人9元 **2)** 每人6顆彈珠

頁133 1) 12 **2)** 8 **3)** 6 **4)** 4 **5)** 3 **6)** 2

頁136 1) 182.54元 **2)** 4557 輛車

頁137 1) 43 張傳單 **2)** 45 條手鏈

頁141 1) 32 餘4 **2)** 46 餘4

頁143 1) 31 **2)** 71 餘2 **3)** 97 餘2
4) 27 餘4

頁145 1) 151 **2)** 2

頁153 1) 37 **2)** 17 **3)** 65

頁157 1) 1511 **2)** 2.69 **3)** −32
4) 2496 **5)** 17 **6)** 240

測量

頁162 50 m

頁164 1) 87 cm **2)** 110 cm

頁168 1) 16 cm² **2)** 8 cm² **3)** 8 cm²

頁170 8 m²

頁171 3 m

頁175 77 m²

頁180 1) 15 cm³ **2)** 20 cm³ **3)** 14 cm³

頁181 1 000 000 (一百萬)

頁184 7 g

頁185 13 360 g 或 13.36 kg

頁187 26°C

頁197 70分鐘

頁201 9.70元

幾何

頁207　這裏有6條對稱線：

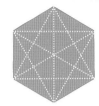

頁209　點線顯示了平行線：

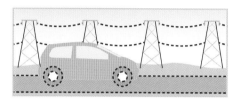

頁213　形狀1是正多邊形。

頁215

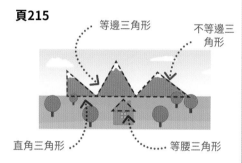

頁217　你會得到一個平行四邊形。

頁221　直徑是 6 cm。圓周是 18.84 cm。

頁223　圖形有8個面，18條棱，和12個頂點。

頁227　圖4非棱柱體。

頁228　其他的展開圖是：

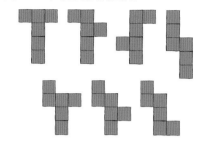

頁237　a = 90°, b = 50°, c 和 e = 40°

頁239　**1)** 30° **2)** 120°

頁241　每一隻角 70°

頁243　**1)** 60° **2)** 34° **3)** 38° **4)** 55°

頁247　115°

頁249　A = (1,3)　B = (4,7)
C = (6,4)　D = (8,6)

頁251　**1)** (2, 0), (1, 3), (−3, 3), (−4, 0), (−3, −3), (1, −3).
2) 您可以弄這個形狀出來：

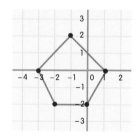

頁253　**1)** 橙色單軌車
2) 第二號船2　**3)** C7

頁255　**1)** 2W, 2N, 3W
2) 其中一條路線是：2E, 8N, 1E
3) 沙灘　**4)** 海獅島

頁257　數字7號和6號沒有。3號一個，8號則是二個。

頁258　3號沒有軸對稱

頁261

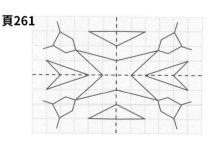

頁265　有五種方式平移三角形。

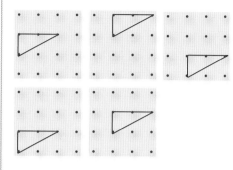

統計

頁277　**1)** 133° **2)** 7 **3)** 19°

頁283　幾個象形圖的其中一種形態可以是這樣的：

勒羅伊的遊戲時間	
星　期	遊戲時間（分鐘）
星期一	😀😀😀
星期二	😀😀😀😀😀
星期三	😀🙂
星期四	😀😀😀😀🙂
星期五	😀😀😀😀😀🙂

線索

😀 10 分鐘

頁293　**1)** 155° **2)** 20%

頁299　**1)** 7 **2)** 2 和 12 **3)** ⅙ 和 ¹⁄₃₆

代數

頁305　**1)** 32 **2)** 7 **3)** 53 **4)** 21

頁307　**1)** 44, 50, 56, 62, 68 **2)** (6 × 40) + 2 = 242 **3)** (6 × 100) + 2 = 602

鳴謝

DK 想在此多謝以下各位：Thomas Booth 在編輯方面所提供的協助；Angeles Gavira-Guerrero、Martyn Page、Lili Bryant、Andy Szudek、Rob Houston、Michael Duffy、Michelle Baxter、Clare Joyce、Alex Lloyd 及 Paul Drislane 在此書較早版本的編輯和設計工作；Kerstin Schlieker 惠賜編輯意見，以及 Iona Frances、Jack Whyte 和 Hannah Woosnam-Savage 在測試方面的幫助。